游戏软件开发专家系列

U0749235

DirectX 9.0 3D 游戏开发编程基础

(美)Frank D. Luna 著
(美)Rod Lopez 技术审校
段　菲　译

清华大学出版社

北　京

内 容 简 介

本书主要介绍如何使用 DirectX 9.0 开发交互式 3D 图形程序，重点是游戏开发。全书首先介绍了必要的数学工具，然后讲解了相关的 3D 概念。其他主题几乎涵盖了 Direct3D 中的所有基本运算，例如图元的绘制、光照、纹理、Alpha 融合、模板，以及如何使用 Direct3D 实现游戏中所需的技术。介绍顶定点着色器和像素着色器的章节(包含了效果框架和新的高级着色语言的内容)对这些关键运算进行了较为集中的讨论。

本书内容深入浅出，内容广泛，可供从事 3D 游戏程序设计、可视化系统设计或其他图形应用程序开发的开发人员和大中专院校学生参考，也极适合各种游戏开发培训机构作为 Direct3D 编程的培训教程。

DirectX 9.0 3D 游戏开发编程基础

Introduction to 3D Game Programming with DirectX 9.0(ISBN 1-55622-913-5)
Frank D.Luna

Copyright © 2003 by Wordware Publishing, Inc.

Original English Language Edition Copyright © 2003 by Wordware Publishing, Inc.
All Rights Reserved 2320 Los Rios Boulevard Plano, Texas 75074, U.S.A.

本书中文简体版由 Wordware Publishing 授权清华大学出版社出版。

北京市版权局著作权合同登记号　图字：01-2005-0656

本书封面贴有清华大学出版社防伪标签，无标签者不得销售。

版权所有，侵权必究。举报：010-62782989，beiqinquan@tup.tsinghua.edu.cn

图书在版编目(CIP)数据

DirectX 9.0 3D 游戏开发编程基础/(美)Frank D. Luna 著；(美)Rod Lopez 技术审校；段菲译. —北京：清华大学出版社，2007.4 (2024.12 重印)
(游戏软件开发专家系列)
书名原文：Introduction to 3D Game Programming with DirectX 9.0
ISBN 978-7-302-13025-3

Ⅰ.D… Ⅱ.①F… ②R… ③段… Ⅲ.①多媒体—软件工具，DirectX 9.0 3D②游戏—应用程序—程序设计　Ⅳ.①TP311.56②G899

中国版本图书馆 CIP 数据核字(2006)第 049566 号

责任编辑：宣　颖
封面设计：杨玉兰
责任校对：周剑云
责任印制：宋　林
出版发行：清华大学出版社
　　　　　网　　址：https://www.tup.com.cn, https://www.wqxuetang.com
　　　　　地　　址：北京清华大学学研大厦 A 座　　　　邮　编：100084
　　　　　社 总 机：010-83470000　　　　　　　　　　邮　购：010-62786544
　　　　　投稿与读者服务：010-62776969, c-service@tup.tsinghua.edu.cn
　　　　　质量反馈：010-62772015, zhiliang@tup.tsinghua.edu.cn
印 装 者：三河市龙大印装有限公司
经　　销：全国新华书店
开　　本：185mm×230mm　　印　张：24.75　　字　数：535 千字
版　　次：2007 年 4 月第 1 版　　　　印　次：2024 年 12 月第 17 次印刷
定　　价：69.00 元

产品编号：014854-03

译 者 序

DirectX 是微软公司开发的一套功能丰富的底层 API，其功能涵盖了对 2D/3D 图形加速的支持、对各种输入设备的控制，以及对声音和音乐输出的混音和采样、对多玩家网络游戏的控制、对各种多媒体流模式的控制等。DirectX 设计者的初衷是让 Windows 成为理想的游戏开发平台，如今他们正逐步实现这一理想。实际上，虽然不断遭遇同样出色的竞争对手(如 OpenGL)的挑战，但目前的形势是——DirectX 在游戏开发领域已经无可争议地占据王者地位，而且这种趋势极有可能保持下去。当然，这并不是说 DirectX 能够完全取代其他 API，只是"术业有专攻"，各自有不同的擅长领域罢了。

DirectX 在体系结构上很突出的优点是它使用了两层驱动——HAL 和 REF，那些为硬件所支持的特定功能可由 HAL 来控制(即可以充分地发挥硬件的加速功能)，从而可以获得理想的运行速度。而对于那些不为硬件所支持的功能，借助 REF，程序能够以软件方式来模拟相应的运算或处理过程，从而使得无论硬件配置是否高端，开发人员都可以完整地体验和测试 DirectX 所提供的全部功能。

关于 DirectX 原理及编程的书籍，目前国内还很少，能体现出 DirectX 9.0 版本新特性的书籍更是少之又少。这本《DirectX 9.0 3D 游戏开发编程基础》可以说从一定程度上弥补了国内图书市场的缺憾。这本书专注于讲解 DirectX 与图形绘制及渲染相关的一个核心子集——Direct3D，是 DirectX 3D 图形编程领域的 本经典著作，在国外自出版以来，就一直雄踞此类书的销量榜首。该书有一些很鲜明的特点：

(1) 授人鱼，更授人与渔

本书在注重讲解原理和方法的同时，也注重引导读者如何获取知识，如何利用 DirectX SDK 帮助文档，非常有利于提高读者的学习能力。尤其需要指出的是，作者专门为本书维护了一个网站 *www.moon-labs.com*，该网站上不但有全书所有例程的源代码，还在此提供了与之相关但由于篇幅所限而略去的重要主题文档。同时，作者设立了一个 DirectX 技术的讨论区(作者的电子邮件地址是 frank@gameinstitute.com)，并时常亲自出面答疑。这些资源对于读者的作用无疑是不可估量的。

(2) 内容全面，由浅入深

本书根据由易到难的顺序合理安排各章，刚入门的读者只需按书中的章节顺序安排学习，即可顺利掌握各章内容。本书虽属导论性质的著作，但是内容的跨度相当大，从基础的数学原理讲起，涵盖了 Direct3D 初始化、绘制流水线、颜色、光照、纹理、融合、模板、字体、网格、地形绘制、粒子系统、拾取技术直到高级着色语言和效果框架，基本上涵盖了 Direct3D 常用的方方面面。书中某些章节的实例虽然算法比较简单，甚至不够实用，但从理解原理的角度来看还是很适宜的，而且这样可以为读者提供更多的思考空间。

(3) 提供了一个清晰的程序框架

本书中所有的例程都用到了作者自编的一个程序框架，层次非常清晰，降低了程序中各模块的耦合性。该框架将所有程序都需要进行的公共操作封装起来，使得读者在学习新知识点时，精力不必分散到与当前主题无关的那些工作中。

(4) 实例丰富、理论与实践并重

本书的每一章都是在讲解原理的同时插入一小段代码片段来形象地进行辅助说明，而且每章或每个大主题的最后，都会附上一个完整的综合性实例，非常有助于读者加深对当前主题的理解。

本书的作者 Frank D. Luna 是位著名的游戏开发专家，他从事交互式图形程序的研究与开发已有 8 年，而且有超过 10 年的 C++编程经验。从 DirectX 5.0 起，Luna 就一直在关注和使用 DirectX。

作为译者，本人在翻译过程中力求忠于原作。书中所涉及的所有专业术语，都查阅了大量国内外相关文献，并请教了许多专家学者，力求找到最完美、最准确的译法，并在可能引起歧义和冲突的地方做了适当调整。同时，在专业术语第一次出现或在容易混淆的环境中出现时，都注上了该术语的英文原文，以便读者进行对比理解。为保证正确性，本书所有例程都在 DirectX October 2006 版和 Visual C++ 2005 中进行了调试和验证。另外在翻译过程中，修正了原书中的若干小错误和纰漏，并参照 DirectX Oct 2006 SDK 文档进行了修正。

本书全部章节的翻译都由译者一人完成，其间得到了清华大学出版社的大力支持，特别是文开琪编辑和宣颖编辑，她们投入了大量时间和精力，为该书的译稿提出了许多宝贵的修改意见，在此向她们表示深深的感谢。限于译者的水平，书中的错误和不妥之处在所难免，恳请读者批评指正，本人的邮箱 d3dbook@gmail.com 或 d3dbook@163.com，热切期待着读者朋友的来信！

段 菲

2007-03-04

前　　言

本书主要讲述如何使用 DirectX 9.0 开发 3D 交互式计算机图形程序，重点是游戏开发。我们将向您讲解 Direct3D 的基本原理，在您掌握了这些原理之后，您将有能力进一步学习并运用更多的相关高级技术。我们假定您阅读此书之前已经对 DirectX 有大致的了解。从开发者的角度看，DirectX 是一套用于开发 Windows 平台多媒体应用程序的 API(application programming interface，应用程序编程接口)。本书主要关注 DirectX 的一个特定子集——Direct3D。正如其名称所寓意的，Direct3D 主要用于开发 3D 应用程序。

本书分为四部分。第 I 部分介绍了贯穿全书的数字工具。第 II 部分涵盖了基本的 3D 技术，例如光照 (lighting)、纹理(texturing)、Alpha 融合(alpha blending)和模板(stenciling)等。第 III 部分主要是关于如何运用 Direct3D 实现一些有趣的技术和应用程序，例如拾取(picking)、地形绘制(terrain rendering)、粒子系统 (particle system)、灵活虚拟摄像机(flexible virtual camera)以及加载和绘制 3D 模型(XFiles)。第 IV 部分的主题是顶点(vertex)和像素着色器(pixel shader)，包括效果框架和新的(到 DirectX 9.0 版)高级着色语言。目前，着色器已在 3D 游戏编程中得到了广泛运用，未来局面依然会如此。我们将第 IV 部分的内容全部用于介绍着色器，以使读者能够跟上现代游戏编程发展的步伐。

对于初学者，最好按章节顺序从头到尾阅读本书。本书的章节编排经过了精心设计，保证了难度的循序渐进，同时在复杂度上也不会有阶跃性的突变。一般来说，对于某一特定章节我们都会使用前一章所介绍的技术和概念。这样，在您进入下一章学习新一章内容之前，请务必确保已经熟练掌握了前一章。有经验的读者可以有选择地阅读感兴趣的章节。

最后，您可能非常想知道阅读完本书之后您将能够制作什么样的游戏。我的回答是您最好大致浏览一下本书中例程的类型。根据本书介绍的技术以及您自身的灵感，您会对将要开发的游戏程序有一个大概的构想。

预 备 知 识

本书是一本入门级的教科书。但是，这并不意味着没有编程经验的读者也能够轻松地阅读本书。读者需要已经熟练掌握了代数学、三角学、开发环境(例如 Visual Studio)、C++，以及基本的数据结构(如数组和列表)。熟悉 Windows 编程会有所帮助但不必需；关于 Windows 编程的介绍请参见附录。

所需的开发工具

本书采用 C++ 作为例程的编程语言。DirectX 文档中提到"DirectX 9.0 只支持 Visual C++ 6.0 及后续版本"。因此，要使用 DirectX 9.0 编写 C++ 应用程序，您应有 Visual C++(VC++)6.0、VC++7.0 或 VC++ 2005。

注意   本书的例程都是在 Visual C++ 2005 下编译和调试。大部分章节的例程也可以在 Visual C++ 6.0 下运行，但要注意下列细微差别。在 VC++7.0/VC++2005 中，下列代码合法并能够通过编译，因为变量 cnt 被认为是 for 循环的局部变量。

```
int main()
{
for(int cnt = 0; cnt < 10; cnt++)
    std::out<<"Hello"<<std::endl;
for(int cnt = 0; cnt < 10; cnt ++)
    std::cout<<"Hello"<<std::endl;
}
return 0;
}
```

但在 VC++ 6.0 中，上述代码不能成功编译。所给出的错误信息为"error C2374:'cnt':redefinition; multiple initialization"，这是因为在 VC++ 6.0 中，变量 cnt 不被认为是 for 循环的局部变量。因此，在 VC++ 6.0 中调试本书的例程时，您可能需要做些小改动。

推荐的硬件配置

如果希望以可容忍的帧频运行本书的例程，推荐您使用以下硬件配置。如果使用 REF 设备(以软件方式模拟 Direct3D 的功能)，所有的例程都可以运行，但是程序也会因此运行十分缓慢。我们将在第 1 章中更多地讨论 REF。

本书第 II 部分的例程相当基本，在如 Riva TNT 及性能相近的低端图形卡上应该能顺利运行。第 III 部分的例程涉及了更复杂的几何运算，并使用了一些较新的特性，如点精灵。要顺利运行这些例程，我们推荐您至少使用 GeForce 2 一级的图形卡。第 IV 部分的例程使用了顶点着色器和像素着色器，所以，要想看到这些例程的实时效果，您需要配备支持着色器的图形卡(如 GeForce 3)。

面向的读者

本书面向的读者主要分为以下三类。

● 希望了解 Direct3D 9.0 编程的中级 C++程序员。
● 使用过不同于 DirectX 的 API(例如 OpenGL)，希望了解 Direct3D 9.0 的 3D 程序员。
● 希望了解 Direct3D 9.0 新特性(包括顶点和像素着色器、高级着色语言以及效果框架)的 Direct3D 高级程序员。

安装 DirectX 9.0

为了编写和执行 DirectX 9.0 程序，计算机中需要安装 DirectX 9.0 运行时(runtime)以及 DirectX 9.0 SDK(Software Development Kit，软件开发工具包)。注意，安装 DirectX SDK 时，运行时会自动安装。DirectX SDK 可以从 *http://msdn.microsoft.com/directx/sdk/* 获得最新版本的 DirectX 开发包(目前最新版本为 DirectX Oct 2006，即是本书所采用的版本 DirectX October 2006)。安装过程比较简单，您只要按照向导提示进行即可。

开发环境的配置

我们用来编写 DirectX 应用程序的工程类型是 Win32 Application。在 VC++ 6.0 以及更高版本中，您需要指定 DirectX 头文件和库文件所在的路径，以便 VC++能够找到这些文件。默认情况下，DirectX 头文件和库文件分别位于路径 C:\Program Files\Microsoft DirectX SDK (Oct 2006)\Include 和 C:\Program Files\DirectX SDK (Oct 2006)\Lib\x86 下。

💡 **注意**　DirectX 的路径在您的计算机上可能与上述路径有些差异，这要看您在安装过程中是否指定了其他安装路径。

通常情况下，DirectX SDK 会自动将这些路径添加到 VC++中。但有时需要您手动添加，方法如下。

在 VC++ 6.0 中选择 Tools | Options | Directories 命令，然后输入 DirectX 头文件和库的路径，如图 I.1 所示。

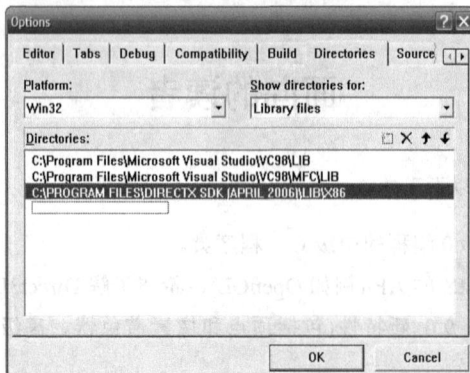

图 I.1   将 DirectX 的 include 和 library 路径添加至 VC++ 6.0

在 VC++ 2005 中,选择 Tools | Options | Projects and Solutions | VC++ Directories 命令,然后输入 DirectX 头文件和库的路径,如图 I.2 所示。

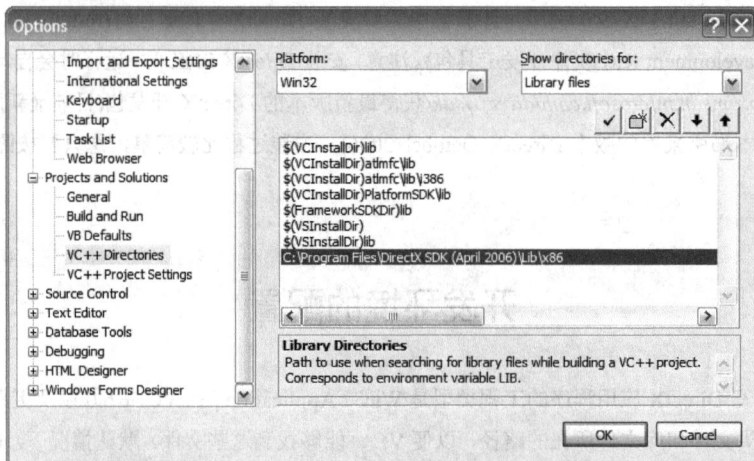

图 I.2   将 DirectX 的 include 和 library 路径添加至 VC++ 2005

接下来,为了建立(Build)例程,您需要将库文件 d3d9.lib,d3dx9.lib 以及 winmm.lib 连接到您的工程中。请注意,winmm.lib 并非 DirectX 库文件;它是 Windows 多媒体库文件,我们主要使用其定时功能。

在 VC++ 6.0 中,您可通过选择 Project | Settings | Link 命令来连接您所需要的库文件,然后输入库名,如图 I.3 所示。

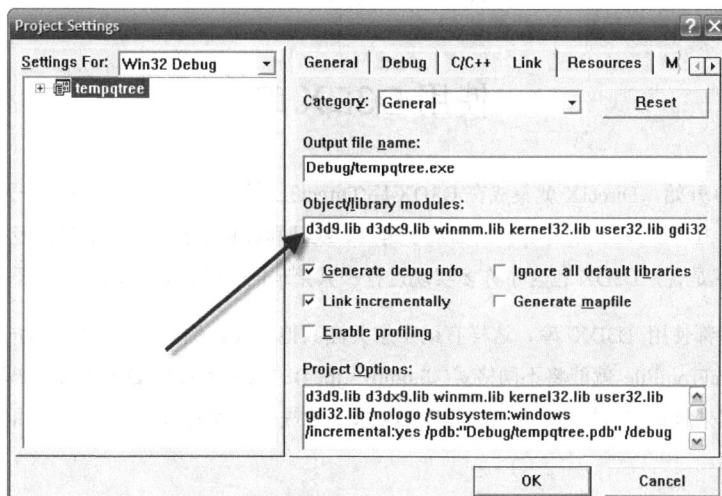

图 I.3　指定需要连接到 VC++ 6.0 中工程的库文件

在 VC++ 7.0 或 VC++ 2005 中，您可以通过选择 Project | Properties | Linker | Input Folder 命令并输入库名来指定所要连接的库，如图 I.4 所示。

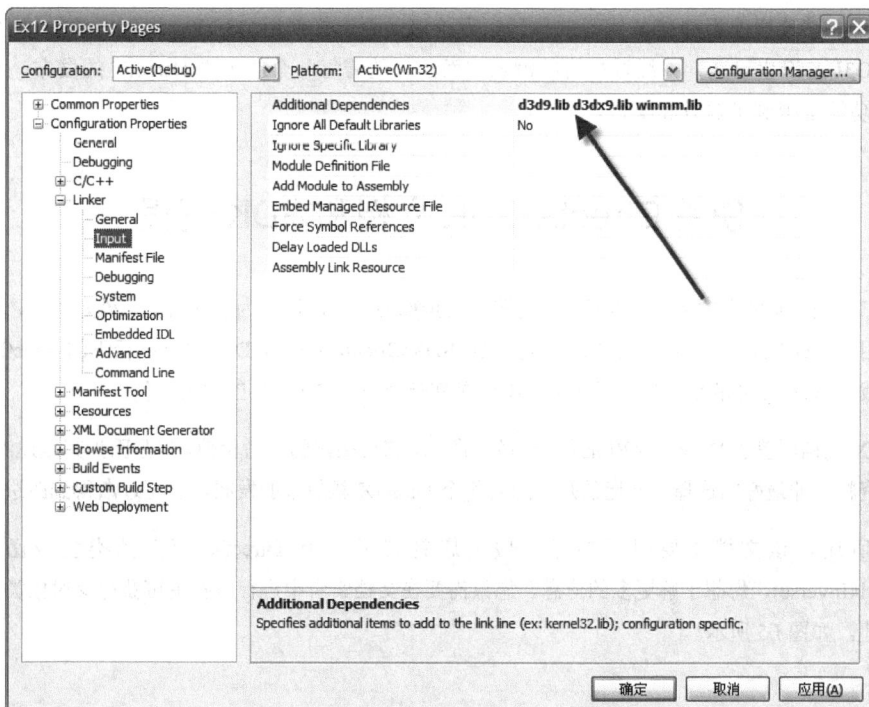

图 I.4　指定需要连接到 VC++ 2005 中工程的库文件

使用 D3DX 库

从 DirectX 7.0 开始，DirectX 就集成在 D3DX 库(Direct3D 扩展库)中。该库提供了一些函数、类和接口，极大地简化了 3D 图形相关的运算，例如数学运算、纹理和图像运算、网格运算以及着色器运算(例如编译和汇编)。也就是说，D3DX 包含了许多实现过程极其繁琐的特性，极大地方便了开发人员。

本书自始至终都使用 D3DX 库，这样有助于您关注其他方面。例如，当我们借助一个 D3DX 函数 D3DXCreateTextureFromFile 就能将不同格式(如.bmp，.jpeg)的图像加载到 Direct3D 纹理接口时，我们便不必花很大的篇幅来解释如何加载。换言之，D3DX 极大地提高了我们的效率，使我们能够将精力集中于更多有意义的内容。

使用 D3DX 的其他理由还包括：

- D3DX 通用性强，可用于开发类型广泛的 3D 应用程序。
- D3DX 速度快。
- 其他的开发者也可以使用 D3DX，这样您会更频繁遇到使用 D3DX 编写的程序，所以，为了能够读懂使用 D3DX 编写的代码，无论您是否选择使用 D3DX，您都应该掌握它。
- D3DX 诞生已久，并经过严格的测试。而且，随着每一个新版本 DirectX 的发布，其性能和功能都得到了提升和丰富。

使用 DirectX SDK 文档和 SDK 例程

Direct3D 是一套庞大的 API，本书不可能覆盖其全部内容。所以，为了获得更多外延信息，您必须掌握如何使用 DirectX SDK 文档。您可以通过运行 DXSDK\Documentation\DirectX9 路径下的 directX9_c.chm 文件来加载 C++DirectX 联机文档，其中 DXSDK 是您计算机中 DirectX 的安装路径。

DirectX 文档覆盖了 DirectX API 的每一部分，所以，它有很好的参考价值。但是因为其叙述深度不够，作为学习资料并非最好的选择。幸运的是，随着每个 DirectX 新版本的发布，它正逐渐得到改进。

如前所述，该文档主要用于参考。假定您看到了一个 DirectX 相关的类型或函数(例如 D3DXMatrixInverse)，您想了解更多的信息。您只需要在文档索引中进行查找就可获得该对象类型或函数的详细描述，如图 I.5 所示。

图 I.5　C++ SDK 文档浏览器

💡 **注意**　本书中，我们可能会不时地指导您查询该文档。

该 SDK 文档也包含一些入门教程，您可从文档浏览器左边的目录中找到。这些教程对应于本书第 II 部分的一些主题。建议您在阅读本书的同时学习一下相关的教程，这样您会对一些概念和原理获得不同角度的认识，并接触到其他的例程。

我们将指出随 DirectX SDK 一起安装的 Direct3D 例程。这些 C++ Direct3D 例程位于目录 DXSDK\Samples\C++下。每个例子都阐释了如何实现 Direct3D 的一种特定效果。这些例程对于刚入门的图形程序员来说相当复杂，但当您读完本书再来研究这些例程时，便会倍感轻松。仔细研究这些例程是读完本书之后得以提升的绝佳选择。

代 码 约 定

本书例程代码的约定相当明确。需要特别指出的有两点。首先，所有的成员变量都以下划线为前缀。例如：

```
class C {
public:
    //...define public interface
```

```
private:
    float_x;    //prefix member variables with an underscore.
    Float_y;
    Float_z;
};
```

其次，全局变量和函数名都以大写字母开头，而局部变量和方法名都以小写字母开头。您将发现这种约定对于判断变量或函数的作用域很有帮助。

异 常 处 理

通常情况下，在例程中我们并没有做异常处理，这是因为我们想将您的注意力集中在阐释一个具体概念或技术的更重要的代码上。也就是说，觉得没有异常处理的例程代码能够更清晰地表达某一概念。如果您要在实际的工程中引用例程中的代码，请不要忘记这一点。

可 读 性

有一点要强调的是，在编写本书中的例程时，我们注重可读性更甚于性能。所以，许多例程的执行效率可能并不是最高的。如果您要在实际工程中引用例程中的代码，请不要忘记这一点，您需要进行一定的改写以提高程序的执行效率。

例程和在线补充材料

本书的网站(*www.moon-labs.com*)为充分发掘本书的功能发挥了重要作用。该网站提供了本书中所有例程的完整代码。我们建议读者阅读某章时或阅读完毕之后，仔细研究一下相应章节的例程。读者阅读完某一章后，应能自己实现该章的例程并对例程代码进行仔细琢磨。通过参考书中的例程，您若能动手实现它们，将会受益无穷。

除了这些例程，该网站中还包含有公告栏和聊天室。我们鼓励读者对其不理解或需要澄清的问题和概念与其他读者进行交流。因为我们一般都有这样的体会，从不同的视角看待一个概念会加速对该概念的理解。

最后，我们打算在该网站上就由于种种原因没有写入本书的主题增加一些附加例程和教程。如果我们从读者的反馈中发现某些特定概念较难理解时，我们也会上传一些例子和对这类概念分析的文档。

本书的配套文件也可从 *www.wordware.com/files/dx9* 下载。

致　　谢

　　我要感谢我的技术编辑 Rod Lopez 为本书的审阅投入了大量精力，使得本书的准确性和质量都得到了提升。我也要感谢 Jim Leiterman(*Vector Game Math Processors* 一书的作者，该书已由 Wordware 出版公司出版)和 Hanley Leung(Kush 游戏的开发者)，他们共同审阅了本书的部分章节。其次，我要感谢 Adam Hault 和 Gary Simmons 给我的诸多帮助，他们都在 *www.gameinstitute.com* 从事 BSP/PVS 课程的教学工作。此外，我还想感谢 William Chin 多年前曾给予我的帮助。最后，我要特别感谢 Wordware 出版公司的员工 Jim Hill、Wes Beckwith、Beth Kohler、Heather Hill、Denise McEvoy 以及 Alan McCuller。

目　　录

第III部分 Direct3D 的应用

第IV部分　着色器和效果

第 I 部分

基础知识

这一部分是全书的"预备"部分，主要提供一些数学知识的简要介绍。在正文中将会经常用到这些数学知识。

必备的数学知识

本部分介绍书中所用到的数学工具。主要讨论向量(vector)，矩阵(matrix)、变换(transformation)等，本书的每一个例程几乎都涉及了这些知识点。同时还介绍了平面(plane)和射线(ray)，这是因为某些章节的例程用到了这些知识；在初次阅读本书时，该部分内容可选学。

为了让具有不同数学背景的读者都能掌握本章内容，我们采用简洁通俗的语言进行阐述。如果读者想对本章内容有更全面的理解，请参阅线性代数的相关教材。已经学过线性代数的读者阅读第 I 部分时将会感到很轻松，可作复习之用。

除了对数学概念的阐述，我们还列举了一些 D3DX 的相关数学类(用于对这些数学对象进行建模)和函数(用于模拟这些对象所能执行的特定运算)。

学习目标

- 掌握向量几何和向量代数，以及它们在 3D 计算机图形学中的应用
- 掌握矩阵、矩阵代数，以及如何借助矩阵进行 3D 几何变换
- 掌握用代数对平面和射线建模的方法，以及它们在 3D 图形学中的应用
- 熟悉 D3DX 库中专门用于进行 3D 数学运算的部分类和函数

3D 空间中的向量

在几何学中，向量用一个有向线段来表示，如图 1 所示。向量的两个重要属性是长度(也称为大小或模)和方向。所以，向量在对同时具有长度和方向的物理量建模时十分有用。例如，在第 14 章中，我们将实现一个粒子系统。我们用向量来表示粒子的速度和加速度。在 3D 图形学的其他应用场合，我们只用向量表示方向。例如，我们常常需要知道光线的走向、多边形的朝向或 3D 场景中摄像机的观察方向。向量对描述 3D 空间中类似的方向提供了一种相当便利的机制。

因为向量的属性中不含有位置(location)信息，所以两个向量只要长度和方向相同，无论其起点是否相同，我们就认为二者相等。容易想象，这样的两个向量彼此平行。例如，在图 1 中，向量 **u** 和向量 **v** 相等。

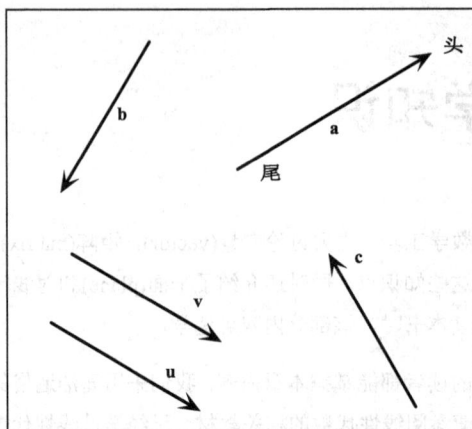

图 1　独立于具体坐标系的自由向量

　　图 1 表示讨论向量时可独立具体的坐标系，因为向量自身(有向线段)已经包含了足够的信息——方向和长度。引入坐标系并不会赋予向量更多的信息，只是相对该具体坐标系描述略微简单而已。即便坐标系发生改变时，我们也只是相对于不同的坐标系来描述同一个向量。

　　现在我们开始学习如何在左手直角坐标系中描述向量。图 2 展示了一个左手坐标系和一个右手坐标系。二者的差别体现在 z 轴的正方向上。在左手坐标系中，z 轴正方向穿进纸面。在右手坐标系中，z 轴正方向穿出纸面。

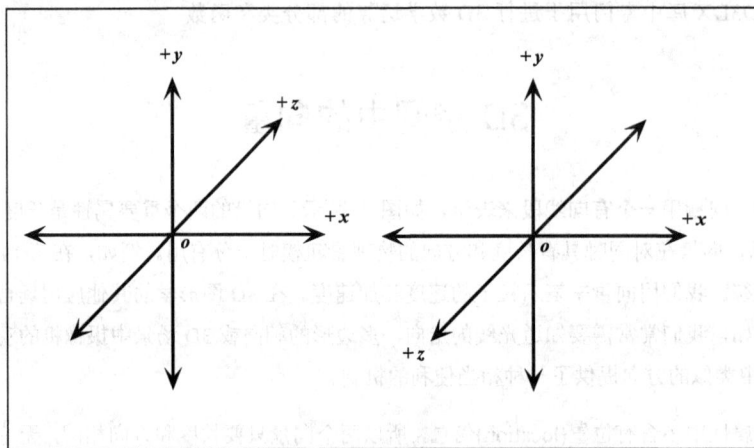

图 2　左手坐标系(左图)和右手坐标系(右图)

　　因为向量的位置并不影响其属性，所以我们可将所有彼此平行的向量进行平移，使其起点与坐标原点重合。当某一向量的起始端与坐标原点重合时，我们称该向量处于标准位置。这样，我们就可用向量的终点坐标来描述一个处于标准位置的向量。用于描述向量的坐标称为分量(component)。图 3 展示了图 1 中的向量平移到标准位置后的结果。

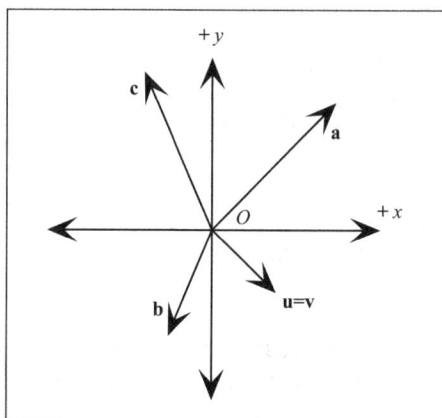

图 3　相对于某一特定坐标系的处于标准位置的向量。注意，由于 u 和 v 相等，所以彼此精确重合

💡 **注意**　因为处于标准位置的向量都是用终点的坐标来描述，这样当我们描述某一点时，很容易将点和向量混淆。为了突出二者的差别，我们重申一下点和向量的定义。点只描述坐标系中的一个位置，而向量描述了长度和方向。

我们通常用小写的粗体字母来表示一个向量，有时也使用大写的粗体字母。例如，2D、3D、4D 的向量分别表示为：$\mathbf{u} = (u_x, u_y)$，$\mathbf{N} = (N_x, N_y, N_z)$，$\mathbf{c} = (c_x, c_y, c_z, c_w)$。

现在介绍 4 个特殊的 3D 向量，如图 4 所示。第一个称为零向量(zero vector)，其所有分量都为 0，用粗体的 0 来表示：$\mathbf{0} = (0, 0, 0)$。其余三个特殊向量称为 $\Re^3$ 的标准基向量。这些向量分别称为 $\mathbf{i}$，$\mathbf{j}$，$\mathbf{k}$ 向量，方向分别与坐标系中的 x，y，z 轴一致，且长度均为 1：$\mathbf{i} = (1, 0, 0)$，$\mathbf{j} = (0, 1, 0)$，$\mathbf{k} = (0, 0, 1)$。

💡 **注意**　长度为 1 的向量称为单位向量(unit vector)。

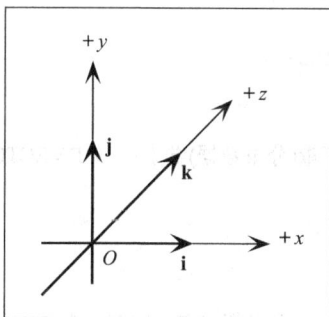

图 4　零向量与 $\Re^3$ 的标准基向量

在 D3DX 库中，我们用类 D3DXVECTOR3 表示 3D 空间中的向量，该类定义如下：

```
typedef struct D3DXVECTOR3 : public D3DVECTOR {
public:
    D3DXVECTOR3() {};
    D3DXVECTOR3( CONST FLOAT * );
    D3DXVECTOR3( CONST D3DVECTOR& );
    D3DXVECTOR3( FLOAT x, FLOAT y, FLOAT z );

    // casting
    operator FLOAT* ();
    operator CONST FLOAT* () const;

    // assignment operators
    D3DXVECTOR3& operator += ( CONST D3DXVECTOR3& );
    D3DXVECTOR3& operator -= ( CONST D3DXVECTOR3& );
    D3DXVECTOR3& operator *= ( FLOAT );
    D3DXVECTOR3& operator /= ( FLOAT );

    // unary operators
    D3DXVECTOR3 operator + () const;
    D3DXVECTOR3 operator - () const;

    // binary operators
    D3DXVECTOR3 operator + ( CONST D3DXVECTOR3& ) const;
    D3DXVECTOR3 operator - ( CONST D3DXVECTOR3& ) const;
    D3DXVECTOR3 operator * ( FLOAT ) const;
    D3DXVECTOR3 operator / ( FLOAT ) const;

    friend D3DXVECTOR3 operator * (FLOAT,
                                   CONST struct D3DXVECTOR3& );

    BOOL operator == ( CONST D3DXVECTOR3& ) const;
    BOOL operator != ( CONST D3DXVECTOR3& ) const;

} D3DXVECTOR3, *LPD3DXVECTOR3;
```

注意，**D3DXVECTOR3** 的成员变量(分量数据)继承自 **D3DVECTOR**，其定义如下：

```
typedef struct D3DVECTOR {
    float x, y, z;
}D3DVECTOR;
```

像标量(scalar)一样，向量也有其自身的代数运算，这可从类 **D3DXVECTOR3** 所定义的数学运算看出。现在不需了解这些运算方法。接下来将向您介绍这些向量的运算和其他 **D3DX** 向量实用函数，以及有关向量的其他重要细节。

💡 **注意**　这里我们主要介绍 3D 向量，但在 3D 图形学中有时也会使用 2D 或 4D 向量。D3DX 库提供了类 D3DXVECTOR2 和 D3DXVECTOR4 分别用于表示 2D 和 4D 向量。维数不同的向量都具有相同的属性，即长度和方向，只是维数不同。此外，向量的数学运算除了叉积(cross product，参见"向量叉积"一节)外都可以推广至任意维数的向量，其中叉积只在 $\Re^3$ 中有定义。这样，除了叉积，我们针对 3D 向量所讨论的运算可以推广至 2D、4D 乃至 n-D 向量。

向量相等

在几何学中，如果两个向量的长度和方向均相同，那么这两个向量相等。在代数学中，如果两个向量维数相同并且相应的分量也相等，则二者相等。例如，若 $u_x = v_x$，$u_y = v_y$，$u_z = v_z$，则$(u_x, u_y, u_z) = (v_x, v_y, v_z)$。

在代码中，我们使用重载的相等运算符(==)来测试两个向量是否相等。

```
D3DXVECTOR u(1.0f, 0.0f, 1.0f);
D3DXVECTOR v(0.0f, 1.0f, 0.0f);

if( u == v ) return true;
```

类似地，我们也可以使用重载的不相等运算符(!=)来测试两个向量是否不相等。

```
if( u != v ) return true;
```

💡 **注意**　比较浮点数时要特别注意。由于浮点数的不精确性，我们认为应该相等的两个浮点数可能略有差别；所以，我们应测试它们是否近似相等。我们可以定义一个很小的常量——EPSILON，将其作为"误差容限"。如果两个值之间的距离小于 EPSILON，我们就称二者近似相等。换言之，EPSILON 给出了浮点数不精确度的公差(tolerance)。下面的函数说明了如何使用 EPSILON 来测试两个浮点数是否相等。

```
const float EPSILON = 0.001f;
bool Equals(float lhs, float rhs) {
    // if lhs == rhs their difference should be zero
    return fabs(lhs - rhs) < EPSILON ? true : false;
}
```

其实我们在使用类 D3DXVECTOR3 时不必担心这类小问题，因为该类重载的比较运算符已经为我们做好了上述工作，但是对于浮点数的比较我们还是应该做到心中有数。

计算向量的长度

几何学中，向量的模就是有向线段的长度。根据向量的各分量，我们可以通过代数方法计算该向量的大小，公式如下：

(1) $\|\mathbf{u}\| = \sqrt{u_x^2 + u_y^2 + u_z^2}$

$\|\mathbf{u}\|$ 表示取向量 $\mathbf{u}$ 的模。

例：求向量 $\mathbf{u}(1,2,3)$ 和 $\mathbf{v}(1,1)$ 的模。

解：对于向量 $\mathbf{u}$，有：

(2) $\|\mathbf{u}\| = \sqrt{1^2 + 2^2 + 3^2} = \sqrt{1 + 4 + 9} = \sqrt{14}$

由(1)还可以推出二维向量，对于向量 $\mathbf{v}$，有：

(3) $\|\mathbf{v}\| = \sqrt{1^2 + 1^2} = \sqrt{2}$

在 D3DX 库中，可以利用下列函数计算向量的模：

```
FLOAT D3DXVec3Length(                    //Returns the magnitude
    CONST D3DXVECTOR3* pV );             //The vector to compute the length of.

D3DXVECTOR3 v(1.0f, 2.0f, 3.0f);
float magnitude = D3DXVec3Length( &v ); // = sqrt(14)
```

向量的规范化

向量的规范化(normalizing)就是使向量的模变为 1，即变为单位向量。可以通过将向量的每个分量都除以该向量的模来实现向量的规范化，如下所示。

$$\hat{\mathbf{u}} = \frac{\mathbf{u}}{\|\mathbf{u}\|} = \left(\frac{u_x}{\|\mathbf{u}\|}, \frac{u_y}{\|\mathbf{u}\|}, \frac{u_z}{\|\mathbf{u}\|} \right)$$

我们约定在单位向量上加一个标记 "^"，如 $\hat{\mathbf{u}}$ 。

例：规范化向量 $\mathbf{u}=(1,2,3)$ 和 $\mathbf{v}=(1,1)$。

解：由式(2)和式(3)可得，$\|\mathbf{u}\| = \sqrt{14}$，$\|\mathbf{v}\| = \sqrt{2}$，故：

$$\hat{\mathbf{u}} = \frac{\mathbf{u}}{\sqrt{14}} = \left(\frac{1}{\sqrt{14}}, \frac{2}{\sqrt{14}}, \frac{3}{\sqrt{14}} \right)$$

$$\hat{\mathbf{v}} = \frac{\mathbf{v}}{\sqrt{2}} = \left(\frac{1}{\sqrt{2}}, \frac{1}{\sqrt{2}} \right)$$

借助 D3DX 库，可以用如下函数实现向量的规范化。

```
D3DXVECTOR3 *D3DXVec3Normalize(
    D3DXVECTOR3 * pOut,          // Result.
```

```
    CONST D3DXVECTOR3* pV                 // The vector to normalize.
);
```

💡 **注意**　该函数返回指向变换结果的指针，所以该函数可以作为另一个函数的参数来使用。在大部分情况下，除非特别声明，一个 D3DX 数学函数均返回一个指向结果的指针。对此我们将不再对每个函数进行说明。

向量加法

向量的加法定义为两个向量对应分量分别相加。注意，只有维数相同的两个向量才能进行加法运算。

$$\mathbf{u} + \mathbf{v} = (u_x + v_x,\quad u_y + v_y,\quad u_z + v_z)$$

图 5 是向量加法的几何解释。

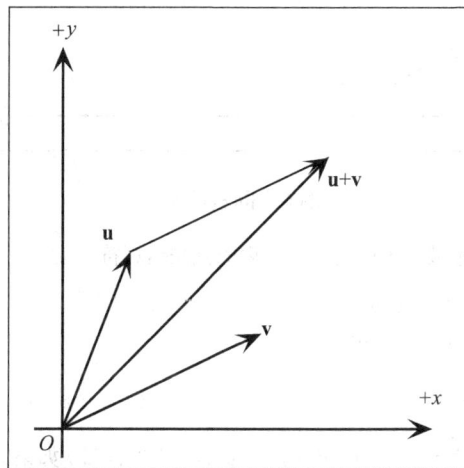

**图 5　向量加法 1 注意，向量 *v* 的平移方式，其始端与向量 *u* 的末端重合；
和向量就是自向量 *u* 的始端指向平移后的向量 *v* 末端的向量**

如果想在程序中实现向量加法，可以使用重载后的加法运算符(+)。

```
D3DXVECTOR3 u(2.0f, 0.0f, 1.0f);
D3DXVECTOR3 v(0.0f, -1.0f, 5.0f);

// (2.0 + 0.0, 0.0 + (-1.0), 1.0 + 5.0)
D3DXVECTOR3 sum = u + v;              // = (2.0f, -1.0f, 6.0f)
```

向量减法

类似于向量加法，向量的减法(vector subtraction)也是在两向量的对应分量上进行的。同样，参与运算的向量维数必须一致。

$$\mathbf{u} - \mathbf{v} = \mathbf{u} + (-\mathbf{v}) = (u_x - v_x, u_y - v_y, u_z - v_z)$$

图 6 是向量减法的几何解释。

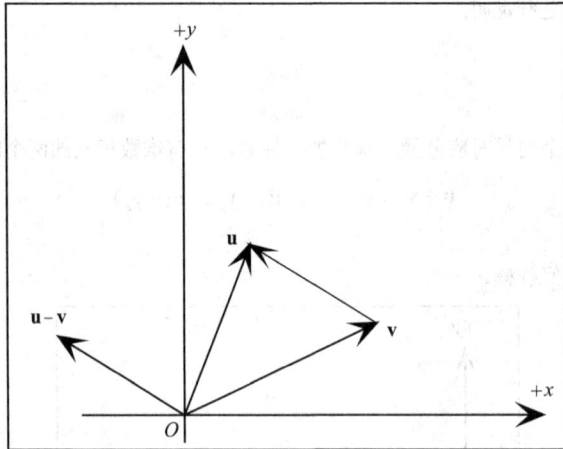

图 6   向量减法

如果想在程序中实现向量相减,可以使用重载后的减法运算符(-)。

```
D3DXVECTOR3 u(2.0f, 0.0f, 1.0f);
D3DXVECTOR3 v(0.0f, -1.0f, 5.0f);

D3DXVECTOR3 difference = u - v;        // = (2.0f, 1.0f, -4.0f)
```

如图 6 所示,向量减法返回一个自 **v** 的末端指向 **u** 的末端的向量。如果我们把 **u** 和 **v** 的分量理解为点的坐标,便可使用向量减法求得自一点指向另一点的向量。

数乘

标量可以与向量相乘,顾名思义,该运算可对向量进行缩放。该运算不改变向量的方向,除非该向量与负数相乘,这时向量的方向与原来的方向相反。

$$k\mathbf{u} = (ku_x, ku_y, ku_z)$$

类 D3DXVECTOR3 提供了数乘运算符。

```
D3DXVECTOR3 u(1.0f, 1.0f, -1.0f);
D3DXVECTOR3 scaledVec = u * 10.0f; // = (10.0f, 10.0f, -10.0f)
```

点积

点积(dot product)是向量代数所定义的两种乘法之一，其运算规则如下：

$$\mathbf{u} \cdot \mathbf{v} = u_x\, v_x + u_y\, v_y + u_z\, v_z = \mathbf{s}$$

上述公式并不具有明显的几何意义。但由余弦定理，可以发现 $\mathbf{u} \cdot \mathbf{v} = \|\mathbf{u}\| \cdot \|\mathbf{v}\| \cos\vartheta$，即两向量的点积等于二者夹角的余弦再乘以两个向量的模的乘积。由此可知，如果 $\mathbf{u}$ 和 $\mathbf{v}$ 都是单位向量，则 $\mathbf{u} \cdot \mathbf{v}$ 就等于 $\mathbf{u}$，$\mathbf{v}$ 夹角的余弦。

下面是点积的一些有用的性质：

● 若 $\mathbf{u} \cdot \mathbf{v} = 0$，则 $\mathbf{u} \perp \mathbf{v}$。
● 若 $\mathbf{u} \cdot \mathbf{v} > 0$，则两向量之间的夹角小于 90°。
● 若 $\mathbf{u} \cdot \mathbf{v} < 0$，则两向量之间的夹角大于 90°。

> **注意**   符号 $\perp$ 表示正交(orthogonal)，是垂直(perpendicular)的同义语。

我们可用下列 **D3DX** 函数计算两个向量的点积。

```
FLOAT D3DXVec3Dot(                    // Returns the result.
   CONST D3DXVECTOR3* pV1,            // Left sided operand.
   CONST D3DXVECTOR3* pV2            // Right sided operand.
);

D3DXVECTOR3 u(1.0f, -1.0f, 0.0f);
D3DXVECTOR3 v(3.0f, 2.0f, 1.0f);

// 1.0*3.0 + -1.0*2.0 + 0.0*1.0
// = 3.0 + -2.0
float dot = D3DXVec3Dot( &u, &v );        // = 1.0
```

叉积

向量代数所定义的第二种乘法为叉积(cross product)。与点积不同(结果为一个标量)，叉积的结果是另一个向量。如果取向量 $\mathbf{u}$ 和 $\mathbf{v}$ 的叉积，运算所得的向量 $\mathbf{p}$ 与 $\mathbf{u}$、$\mathbf{v}$ 彼此正交，也就是说 $\mathbf{p}$ 与 $\mathbf{u}$ 正交，也与 $\mathbf{v}$ 正交。叉积的运算规则如下：

$$\mathbf{p} = \mathbf{u} \times \mathbf{v} = [(u_y\, v_z - u_z\, v_y),\ (u_z\, v_x - u_x\, v_z),\ (u_x\, v_y - u_y\, v_x)]$$

分量形式为：

$$p_x = (u_y\, v_z - u_z\, v_y)$$

$$p_y = (u_z\,v_x - u_x\,v_z)$$

$$p_z = (u_x\,v_y - u_y\,v_x)$$

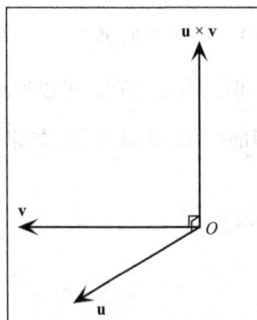

图 7　叉积。向量 u×v 同时与 u 和 v 正交

例：计算 $\mathbf{j} = \mathbf{k} \times \mathbf{i} = (0, 0, 1) \times (1, 0, 0)$，并证明向量 **j** 垂直于向量 **k** 和 **i**。

解：

$$j_x = (0(0)-1(0))=0$$

$$j_y = (1(0)-0(0))=①$$

$$j_z = (0(0)-0(1))=0$$

所以，**j**=(0,1,0)。回顾"点积"一节，如果 $\mathbf{u} \cdot \mathbf{v} = 0$，则 $\mathbf{u} \perp \mathbf{v}$，可见 **j** 与 **k** 和 **i** 同时正交。

可以使用下列 **D3DX** 函数计算两个向量的叉积。

```
D3DXVECTOR3 *D3DXVec3Cross(
    D3DXVECTOR3* pOut,           // Result.
    CONST D3DXVECTOR3* pV1,      // Left sided operand.
    CONST D3DXVECTOR3* pV2       // Right sided operand.
);
```

由图 7 可知，向量 **-p** 也与向量 **u**、**v** 同时正交。叉积运算的次序决定了结果是 **p** 还是 **-p**。换言之，**u×v**=-(**v×u**)，这表明叉积不具备交换性。可以借助左手法则来判断叉积的方向。(之所以使用左手法则是因为我们采用了左手坐标系，当采用右手坐标系时，应使用右手法则)。如果左手手指沿着第一个向量向第二个向量的方向弯曲，拇指的指向就是这两个向量叉积的方向。

矩　　阵

在本节中，我们主要讨论矩阵运算。下一节我们再介绍矩阵在 3D 图形学中的应用。

一个 $m×n$ 矩阵是一个 m 行、n 列的矩形数组。行数和列数指定了矩阵的维数。我们用行和列组成的双下标来标识矩阵元素，其中第一个下标为该元素所在行的索引，第二个下标为该元素所在列的索引。下面分别是一个 3×3 矩阵 $\mathbf{M}$，一个 2×4 矩阵 $\mathbf{B}$ 和 3×2 矩阵 $\mathbf{C}$ 的例子。

$$\mathbf{M} = \begin{bmatrix} m_{11} & m_{12} & m_{13} \\ m_{21} & m_{22} & m_{23} \\ m_{31} & m_{32} & m_{33} \end{bmatrix}, \quad \mathbf{N} = \begin{bmatrix} b_{11} & b_{12} & b_{13} & b_{14} \\ b_{21} & b_{22} & b_{23} & b_{24} \end{bmatrix}, \quad \mathbf{C} = \begin{bmatrix} c_{11} & c_{12} \\ c_{21} & c_{22} \\ c_{31} & c_{32} \end{bmatrix}$$

通常用大写的粗体字母来表示矩阵。

有时一个矩阵仅包含单行或单列。这样的矩阵称为行向量或列向量。下面是一个行向量和列向量的例子。

$$\mathbf{v} = \begin{bmatrix} v_1, v_2, v_3, v_4 \end{bmatrix}, \quad \mathbf{u} = \begin{bmatrix} u_x \\ u_y \\ u_z \end{bmatrix}$$

使用行或列向量时，我们仅需一个下标，有时也可用字母作为下标表示此类向量中的元素。

矩阵相等、矩阵数乘和矩阵加法

本小节中，我们将使用如下四个矩阵：

$$\mathbf{A} = \begin{bmatrix} 1 & 5 \\ -2 & 3 \end{bmatrix}, \quad \mathbf{B} = \begin{bmatrix} 6 & 2 \\ 5 & -8 \end{bmatrix}, \quad \mathbf{C} = \begin{bmatrix} 1 & 5 \\ -2 & 3 \end{bmatrix}, \quad \mathbf{D} = \begin{bmatrix} 1 & 2 & -1 & 3 \\ -6 & 3 & 0 & 0 \end{bmatrix}$$

- 如果两个矩阵维数相同且对应元素也相同，则二者相等。例如，基于该准则，$\mathbf{A} = \mathbf{C}$。我们也注意到由于维数或对应元素有差异，所以 $\mathbf{A} \neq \mathbf{B}$，$\mathbf{A} \neq \mathbf{D}$。

- 矩阵也可与标量做数乘运算，规则是用该标量乘以矩阵的每个元素。例如，标量 k 与矩阵 $\mathbf{D}$ 相乘的结果为：

$$k\mathbf{D} = \begin{bmatrix} k(1) & k(2) & k(-1) & k(3) \\ k(-6) & k(3) & k(0) & k(0) \end{bmatrix}$$

若 $k = 2$，则：

$$k\mathbf{D} = 2\mathbf{D} = \begin{bmatrix} 2(1) & 2(2) & 2(-1) & 2(3) \\ 2(-6) & 2(3) & 2(0) & 2(0) \end{bmatrix} = \begin{bmatrix} 2 & 4 & -2 & 6 \\ -12 & 6 & 0 & 0 \end{bmatrix}$$

- 两个矩阵只有维数相同时，方可进行加法运算。矩阵的和就是两个矩阵的对应元素相加所得的矩阵。例如：

$$\mathbf{A} + \mathbf{B} = \begin{bmatrix} 1 & 5 \\ -2 & 3 \end{bmatrix} + \begin{bmatrix} 6 & 2 \\ 5 & -8 \end{bmatrix} = \begin{bmatrix} 1+6 & 5+2 \\ -2+5 & 3+(-8) \end{bmatrix} = \begin{bmatrix} 7 & 7 \\ 3 & -5 \end{bmatrix}$$

- 与加法类似，矩阵减法也要求参与运算的两个矩阵维数必须一致。下面是一个矩阵减法的例子。

$$\mathbf{A} - \mathbf{B} = \mathbf{A} + (-\mathbf{B}) = \begin{bmatrix} 1 & 5 \\ -2 & 3 \end{bmatrix} - \begin{bmatrix} 6 & 2 \\ 5 & -8 \end{bmatrix} = \begin{bmatrix} 1 & 5 \\ -2 & 3 \end{bmatrix} + \begin{bmatrix} -6 & -2 \\ -5 & 8 \end{bmatrix} = \begin{bmatrix} 1-6 & 5-2 \\ -2-5 & 3+8 \end{bmatrix} = \begin{bmatrix} -5 & 3 \\ -7 & 11 \end{bmatrix}$$

矩阵乘法

矩阵乘法是矩阵在 3D 图形学中最重要的运算。借助矩阵乘法，我们能够对向量实施变换，也可将几个变换进行组合。矩阵变换将在下一节讲述。

为了计算矩阵乘积 $\mathbf{AB}$，矩阵 $\mathbf{A}$ 的列数必须等于矩阵 $\mathbf{B}$ 的行数。如果该条件满足，就可以进行乘法运算。考虑如下两个矩阵 $\mathbf{A}$ 和 $\mathbf{B}$，维数分别为 2×3 和 3×3。

$$\mathbf{A} = \begin{bmatrix} a_{11} & a_{12} & a_{13} \\ a_{21} & a_{22} & a_{23} \end{bmatrix}, \quad \mathbf{B} = \begin{bmatrix} b_{11} & b_{12} & b_{13} \\ b_{21} & b_{22} & b_{23} \\ b_{31} & b_{32} & b_{33} \end{bmatrix}$$

可以推知，由于 $\mathbf{A}$ 的列数等于 $\mathbf{B}$ 的行数，故乘积 $\mathbf{AB}$ 是有意义的。请注意，如果交换相乘的次序为 $\mathbf{BA}$ 便无意义，因为 $\mathbf{B}$ 的列数与 $\mathbf{A}$ 的行数不相等。这表明矩阵乘法一般不具有交换性(即 $\mathbf{AB} \neq \mathbf{BA}$)。我们之所以说"一般不具有交换性"是因为某些情况下矩阵相乘的确可以交换次序。

现在我们已经知道矩阵乘法是有意义的，下面给出具体的定义：若 $\mathbf{A}$ 为 $m \times n$ 矩阵，$\mathbf{B}$ 为 $n \times p$ 矩阵，则乘积 $\mathbf{AB}$ 有意义，且等于一个 $m \times p$ 矩阵 $\mathbf{C}$，其中乘积 $\mathbf{C}$ 的第 ij 个元素的值等于 $\mathbf{A}$ 的第 i 个行向量与 $\mathbf{B}$ 的第 j 个列向量的点积。

(4)　　$c_{ij} = \mathbf{a}_i \cdot \mathbf{b}_j$

其中，$\mathbf{a}_i$ 表示矩阵 $\mathbf{A}$ 的第 i 个行向量，$\mathbf{b}_j$ 表示矩阵 $\mathbf{B}$ 的第 j 个列向量。

例如，求下述乘积

$$\mathbf{AB} = \begin{bmatrix} 4 & 1 \\ -2 & 1 \end{bmatrix} \begin{bmatrix} 1 & 3 \\ 2 & 1 \end{bmatrix}$$

我们可以验证该乘积是有意义的，因为 $\mathbf{A}$ 的列数等于 $\mathbf{B}$ 的行数。同时注意，运算所得的矩阵也是 2×2 的矩阵。由(4)可得：

$$\mathbf{AB} = \begin{bmatrix} 4 & 1 \\ -2 & 1 \end{bmatrix} \begin{bmatrix} 1 & 3 \\ 2 & 1 \end{bmatrix} = \begin{bmatrix} \mathbf{a}_1 \cdot \mathbf{b}_1 & \mathbf{a}_1 \cdot \mathbf{b}_2 \\ \mathbf{a}_2 \cdot \mathbf{b}_1 & \mathbf{a}_2 \cdot \mathbf{b}_2 \end{bmatrix} = \begin{bmatrix} (4 \ 1) \cdot (1 \ 2) & (4 \ 1) \cdot (3 \ 1) \\ (-2 \ 1) \cdot (1 \ 2) & (-2 \ 1) \cdot (3 \ 1) \end{bmatrix} = \begin{bmatrix} 6 & 13 \\ 0 & -5 \end{bmatrix}$$

作为练习，读者可证明 $\mathbf{AB} \neq \mathbf{BA}$。

一个更一般的例子：

$$\mathbf{AB} = \begin{bmatrix} a_{11} & a_{12} & a_{13} \\ a_{21} & a_{22} & a_{23} \end{bmatrix} \begin{bmatrix} b_{11} & b_{12} \\ b_{21} & b_{22} \\ b_{31} & b_{32} \end{bmatrix} = \begin{bmatrix} a_{11}b_{11} + a_{12}b_{21} + a_{13}b_{31} & a_{11}b_{12} + a_{12}b_{22} + a_{13}b_{32} \\ a_{21}b_{11} + a_{22}b_{21} + a_{23}b_{31} & a_{21}b_{12} + a_{22}b_{22} + a_{23}b_{32} \end{bmatrix} = \mathbf{C}$$

单位矩阵

有一种特殊的矩阵称为单位矩阵(Identity Matrix)。单位矩阵的特点是除主对角线上元素为 1 外，其余元素均为 0，而且是方阵(square matrix)。例如，下面是 2×2、3×3 和 4×4 的单位矩阵。

$$\begin{bmatrix} 1 & 0 \\ 0 & 1 \end{bmatrix}, \qquad \begin{bmatrix} 1 & 0 & 0 \\ 0 & 1 & 0 \\ 0 & 0 & 1 \end{bmatrix}, \qquad \begin{bmatrix} 1 & 0 & 0 & 0 \\ 0 & 1 & 0 & 0 \\ 0 & 0 & 1 & 0 \\ 0 & 0 & 0 & 1 \end{bmatrix}$$

单位阵可以作为一个乘法单位(multiplicative identity)。

$$\mathbf{MI} = \mathbf{IM} = \mathbf{M}$$

即，用一个单位矩阵与某个矩阵相乘，不改变该矩阵。而且，某一矩阵与单位矩阵相乘，是矩阵乘法可交换的特例。单位矩阵对于标量可认为是矩阵中的"1"。

例：证明矩阵 $\mathbf{M} = \begin{bmatrix} 1 & 2 \\ 0 & 4 \end{bmatrix}$ 与一个 2×2 单位矩阵相乘后，其结果仍为 $\mathbf{M}$ 。

解：$\begin{bmatrix} 1 & 2 \\ 0 & 4 \end{bmatrix} \begin{bmatrix} 1 & 0 \\ 0 & 1 \end{bmatrix} = \begin{bmatrix} (1\ 2)\cdot(1\ 0) & (1\ 2)\cdot(0\ 1) \\ (0\ 4)\cdot(1\ 0) & (0\ 4)\cdot(0\ 1) \end{bmatrix} = \begin{bmatrix} 1 & 2 \\ 0 & 4 \end{bmatrix}$

逆矩阵

矩阵数学中，没有类似于标量除法的运算，但是有一种乘法逆运算(multiplicative inverse operation)。下列内容概括了关于逆矩阵(inverse matrix)的重要信息。

- 只有方阵才可能有逆矩阵，所以，当我们提到逆矩阵时，我们假定所关心的对象为方阵。
- 一个 $n×n$ 矩阵 $\mathbf{M}$ 的逆矩阵也是一个 $n×n$ 矩阵，用符号 $\mathbf{M}^{-1}$ 表示。
- 并非所有的方阵都有逆矩阵。
- 一个矩阵与其逆矩阵的乘积为单位阵：$\mathbf{MM}^{-1} = \mathbf{M}^{-1}\mathbf{M} = \mathbf{I}$ 。注意，当一个矩阵与其逆矩阵相乘时，可交换相乘次序。

逆矩阵在求矩阵方程中的其他矩阵时非常有用。例如，给定方程 $\mathbf{p}' = \mathbf{pR}$ ，假定 $\mathbf{p}'$ 和 $\mathbf{R}$ 为已知，求 $\mathbf{p}$ 。第一步是求出 $\mathbf{R}^{-1}$(假设它存在)。一旦求出 $\mathbf{R}^{-1}$ ，$\mathbf{p}$ 即可求解，步骤如下：

$$\mathbf{p}'\mathbf{R}^{-1} = \mathbf{p}(\mathbf{RR}^{-1})$$

$$\mathbf{p}'\mathbf{R}^{-1} = \mathbf{p}\mathbf{I}$$

$$\mathbf{p}'\mathbf{R}^{-1} = \mathbf{p}$$

求逆矩阵的技术和方法已超出本书的范围，有兴趣的读者可参阅线性代数方面的书籍。在"基本变换"一节，我们将给出所要使用矩阵的逆矩阵。在"D3DX 矩阵"一节中，我们将学习用 D3DX 函数求逆矩阵的方法。

在本节结束之前，我们再介绍一个关于矩阵乘积的逆的有用性质：$(\mathbf{AB})^{-1} = \mathbf{B}^{-1}\,\mathbf{A}^{-1}$。该性质的前提是，矩阵 $\mathbf{A}$ 和 $\mathbf{B}$ 均可逆，且均为维数相同的方阵。

矩阵的转置

矩阵的转置(transpose)可通过交换矩阵的行和列来实现。所以，一个 $m{\times}n$ 矩阵的转置是一个 $n{\times}m$ 矩阵。我们用符号 $\mathbf{M}^{\mathrm{T}}$ 来表示矩阵 $\mathbf{M}$ 的转置。

例：求如下两个矩阵的转置。

$$\mathbf{A} = \begin{bmatrix} 2 & -1 & 8 \\ 3 & 6 & -4 \end{bmatrix}, \quad \mathbf{B} = \begin{bmatrix} a & b & c \\ d & e & f \\ g & h & i \end{bmatrix}$$

再次强调，矩阵转置可通过交换矩阵的行和列得到，故：

$$\mathbf{A}^{\mathrm{T}} = \begin{bmatrix} 2 & 3 \\ -1 & 6 \\ 8 & -4 \end{bmatrix}, \quad \mathbf{B}^{\mathrm{T}} = \begin{bmatrix} a & d & g \\ b & e & h \\ c & f & i \end{bmatrix}$$

D3DX 矩阵

编写 Direct3D 应用程序时，我们通常只使用 4×4 的矩阵和 1×4 的行向量。注意，使用这两种维数的矩阵，意味着如下的矩阵乘法是有意义的。

- 向量-矩阵乘法。若 $\mathbf{v}$ 为 1×4 的行向量，$\mathbf{T}$ 为 4×4 的矩阵，则乘积 $\mathbf{vT}$ 有意义，且其结果为 1×4 的行向量。
- 矩阵-矩阵乘法。若 $\mathbf{T}$ 和 $\mathbf{R}$ 为 4×4 的矩阵，则乘积 $\mathbf{TR}$ 和 $\mathbf{RT}$ 都有意义，且结果均为 4×4 的矩阵。注意，乘积 $\mathbf{TR}$ 不一定与 $\mathbf{RT}$ 相等，因为矩阵乘法不具有交换性。

在 D3DX 中表示 1×4 行向量，通常使用向量类 D3DXVECTOR3 和 D3DXVECTOR4。当然，类 D3DXVECTOR3 仅包含 3 个分量。但是，第 4 个分量也可理解为 1 或 0(下一小节中将有详细的叙述)。

在 D3DX 中表示 4×4 的矩阵，可使用类 D3DXMATRIX，其定义如下：

```
typedef struct D3DXMATRIX : public D3DMATRIX {
public:
    D3DXMATRIX() {};
    D3DXMATRIX( CONST FLOAT * );
    D3DXMATRIX( CONST D3DMATRIX& );
    D3DXMATRIX( CONST D3DXFLOAT16 * );
    D3DXMATRIX( FLOAT _11, FLOAT _12, FLOAT _13, FLOAT _14,
                FLOAT _21, FLOAT _22, FLOAT _23, FLOAT _24,
                FLOAT _31, FLOAT _32, FLOAT _33, FLOAT _34,
                 FLOAT _41, FLOAT _42, FLOAT _43, FLOAT _44 );

    // access grants
    FLOAT& operator () ( UINT Row, UINT Col );
    FLOAT  operator () ( UINT Row, UINT Col ) const;

    // casting operators
    operator FLOAT* ();
    operator CONST FLOAT* () const;

    // assignment operators
    D3DXMATRIX& operator *= ( CONST D3DXMATRIX& );
    D3DXMATRIX& operator += ( CONST D3DXMATRIX& );
    D3DXMATRIX& operator -= ( CONST D3DXMATRIX& );
    D3DXMATRIX& operator *= ( FLOAT );
    D3DXMATRIX& operator /= ( FLOAT );

    // unary operators
    D3DXMATRIX operator + () const;
    D3DXMATRIX operator - () const;

    // binary operators
    D3DXMATRIX operator * ( CONST D3DXMATRIX& ) const;
    D3DXMATRIX operator + ( CONST D3DXMATRIX& ) const;
    D3DXMATRIX operator - ( CONST D3DXMATRIX& ) const;
    D3DXMATRIX operator * ( FLOAT ) const;
    D3DXMATRIX operator / ( FLOAT ) const;

    friend D3DXMATRIX operator * ( FLOAT, CONST D3DXMATRIX& );

    BOOL operator == ( CONST D3DXMATRIX& ) const;
    BOOL operator != ( CONST D3DXMATRIX& ) const;

} D3DXMATRIX, *LPD3DXMATRIX;
```

类 D3DXMATRIX 的数据成员继承自结构体 D3DMATRIX，其定义如下：

```
union {
    struct {
        float 11, 12, 13, 14;
        float 21, 22, 23, 24;
        float 31, 32, 33, 34;
        float 41, 42, 43, 44;
    };
    float m[4] [4];
  };
} D3DMATRIX;
```

类 **D3DXMATRIX** 有许多有用的运算符，例如相等判别、矩阵相加和相减、矩阵数乘、类型转换 (casting)，以及最重要的一种运算——两个 D3DXMATRIX 类型的矩阵相乘。因为矩阵乘法是如此重要，下面给出使用该运算符的代码示例：

```
D3DXMATRIX A(…);        // initialize A
D3DXMATRIX B(…);        // initialize B
D3DXMATRIX C = A * B;  // C = AB
```

D3DXMATRIX 类中另一个重要的运算符是括号运算符(parenthesis operator)，利用该运算符可以方便地访问矩阵中的每一个元素。注意，使用括号运算符时，索引应像 C 语言中的数组一样，下标从 0 开始。例如，要访问一个矩阵中下标为 $ij = 11$ 的元素，应该这样写：

```
D3DXMATRIX M;
M(0, 0) = 5.0f; // Set entry ij = 11 to 5.0f.
```

D3DX 库也针对 **D3DXMATRIX** 类型的矩阵提供了下列很有用的函数，功能包括将该类型的矩阵转换为单位矩阵、取转置以及求逆。

```
D3DXMATRIX *D3DXMatrixIdentity(
    D3DXMATRIX *pout          // The matrix to be set to the identity.
  );

D3DXMATRIX M;
D3DXMatrixIdentity( &M );        // M = identity matrix

D3DXMATRIX *D3DXMatrixTranspose(
    D3DXMATRIX *pOut,          // The resulting transposed matrix.
    CONST D3DXMATRIX *pM        // The matrix to take the transpose of.
  );

D3DXMATRIX A(...);            // initialize A
D3DXMATRIX B;
D3DXMatrixTranspose( &B, &A ); // B = transpose(A)
```

```
D3DXMATRIX *D3DXMatrixInverse(
    D3DXMATRIX *pOut,              // returns inverse of pM
    FLOAT *pDeterminant,           // determinant, if required, else pass 0
    CONST D3DXMATRIX *pM           // matrix to invert
);
```

如果传入 **D3DXMatrixInverse** 函数的矩阵不可逆，则返回一个 NULL 值。另外，在本书中，一般忽略该函数的第 2 个参数，每次调用时将其置为 0。

```
D3DXMATRIX A(...);                 // initialize A
D3DXMATRIX B;
D3DXMatrixInverse( &B, 0, &A ); // B = inverse(A)
```

基 本 变 换

使用 Direct3D 编程时，我们使用 4×4 的矩阵表示一个变换。其思路如下：设置一个 4×4 的矩阵中元素的值，使其表示某一具体变换。然后我们将某一点的坐标或某一向量的分量放入一个 1×4 的行向量 **v** 中。乘积 **vX** 就生成了一个新的经过变换的向量 **v′**。例如，如果 **X** 代表沿 x 轴平移 10 个单位，**v** = [2, 6, −3, 1]，则乘积 **vX** = **v′** = [12, 6, −3, 1]。

还有少量概念需要澄清。我们之所以使用 4×4 矩阵是因为这种特定维数的矩阵有能力表征我们所需要的所有变换。3×3 矩阵起初看起来似乎更适合 3D 变换。但是，许多类型的变换无法用 3×3 矩阵来描述，例如平移(translation)、透视投影(perspective projection)以及反射(reflection，也称对称变换或镜像变换)。由于我们讨论的是向量-矩阵乘法，所以为了实现各种变换，我们必须遵循矩阵乘法的规则。扩展到 4×4 矩阵使得我们能够用矩阵和已定义的向量-矩阵乘积描述更多的变换。

前面我们提到将某一点的坐标或某一向量的各分量放入一个 1×4 的行向量 **v** 中。但是我们所关心的点和向量都是 3D 的！为什么我们要使用 1×4 的行向量？为了使向量-矩阵乘积有意义，我们必须将 3D 的点或向量扩展为 4D 行向量，因为一个 1×3 的行向量和一个 4×4 矩阵是无法定义乘法运算的。

那么我们应该如何使用第 4 个分量(用 w 表示)？将点放入一个 1×4 的行向量时，我们将 w 分量设为 1。这能够保证点的平移变换正确进行。因为向量不含位置信息，所以没有对向量定义平移变换，任何企图对向量实施平移变换的运算只能产生一个毫无意义的向量。为了防止对向量进行平移变换，当我们将 1×3 向量置入 1×4 行向量时，将 w 分量置为 0。例如，点 **p** = (p_1, p_2, p_3) 置入行向量后应为$[p_1, p_2, p_3, 1]$，向量 **v** = (v_1, v_2, v_3) 置入行向量后应为$[v_1, v_2, v_3, 0]$。

💡 **注意**　我们将 w 设为 1，是为了保证点的平移变换能正确进行，而将 w 设为 0 是为了防止对向量实施平移变换。这一点在我们考察实际变换矩阵时自然会清楚。

💡 **注意** 扩展后的 4D 向量称为齐次(homogenous)向量，因为齐次向量既可用来表示点，也可表示向量，所以当我们提到名词"向量"时，注意区分我们指的是点还是向量。

有时，我们所定义的矩阵变换改变了一个向量的分量 w 的值(即 $w \neq 0$ 且 $w \neq 1$)。如下所示：

$$\mathbf{P} = [p_1, p_2, p_3, 1] \begin{bmatrix} 1 & 0 & 0 & 0 \\ 0 & 1 & 0 & 0 \\ 0 & 0 & 1 & 1 \\ 0 & 0 & 0 & 0 \end{bmatrix} = [p_1, p_2, p_3, p_3] = \mathbf{P'}, \quad 对于 \ p_3 \neq 0 \ 和 \ p_3 \neq 1 \ 的情况$$

可见，$w = p_3$。当 $w \neq 0$ 且 $w \neq 1$ 时，我们称该向量处于齐次空间(homogenous space)中，以区别于 3D 空间。将齐次空间中的向量映射回 3D 空间的方法是：用 w 分量去除该齐次向量的每一个分量。例如，要将齐次空间的向量(x, y, z, w)映射到 3D 向量 $\mathbf{x}$ 的方法如下：

$$\left(\frac{x}{w}, \frac{y}{w}, \frac{z}{w}, \frac{w}{w} \right) = \left(\frac{x}{w}, \frac{y}{w}, \frac{z}{w}, 1 \right) = \left(\frac{x}{w}, \frac{y}{w}, \frac{z}{w} \right) = \mathbf{x}$$

进行 3D 图形编程时，如果涉及到透视投影，则经常需要将向量由齐次空间映射到 3D 空间。

💡 **注意** 当我们将点(x, y, z)写作$(x, y, z, 1)$的形式时，从技术角度，我们实际上在 4D 空间中用一个 4D 平面$(w = 1)$来描述 3D 空间。(注意，4D 空间中的平面是 3D 的，就像 3D 中的平面是一个 2D 空间一样)。所以，当我们将 w 设为某个值时，我们便偏离了平面 $w=1$。为了重新映射回该平面(对应于我们熟悉的 3D 空间)，我们只需将齐次向量的每个分量除以 w。

平移矩阵

图 8 演示了平移矩阵(translation matrix)。

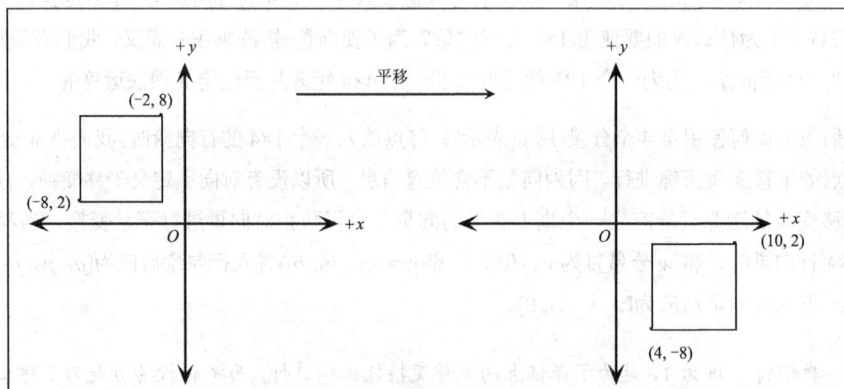

图 8 沿 x 轴平移 10 个单位，沿 y 轴平移-10 个单位

要想将向量$(x, y, z, 1)$沿 x 轴平移 p_x 个单位，沿 y 轴平移 p_y 个单位或者沿 z 轴平移 p_z 个单位，我们只需将该向量与如下矩阵相乘。

$$\mathbf{T(p)} = \begin{bmatrix} 1 & 0 & 0 & 0 \\ 0 & 1 & 0 & 0 \\ 0 & 0 & 1 & 0 \\ p_x & p_y & p_z & 1 \end{bmatrix}$$

用于创建平移矩阵的 **D3DX** 函数为：

```
D3DXMATRIX *D3DXMatrixTranslation(
    D3DXMATRIX* pOut,      // Result.
    FLOAT x,               // Number of units to translate on x-axis.
    FLOAT y,               // Number of units to translate on y-axis.
    FLOAT z                // Number of units to translate on z-axis.
);
```

练习：

设 $\mathbf{T(p)}$ 表示一个平移变换矩阵，$\mathbf{v} = [v_1, v_2, v_3, 0]$ 为一任意向量。证明 $\mathbf{vT(p) = v}$ (即证明当 w 分量为 0 时，向量不受平移变换的影响)。

该平移矩阵的逆矩阵可以简单地通过对平移向量 $\mathbf{p}$ 取负得到。

$$\mathbf{T^{-1} - T(-p)} = \begin{bmatrix} 1 & 0 & 0 & 0 & 0 \\ 0 & 1 & 0 & 0 & 0 \\ 0 & 0 & 1 & 0 & 0 \\ -p_x & -p_y & -p_z & 1 & 1 \end{bmatrix}$$

旋转矩阵

图 9 演示了旋转矩阵(rotation matrix)。

我们可用如下 3 个矩阵将一个向量分别绕着 x, y, z 轴旋转 θ 弧度。注意，当沿着旋转轴指向原点的方向观察时，角度是按顺时针方向度量的。

$$\mathbf{X}(\theta) = \begin{bmatrix} 1 & 0 & 0 & 0 \\ 0 & \cos\theta & \sin\theta & 0 \\ 0 & -\sin\theta & \cos\theta & 0 \\ 0 & 0 & 0 & 1 \end{bmatrix}$$

用于创建绕 *x* 轴旋转的旋转矩阵的 **D3DX** 函数为：

```
D3DXMATRIX *D3DXMatrixRotationX(
    D3DXMATRIX* pOut,        // Result.
    FLOAT Angle              // Angle of rotation measured in radians.
);
```

$$\mathbf{Y}(\theta) = \begin{bmatrix} \cos\theta & 0 & -\sin\theta & 0 \\ 0 & 1 & 0 & 0 \\ \sin\theta & 0 & \cos\theta & 0 \\ 0 & 0 & 0 & 1 \end{bmatrix}$$

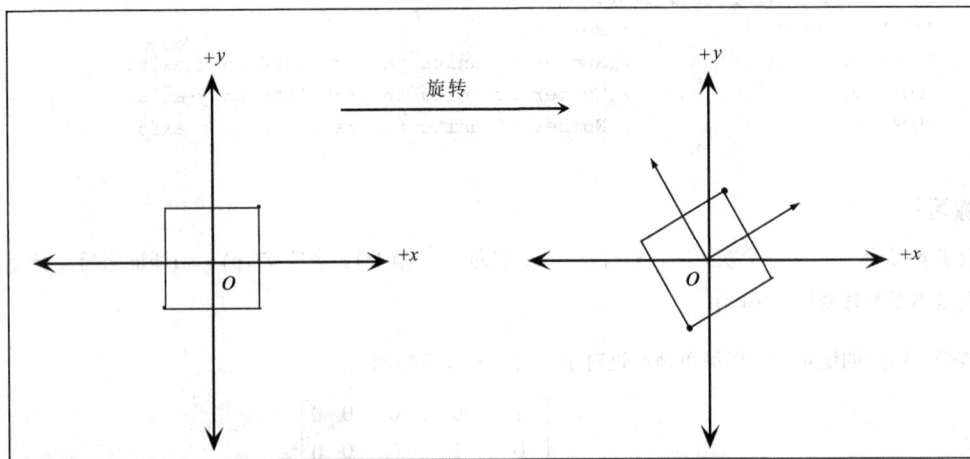

图 9　按我们的视角，沿 *z* 轴逆时针旋转 30°

用于创建绕 *y* 轴旋转的旋转矩阵的 **D3DX** 函数为：

```
D3DXMATRIX *D3DXMatrixRotationY(
    D3DXMATRIX* pOut,    // Result.
    FLOAT Angle          // Angle of rotation measured in radians.
);
```

$$\mathbf{Z}(\theta) = \begin{bmatrix} \cos\theta & \sin\theta & 0 & 0 \\ -\sin\theta & \cos\theta & 0 & 0 \\ 0 & 0 & 1 & 0 \\ 0 & 0 & 0 & 1 \end{bmatrix}$$

用于创建绕 *z* 轴旋转的旋转矩阵的 **D3DX** 函数为：

```
D3DXMATRIX *D3DXMatrixRotationZ(
    D3DXMATRIX* pOut,    // Result.
```

```
    FLOAT Angle          // Angle of rotation measured in radians.
);
```

旋转矩阵 **R** 的逆矩阵与其转置相等，即 $\mathbf{R}^T = \mathbf{R}^{-1}$。具备这样特点的矩阵称为正交矩阵。

比例变换矩阵

图 10 演示了比例变换矩阵(Scaling Matrix)。

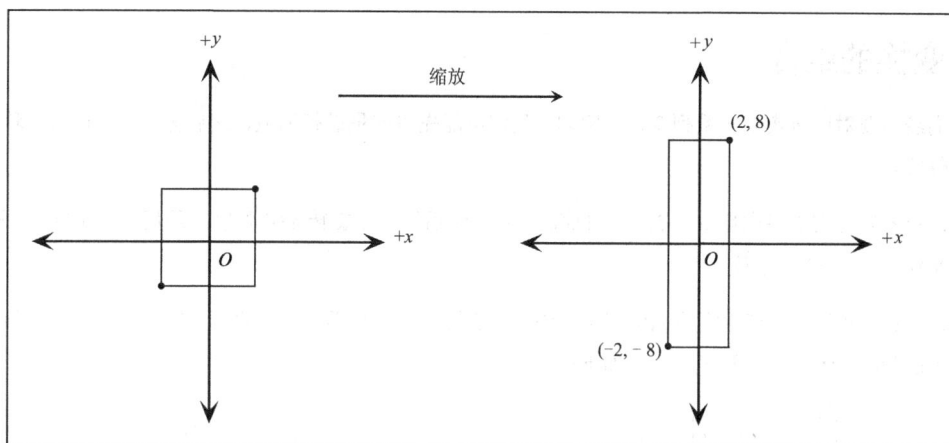

图 10　沿 x 轴方向缩小 1/2，并沿 y 轴方向放大 2 倍

如果想让一个向量沿 x、y、z 轴分别放大 q_x、q_y 和 q_z 倍，可令该向量与如下矩阵相乘。

$$\mathbf{S(q)} = \begin{bmatrix} q_x & 0 & 0 & 0 \\ 0 & q_y & 0 & 0 \\ 0 & 0 & q_z & 0 \\ 0 & 0 & 0 & 1 \end{bmatrix}$$

用于创建比例矩阵的 **D3DX** 函数为：

```
D3DXMATRIX *D3DXMatrixScaling(
    D3DXMATRIX* pOut,    // Result.
    FLOAT sx,            // Number of units to scale on the x-axis.
    FLOAT sy,            // Number of units to scale on the y-axis.
    FLOAT sz             // Number of units to scale on the z-axis.
);
```

如果将比例矩阵的各个缩放因子取倒数，就得到该矩阵的逆矩阵。

$$\mathbf{S}^{-1} = \mathbf{S}\left(\frac{1}{q_x}, \frac{1}{q_y}, \frac{1}{q_z}\right) = \begin{bmatrix} \dfrac{1}{q_x} & 0 & 0 & 0 \\ 0 & \dfrac{1}{q_y} & 0 & 0 \\ 0 & 0 & \dfrac{1}{q_z} & 0 \\ 0 & 0 & 0 & 1 \end{bmatrix}$$

几何变换的组合

我们经常要对向量实施一系列变换。例如，我们可能先对向量进行缩放，然后再旋转，最后平移到所期望的位置。

例：沿各轴方向上将向量 $\mathbf{p} = [5, 0, 0, 1]$ 缩小 1/5，然后绕 y 轴旋转 $\pi/4$ 弧度，最后再沿 x 轴，y 轴，z 轴分别平移 1、2、-3 个单位。

解：注意，我们必须依次实施比例变换、绕 y 轴旋转以及平移操作。为此我们需要建立比例变换矩阵 $\mathbf{S}$，旋转变换矩阵 $\mathbf{R}_y$ 以及平移矩阵 $\mathbf{T}$，如下所示：

$$\mathbf{S}\left(\frac{1}{5}, \frac{1}{5}, \frac{1}{5}\right) = \begin{bmatrix} \dfrac{1}{5} & 0 & 0 & 0 \\ 0 & \dfrac{1}{5} & 0 & 0 \\ 0 & 0 & \dfrac{1}{5} & 0 \\ 0 & 0 & 0 & 1 \end{bmatrix}, \quad \mathbf{R}_y\left(\frac{\pi}{4}\right) = \begin{bmatrix} .707 & 0 & -.707 & 0 \\ 0 & 1 & 0 & 0 \\ .707 & 0 & .707 & 0 \\ 0 & 0 & 0 & 1 \end{bmatrix}, \quad \mathbf{T}(1,2,-3) = \begin{bmatrix} 1 & 0 & 0 & 0 \\ 0 & 1 & 0 & 0 \\ 0 & 0 & 1 & 0 \\ 1 & 2 & -3 & 1 \end{bmatrix}$$

按照比例变换、旋转变换和平移变换的顺序实施变换后，我们得到：

(5)
$$\mathbf{pS} = [1,0,0,1] = \mathbf{p}'$$

$$\mathbf{p}'\mathbf{R}_y = [.707, 0, -.707, 1] = \mathbf{p}''$$

$$\mathbf{p}''\mathbf{T} = [1.707, 2, -3.707, 1]$$

矩阵的一个最关键的优点是，可借助矩阵乘法将几种变换组合为一个变换矩阵。例如，我们来考虑本节刚开始的那个例子。我们通过矩阵乘法将表示三种变换的矩阵组合成一个表示全部 3 个变换的矩阵。注意，各变换矩阵相乘的次序应与实施变换的次序一致。

$$(6)\quad \mathbf{SR}_y\mathbf{T} = \begin{bmatrix} \frac{1}{5} & 0 & 0 & 0 \\ 0 & \frac{1}{5} & 0 & 0 \\ 0 & 0 & \frac{1}{5} & 0 \\ 0 & 0 & 0 & 1 \end{bmatrix} \begin{bmatrix} .707 & 0 & -.707 & 0 \\ 0 & 1 & 0 & 0 \\ .707 & 0 & .707 & 0 \\ 0 & 0 & 0 & 1 \end{bmatrix} \begin{bmatrix} 1 & 0 & 0 & 0 \\ 0 & 1 & 0 & 0 \\ 0 & 0 & 1 & 0 \\ 1 & 2 & -3 & 1 \end{bmatrix}$$

$$= \begin{bmatrix} .1414 & 0 & -.1414 & 0 \\ 0 & 1 & 0 & 0 \\ .1414 & 0 & .1414 & 0 \\ 1 & 2 & -3 & 1 \end{bmatrix} = \mathbf{Q}$$

则 $\qquad\qquad\qquad \mathbf{pQ} = [1.707, 2, -3.707, 1]$

矩阵的这种整合多种变换的能力对于性能的提高颇有意义。假设我们要对一个庞大的向量集合中的每个向量都依次实施相同的比例、旋转和平移变换(这在 3D 图形学中非常普遍)，但我们不会按照公式(5)对每个向量依次实施一系列变换，相反，我们会先将全部的 3 个变换像式(6)一样整合为一。接下来我们只要用每个向量乘以整合后的矩阵即可。这就显著节省了向量-矩阵相乘运算所需的开销。

向量变换的一些函数

D3DX 库提供了如下两个函数分别用于点和向量的变换。D3DXVec3TransformCoord 函数对点进行变换，并假定向量的第 4 个分量为 1。函数 D3DXVec3TransformNormal 用于向量的变换，并假定向量的第 4 个分量为 0。

```
D3DXVECTOR3 *D3DXVec3TransformCoord(
   D3DXVECTOR3* pOut,                  // Result.
   CONST D3DXVECTOR3* pV,              // The point to transform.
   CONST D3DXMATRIX* pM                // The transformation matrix.
);
D3DXMATRIX T(...);                     // initialize a transformation matrix
D3DXVECTOR3 p(...);                    // initialize a point
D3DXVec3TransformCoord( &p, &p, &T);   // transform the point


D3DXVECTOR3 * D3DXVec3TransformNormal(
   D3DXVECTOR3 *pOut,                  // Result.
   CONST D3DXVECTOR3 *pV,              // The vector to transform.
   CONST D3DXMATRIX *pM                // The transformation matrix.
);
```

```
D3DXMATRIX T(...); // initialize a transformation matrix
D3DXVECTOR3 v(...); // initialize a vector
D3DXVec3TransformNormal( &v, &v, &T); // transform the vector
```

注意   D3DX库还提供了函数 D3DXVec3TransformCoordArray 和 D3DXVec3TransformNormalArray，分别用于点数组和向量数组的变换。

平面(选读)

平面可用一个向量 **n** 和平面中一点 $\mathbf{p_0}$ 来描述。其中向量 **n** 称为平面的法向量(normal vector)，该向量与平面垂直(见图 11)。

由图 12 可见，平面是所有满足式(7)的点 **p** 的集合。

(7) $\mathbf{n} \cdot (\mathbf{p} - \mathbf{p_0}) = 0$

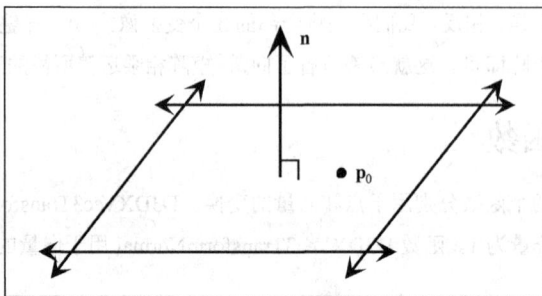

图 11   由法向量 **n** 和平面中一点 $\mathbf{p_0}$ 所定义的平面

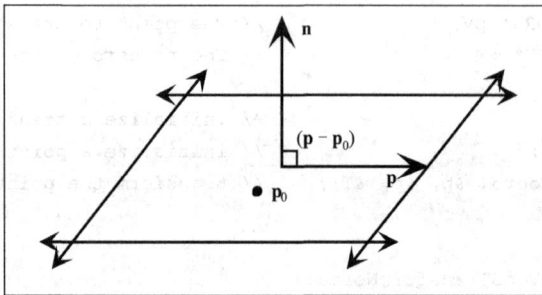

图 12   设 $\mathbf{p_0}$ 为平面上一点，如果向量$(\mathbf{p} - \mathbf{p_0})$与该平面法向量垂直，则点 **p** 位于该平面上

描述一个具体的平面时，由于法向量 **n** 和平面上一点 $\mathbf{p_0}$ 都是确定的，因此可将式(7)写作更常用的形式：

(8)
$$\mathbf{n} \cdot \mathbf{p} + d = 0$$

其中
$$d = -\mathbf{n} \cdot \mathbf{p}_0$$

💡 **注意**　如果平面的法向量的模为 1，则 $d = -\mathbf{n} \cdot \mathbf{p}_0$ 给出了坐标原点到该平面最短的有符号距离 (signed distance)。

D3DXPLANE

在代码中表示平面时，仅存储法向量 **n** 和常量 d 已经足够了。将平面看成一个 **4D** 向量非常有用，可记为(**n**, d)。D3DX 库用如下结构体来表示一个平面类。

```
typedef struct D3DXPLANE {
#ifdef __cplusplus
public:
    D3DXPLANE() {}
    D3DXPLANE( CONST FLOAT* );
    D3DXPLANE( CONST D3DXFLOAT16* );
    D3DXPLANE( FLOAT a, FLOAT b, FLOAT c, FLOAT d );

    // casting
    operator FLOAT* ();
    operator CONST FLOAT* () const;

    // unary operators
    D3DXPLANE operator + () const;
    D3DXPLANE operator - () const;

    // binary operators
    BOOL operator == ( CONST D3DXPLANE& ) const;
    BOOL operator != ( CONST D3DXPLANE& ) const;

#endif //cplusplus
    FLOAT a, b, c, d;
} D3DXPLANE, *LPD3DXPLANE;
```

其中，a, b 和 c 构成平面的法向量 **n**，d 为方程(8)中的常量 d。

点和平面的空间关系

方程(8)主要用于考察某点相对于平面的位置关系。例如，给定平面(**n**, d)，我们可求出一个特定 **p** 与该平面的关系。

若 $\mathbf{n} \cdot \mathbf{p} + d = 0$，则点 **p** 位于平面上。

若 $\mathbf{n} \cdot \mathbf{p} + d > 0$，则点 $\mathbf{p}$ 位于平面的前方，并处于平面的正半区(positive half-space)。

若 $\mathbf{n} \cdot \mathbf{p} + d < 0$，则点 $\mathbf{p}$ 位于平面的后方，并处于平面的负半区(negative half-space)。

注意: 如果平面的法向量 $\mathbf{n}$ 的模为 1，则 $\mathbf{n} \cdot \mathbf{p} + d$ 就等于该平面到点 $\mathbf{p}$ 的最短有符号距离。

给定一个平面和一点，下面的 D3DX 函数可用来计算 $\mathbf{n} \cdot \mathbf{p} + d$。

```
FLOAT D3DXPlaneDotCoord(
    CONST D3DXPLANE *pP,     // plane.
    CONST D3DXVECTOR3 *pV    // point.
);

// Test the locality of a point relative to a plane.
D3DXPLANE p(0.0f, 1.0f, 0.0f, 0.0f);

D3DXVECTOR3 v(3.0f, 5.0f, 2.0f);

float x = D3DXPlaneDotCoord( &p, &v );

if( x approximately equals 0.0f )   // v is coplanar to the plane.
if( x > 0 )                         // v is in positive half-space.
if( x < 0 )                         // v is in negative half-space
```

注意 我们说"近似相等"，是因为浮点数具有不精确性。参见"向量相等"一节的注释。

注意 类似于 D3DXPlaneDotCoord 的函数还有 D3DXPlaneDot 和 D3DXPlaneDotNormal，详情请参阅 DirectX 文档。

平面的创建

除了直接指定平面的法线和有向距离外，我们还可用另外两种方式计算这两个要素。给定法线 n 和平面上的已知点 $\mathbf{p}_0$，我们可求解分量 d。

$$\mathbf{n} \cdot \mathbf{p}_0 + d = 0$$
$$\mathbf{n} \cdot \mathbf{p}_0 = -d$$
$$-\mathbf{n} \cdot \mathbf{p}_0 = d$$

D3DX 库提供了如下函数用于完成该类计算。

```
D3DXPLANE *D3DXPlaneFromPointNormal(
    D3DXPLANE* pOut,             // Result.
    CONST D3DXVECTOR3* pPoint,   // Point on the plane.
    CONST D3DXVECTOR3* pNormal   // The normal of the plane.
);
```

另一种方法是通过指定平面上不共线的 3 个点来构造一个平面。

给定 3 个点 $\mathbf{p_0}$、　$\mathbf{p_1}$、$\mathbf{p_2}$，可以构造两个位于平面上的向量。

$$\mathbf{u} = \mathbf{p_1} - \mathbf{p_0}$$
$$\mathbf{v} = \mathbf{p_2} - \mathbf{p_0}$$

由此，我们可由这两个向量的叉积计算出平面的法向量。注意使用左手法则。

$$\mathbf{n} = \mathbf{u} \times \mathbf{v}$$

则
$$-(\mathbf{n} \cdot \mathbf{p_0}) = d$$

D3DX 库提供了如下函数由平面上已知 3 点来求取平面。

```
D3DXPLANE *D3DXPlaneFromPoints(
    D3DXPLANE* pOut,              // Result.
    CONST D3DXVECTOR3* pV1,       // Point 1 on the plane.
    CONST D3DXVECTOR3* pV2,       // Point 2 on the plane.
    CONST D3DXVECTOR3* pV3        // Point 3 on the plane.
);
```

平面的规范化

有时，我们想规范化(Normalizing)已知平面的法向量。起初看起来好像只要把法向量单位化即可，但是别忘了在平面 $\mathbf{n} \cdot \mathbf{p} + d = 0$ 中 $d = -\mathbf{n} \cdot \mathbf{p_0}$。由此可知，法向量的模将影响常量 d 的值。所以，当对法向量实施规范化时，必须重新计算 d。注意，$\dfrac{d}{\|\mathbf{n}\|} = -\dfrac{\mathbf{n}}{\|\mathbf{n}\|} \cdot \mathbf{p_0}$。

这样我们就用如下公式来将平面$(\mathbf{n}, d)$的法向量规范化。

$$\frac{1}{\|\mathbf{n}\|}(\mathbf{n}, d) = \left(\frac{n}{\|\mathbf{n}\|}, \frac{d}{\|\mathbf{n}\|} \right)$$

我们可使用如下的 D3DX 函数对平面的法向量规范化。

```
D3DXPLANE *D3DXPlaneNormalize(
    D3DXPLANE *pOut,        // Resulting normalized plane.
    CONST D3DXPLANE *pP     // Input plane.
);
```

平面的变换

Lengyel 在他的著作 *Mathematics for 3D Game Programming & Computer Graphics* 中指出，我们可将平

面 $(\hat{\mathbf{n}}, d)$ 看作 4D 向量，并将它与所期望的变换矩阵的逆转置相乘来实施变换。注意，平面的法向量必须首先规范化。

可使用如下 **D3DX** 函数完成上述工作。

```
D3DXPLANE *D3DXPlaneTransform(
    D3DXPLANE *pOut,        // Result
    CONST D3DXPLANE *pP,    // Input plane.
    CONST D3DXMATRIX *pM    // Transformation matrix.
);
```

例程：

```
D3DXMATRIX T(...);          // Init. T to a desired transformation.
D3DXMATRIX inverseOfT;
D3DXMATRIX inverseTransposeOfT;

D3DXMatrixInverse( &inverseOfT, 0, &T );
D3DXMatrixTranspose( &inverseTransposeOfT, &inverseOfT );

D3DXPLANE p(...);                   // Init. Plane.
D3DXPlaneNormalize( &p, &p );   // make sure normal is normalized.

D3DXPlaneTransform( &p, &p, &inverseTransposeOfT );
```

平面中到某一点的最近点

假定空间中有一点 **p**，我们想找出平面 $(\hat{\mathbf{n}}, d)$ 上距离 **p** 最近的点。注意，假定平面的法向量已规范化，这可将问题简化一些。

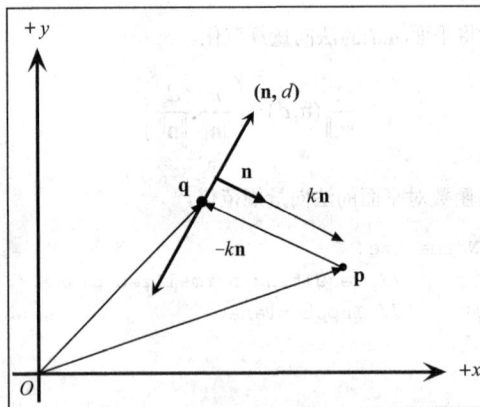

图 13　平面 $(\hat{\mathbf{n}}, d)$ 上距离点 **p** 最近的点 **q**。注意，自 **p** 到平面的最短有符号距离 k 为正，因为 **p** 位于平面 $(\hat{\mathbf{n}}, d)$ 的正半区。如果 **p** 在平面的后方，则 $k<0$

从图 13 可以看出，$\mathbf{q} = \mathbf{p} + (-k\,\hat{\mathbf{n}})$，其中 k 为自点 $\mathbf{p}$ 到平面的最短有符号距离。因为平面的法向量已经规范化，所以 $\mathbf{n} \cdot \mathbf{p} + d$ 就是自点 $\mathbf{p}$ 到平面的最短有符号距离。

射线(选读)

假定一个游戏中的玩家正在用枪对敌人进行射击。我们如何确定子弹从哪里出发，沿着哪个方向才能击中目标？一种方法是用射线对子弹建模，用外接球(bounding sphere)来对敌人建模。(外接球是一个仅仅包围对象的球体，并用来粗略估计该对象的体积。第 11 章中，我们将对外接球展开更多的讨论。)然后，我们可用数学方法判定射线是否穿过球体以及从什么位置穿过。本节中，我们将学习如何建立子弹的数学模型。

射线

射线可用起点和方向来描述。射线的参数方程如下：

(9)
$$\mathbf{p}(t) = \mathbf{p}_0 + t\mathbf{u}$$

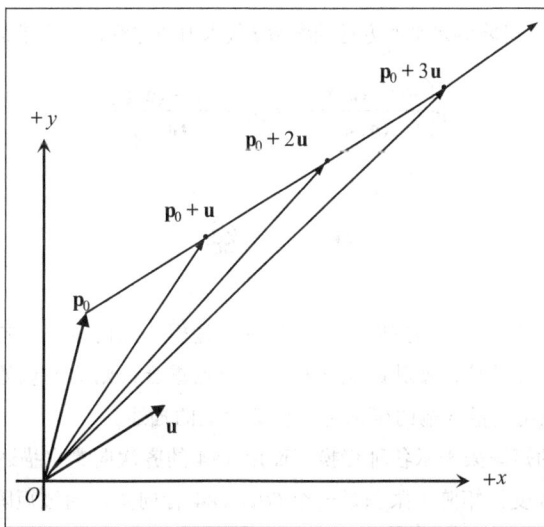

图 14　由起点 $\mathbf{p}_0$ 和方向 $\mathbf{u}$ 所描述的射线。我们可通过指定大于或等于 0 的标量 t 来求出射线上的其他点

$\mathbf{p}_0$ 是射线的起点，$\mathbf{u}$ 是射线的方向向量，t 为参数。通过为 t 赋不同的值，我们可计算出射线上的其他点。为了描述射线，参数 t 必须位于区间 $[0, \infty)$ 内。为 t 赋予小于 0 的值会产生位于射线所在直线上但处于起点背面的点。实际上，如果令 $t \in (-\infty, \infty)$，我们便可描述 3D 空间中的直线。

射线与平面的相交

给定射线 $\mathbf{p}(t) = \mathbf{p}_0 + t\,\mathbf{u}$ 和平面 $\mathbf{n} \cdot \mathbf{p} + d = 0$，我们想知道该射线是否与平面相交以及交点的位置。这时可将射线代入平面方程，并求解满足平面方程的参数 t，这样我们就可求出能够产生交点的参数的范围。

将方程(9)代入平面方程：

将射线代入平面方程	$\mathbf{n} \cdot \mathbf{p}(t) + d = 0$
	$\mathbf{n} \cdot (\mathbf{p}_0 + t\mathbf{u}) + d = 0$
分配律	$\mathbf{n} \cdot \mathbf{p}_0 + \mathbf{n} \cdot t\mathbf{u} + d = 0$
	$\mathbf{n} \cdot t\mathbf{u} = -d - (\mathbf{n} \cdot \mathbf{p}_0)$
结合律	$t(\mathbf{n} \cdot \mathbf{u}) = -d - (\mathbf{n} \cdot \mathbf{p}_0)$
解出 t 值	$t = \dfrac{-d - (\mathbf{n} \cdot \mathbf{p}_0)}{(\mathbf{n} \cdot \mathbf{u})}$

若 t 不在区间 $[0,\infty)$ 内，则射线与平面不相交。

若 t 位于区间 $[0,\infty)$ 内，可将满足平面方程的参数 t 代入射线方程，从而求得交点：

$$\mathbf{p}\left(\frac{-d - (\mathbf{n} \cdot \mathbf{p}_0)}{(\mathbf{n} \cdot \mathbf{u})}\right) = \mathbf{p}_0 + \frac{-d - (\mathbf{n} \cdot \mathbf{p}_0)}{(\mathbf{n} \cdot \mathbf{u})}\mathbf{u}$$

小　　结

- 向量通常用来对具有大小和方向的物理量进行建模。几何学中，向量用有向线段来表示。如果一个向量经过平移，使其起始端与坐标原点重合，则称向量处于标准位置。处于标准位置的向量可以用向量末端的坐标进行代数学上的描述。
- 我们可用 4×4 的矩阵来表示各种变换，而用 1×4 的齐次向量来描述点和向量。一个 1×4 行向量和一个 4×4 变换矩阵的乘积是一个新的 1×4 行向量。通过矩阵—矩阵乘法可以将几种变换整合为一个变换矩阵。
- 我们用 4D 齐次向量来同时表示点和向量。当表示向量时，令 w 分量为 0；表示点时，令 w 为 1。如果 $w \neq 0$ 且 $w \neq 1$，则我们称向量 (x, y, z, w) 位于齐次空间中，并可令其每个分量除以 w 而映射到 3D 空间。

$$\left(\frac{x}{w},\frac{y}{w},\frac{z}{w},\frac{w}{w}\right)=\left(\frac{x}{w},\frac{y}{w},\frac{z}{w},1\right)\underline{映射}\left(\frac{x}{w},\frac{y}{w},\frac{z}{w}\right)$$

- 平面将 3D 空间分为两部分：正半空间和负半空间，正半空间是平面前方的那部分空间，负半空间是平面后方的那部分空间。平面常用来判定空间某点与其相对位置关系(即，点位于该平面的哪部分空间)。

- 射线可用起点和方向进行参数化描述。射线常用于对各种物理量进行建模，例如光线和轨迹近似为线性路径的抛射体(projectile)，如子弹和火箭等。

第 II 部分

Direct3D 基础

在本部分中，我们将学习 Direct3D 的基本概念和技术，这些知识将贯穿本书。当您掌握了这些基础知识后，您就有能力编写一些有趣的应用程序了。下面是对本部分各章的一个简要介绍。

第 1 章，"初始化 Direct3D"　本章中，我们将了解 Direct3D 的功用以及进行 3D 绘制前如何进行初始化。

第 2 章，"绘制流水线"　本章的第一个主题是如何用数学语言描述 3D 场景以及指定了观察(3D 场景)方位的虚拟摄像机。第二个主题是介绍将虚拟摄像机的"视场"中的那部分 3D 场景用 2D 图像呈现出来所必需采取的一系列步骤，这些步骤统称为绘制流水线。

第 3 章，"Direct3D 中的绘制"　本章将介绍如何用 Direct3D 绘制 3D 几何体。我们将学习如何将数据存储为 Direct3D 可用的形式以及一些绘制命令。此外，我们还将学习如何使用绘制状态对 Direct3D 绘制几何体的方式进行设置。

第 4 章，"颜色"　本章中，我们将学习颜色在 Direct3D 中的表示方式，以及如何将颜色运用到 3D 实体几何图元中。最后，我们将讲解各顶点颜色沿图元表面过渡的两种方式。

第 5 章，"光照"　本章中，我们将学习如何创建光源以及定义光源与被照射表面的交互方式。光照增加了场景的真实感并有助于描绘物体的实体形状和体积。

第 6 章，"纹理"　本章讲解了纹理映射。纹理映射也是一项用于增强场景真实感的技术，该技术可将 2D 图像数据映射到 3D 图元上。例如，借助纹理映射技术，我们将 2D 砖墙的图像运用(映射)到 3D 矩形图元中，便可模拟一面砖墙。

第 7 章，"融合"　在本章中，我们将讨论融合技术。该技术可帮助我们实现一系列特效，尤其是类似玻璃的透明效果。

第 8 章，"模板"　本章介绍了模板缓存。模板缓存功能与模板类似，可允许我们阻止某些像素的绘制。为了帮助您理解这些概念，我们完整地讨论了如何借助模板缓存实现镜面成像和平面阴影。

1

初始化 Direct3D

过去，Direct3D 的初始化一直是一件相当繁琐的工作。幸运的是，从 DirectX 8.0 起采用了一种简化的初始化模型，而且 DirectX 9.0 也遵从了同一模型。但是，该初始化过程仍然假定程序员已十分熟悉基本的图形学概念及 Direct3D 的一些基本类型。本章的前几小节将讲述这些必备知识。在您掌握了这些基础知识之后，本章的剩余部分将主要讲解 Direct3D 的初始化过程。

学习目标

- 了解 Direct3D 与图形硬件的交互方式
- 理解 COM 在 Direct3D 中扮演的角色
- 掌握基本的图形学概念，如 2D 图像的存储方式、页面置换和深度缓存
- 掌握如何初始化 Direct3D
- 熟悉本书例程所采用的通用结构

1.1 Direct3D 概述

Direct3D 是一套底层(low-level)图形 API(Application Programming Interface，应用程序编程接口)，借助该 API，我们能够利用硬件加速功能来绘制 3D 场景。Direct3D 可以被视作应用程序与图形设备(3D 硬件)交互的中介。例如，要命令图形设备执行清屏操作，应用程序可调用 Direct3D 方法 IDirect3DDevice9::Clear。图 1.1 展示了应用程序、Direct3D 以及硬件之间的交互关系。

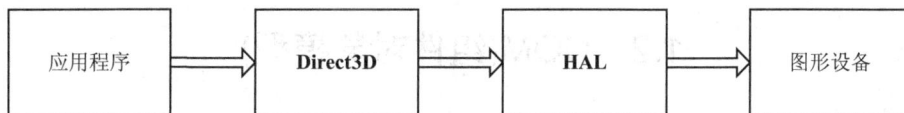

图 1.1 应用程序、Direct3D 以及硬件之间的关系

图 1.1 中的 Direct3D 部分是一套已定义好的、由 Direct3D 提供给应用程序/编程人员的接口和函数。这些接口和函数代表了当前版本的 Direct3D 所支持的全部功能。注意，可能会有这样的现象，有些功能虽然 Direct3D 提供了，但您的图形硬件却未必支持。

如图 1.1 所示，在 Direct3D 和图形设备之间有一个中间环节——HAL(Hardware Abstraction Layer，硬件抽象层)。由于市面上的图形卡品种繁多，每种卡的性能和实现同样功能的机理都有差异，所以 Direct3D 无法与图形设备直接交互。例如，同是执行清屏操作，两块不同的图形卡的执行机理可能差别很大。所以，Direct3D 就需要设备制造商实现一个 HAL。HAL 是一个指示设备完成某些操作的设备相关的代码集。按照这种方式，Direct3D 就可不必了解设备的具体细节，其规范(specification)的制定便可独立于具体的硬件。

设备制造商将其产品所支持的全部功能都实现到 HAL 中。那些 Direct3D 支持、但设备不支持的功能无法在 HAL 中实现。调用一个没有在 HAL 中实现的 Direct3D 函数会导致调用失败，除非它是一种顶点处理运算，并且用户已指定了使用软件顶点运算方式。在这种情况下用户所期望实现的功能便可由 Direct3D 运行时(Direct3D runtime)以软件运算方式来模拟。所以，当使用仅为少数种类的硬件所支持的 Direct3D 高级功能时，请务必验证您的硬件是否支持该功能(在 1.3.8 节中，将对硬件性能进行说明)。

1.1.1 REF 设备

有时，Direct3D 提供的某些功能不为您的图形设备所支持，但您仍希望使用这些功能。为了满足这种需求，Direct3D 提供了参考光栅设备(reference rasterizer device)，即 REF 设备，它能以软件运算方式完全支持 Direct3D API。借助 REF 设备，您即可在代码中使用那些不为当前硬件所支持的特性，并对这些特性进行测试。例如，本书的第 IV 部分将使用顶点和像素着色器(shader)，该功能许多图形卡都不支持。如果您的图形卡不支持着色器，您仍然可以使用 REF 设备测试例程代码。注意，REF 设备仅用于开发阶段，这一点十分重要。它与 DirectX SDK 捆绑(ship)在一起，无法发布给最终用户。此外，REF 速度十分缓慢，在测试以外的其他场合都很不实用。

1.1.2 D3DDEVTYPE

在程序代码中，HAL 设备用值 D3DDEVTYPE_HAL 来指定，该值是 D3DDEVTYPE 枚举类型的一个成员。类似地，REF 设备用值 D3DDEVTYPE_REF 来指定，该值也是 D3DDEVTYPE 枚举类型的一个成员。这些类型非常重要，您需要铭记在心，因为在创建设备时，我们必须指定使用哪种设备类型。

1.2 COM(组件对象模型)

COM(Component Object Model,组件对象模型)是一项能够使 DirectX 独立于编程语言并具备向下兼容的技术。我们常称 COM 对象为接口，可将其视为一个 C++类来使用。我们所必须知道的仅仅是如何通过某个特定函数或另一个 COM 接口的方法来获取指向某一 COM 接口的指针；创建 COM 接口时不可使用

C++的关键字 new。此外，使用完一个接口，应调用该接口相应的 Release 方法(所有的 COM 接口的功能都继承自 COM 接口 IUnknown，该接口提供了 Release 方法)而不是用 C++的 delete。COM 对象能够对其所使用的内存实施自治。

当然，关于 COM 的细节还有许多，但只要掌握了上述知识，对于有效使用 DirectX 已经足够了。

💡 **注意**　COM 接口都有一个前缀 I。例如，表示表面(surface)的 COM 接口为 IDirect3DSurface9。

1.3　预　备　知　识

要想理解 Direct3D 的初始化过程，您需要熟悉一些基本的图形学概念和 Direct3D 类型。我们将在本节介绍这些知识，下一节我们再着重讨论 Direct3D 的初始化。

1.3.1　表面

表面是 Direct3D 主要用于存储 2D 图像数据的一个像素矩阵。图 1.2 中标出了表面的一些组成部分(component)。注意，虽然我们可以将表面存储的数据视为一个矩阵，但像素数据实际存储在一个线性数组(linear array)中。

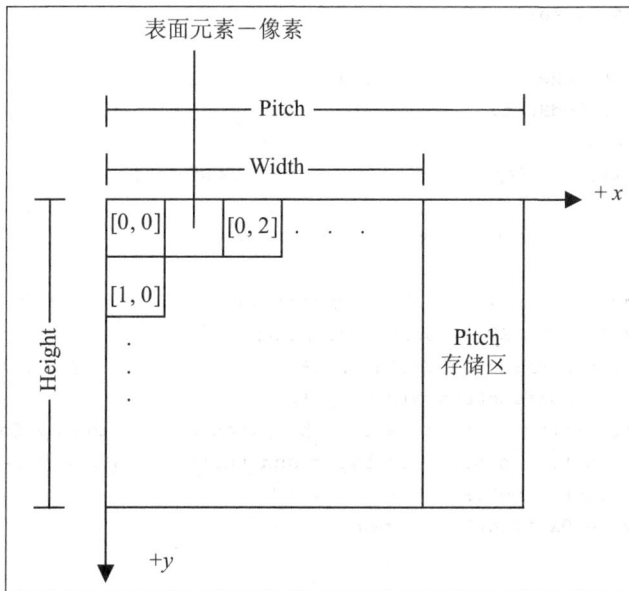

图 1.2　表面

表面的宽度(width)和高度(height)都用像素来度量。跨度(pitch，stride 的同义语)则用字节来度量。更具体地说，跨度(pitch)可能会比宽度(width)更"宽"，这要依赖于底层的硬件实现，所以不能简单地假设 *pitch* = *width*×sizeof(*pixelFormat*)。

在代码中，我们用接口 IDirect3DSurface9 来描述表面。该接口提供了几种直接从表面读取和写入数据的方法，以及一种获取(retrieve)表面相关信息的方法。接口 IDirect3DSurface9 中最重要的方法如下。

- LockRect   该方法用于获取指向表面存储区(surface memory)的指针。通过指针运算，可对表面中的每一个像素进行读写操作。
- UnlockRect   如果调用了 LockRect 方法，而且已执行完访问表面存储区的操作，必须调用该方法以解除对表面存储区的锁定。
- GetDesc   该方法可通过填充结构 D3DSURFACE_DESC 来获取该表面的描述信息。

乍看起来，如果考虑表面跨度(pitch)，锁定表面存储区并对每个像素执行写操作看起来有些复杂。为了帮助您理解这个过程，我们提供了如下实现了锁定表面存储区以及将每个像素设为红色的代码段。

```
//Assume _surface is a pointer to an IDirect3DSurface9 interface.
//Assume a 32-bit pixel format for each pixel.

//Get the surface description.
D3DSURFACE_DESC surfaceDesc;
_surface->GetDesc(& surfaceDesc);

//Get a pointer to the surface pixel data.
D3DLOCKED_RECT lockedRect;
_surface->LockRect(
    & lockedRect,     //pointer to receive locked data
    0,                //lock entire surface
    0);               //no lock flag specified

//Iterate through each pixel in the surface and set it to red.
DWORD * imageData = (DWORD *)lockedRect.pBits;
for(int i = 0; i < surfaceDesc.Height; i++) {
for(int j = 0; j < surfaceDesc.Width; j++) {
    //index into texture, note we use the pitch and divide by four
    //since the pitch is given in bytes and there are 4 bytes per DWORD
int index = i * lockedRect.Pitch / 4 + j;
imagedata[index] = 0xffff0000; //red
}
}
_surface->UnlockRect();
```

结构 D3DLOCKED_RECT 的定义如下:

```
typedef struct _D3DLOCKED_RECT {
    INT    Pitch;                // the surface pitch
    void *pBits;                 // pointer to the start of the surface memory
} D3DLOCKED_RECT;
```

关于上述锁定表面的代码还有一点要说明。32 位的像素格式假设非常重要,因为我们要将位(bits)强制转换(cast)为 32 位的 DWORD 类型。这样我们就可将每个像素数据都用 DWORD 类型来描述。您不必疑惑为什么 0xffff0000 代表红色,第 4 章中我们将专门讨论颜色。

1.3.2　多重采样

用像素矩阵表示图像时往往会出现块状(blocky-looking)效应,多重采样(multisampling)便是一项用于平滑块状图像的技术。对表面进行多重采样常用于全屏反走样(full-screen antialiasing),如图 1.3 所示。

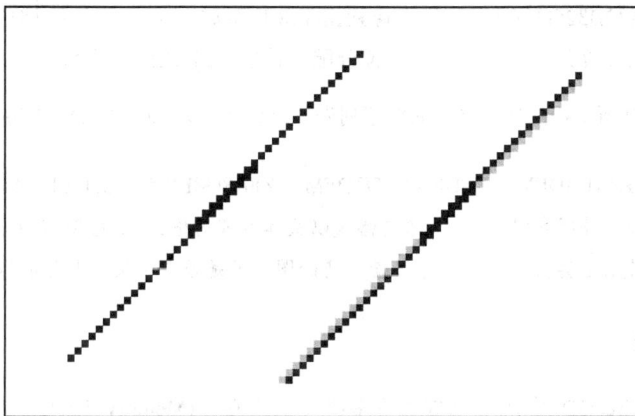

图 1.3　左边是一条锯齿线。右边是一条经过采样的反走样线,看上去要平滑许多

D3DMULTISAMPLE_TYPE 枚举类型包含了一系列枚举常量值,用于表示对表面进行多重采样的级别。这些值包括:

- D3DMULTISAMPLE_NONE　禁用多重采样。
- D3DMULTISAMPLE_1_SAMPLE…D3DMULTISAMPLE_16_SAMPLE　指定了从 1~16 级的多重采样。

另外还有一个与特定多重采样类型相关的质量水平(quality level),该水平值用 DWORD 类型描述。

本书的例程都没有用到多重采样技术,这是因为该技术会显著降低应用程序的运行速度。如果您希望使用多重采样技术,请务必使用 IDirect3D9::CheckDeviceMultiSampleType 方法来检查您的图形设备是否支持您所希望采用的多重采样类型,并验证由该类型的多重采样得到图形质量水平是否理想。

1.3.3　像素格式

创建表面或纹理(texture)时，常常需要指定这些 Direct3D 资源的像素格式。像素格式可用 D3DFORMAT 枚举类型的枚举常量来定义。下面是一些常见的格式。

- D3DFMT_R8G8B8　每个像素由 24 位组成。自最左端起，8 位分配给红色，8 位分配给绿色，8 位分配给蓝色。
- D3DFMT_X8R8G8B8　每个像素由 32 位组成。自最左端起，8 位未加使用，8 位分配给红色，8 位分配给绿色，8 位分配给蓝色。
- D3DFMT_A8R8G8B8　每个像素由 32 位组成。自最左端起，8 位分配给 Alpha 值，8 位分配给红色，8 位分配给绿色，8 位分配给蓝色。
- D3DFMT_A16B16G16R16F　每个像素由 64 位组成，是一种浮点数类型的像素格式。自最左端起，16 位分配给 Alpha，16 位分配给蓝色，8 位分配给绿色，8 位分配给红色。
- D3DFMT_A32B32G32R32F　每个像素由 128 位组成，也是一种浮点数类型的像素格式。自最左端起，32 位分配给 Alpha，32 位分配给蓝色，32 位分配给绿色，32 位分配给红色。

要想看到 Direct3D 所支持的像素格式的完整列表，请查询 SDK 文档中 D3DFORMAT 的相关部分。

注意　前三种格式(D3DFMT_R8G8B8，D3DFMT_X8R8G8B8 和 D3DFMT_A8R8G8B8)较通用，并为大多数硬件所支持。浮点型像素格式以及其他可用格式(参见 SDK 文档)还没有得到广泛的支持，使用这类格式前，请务必验证您的图形卡是否支持某种具体的像素格式。

1.3.4　内存池

表面和其他的 Direct3D 资源可以放入许多类型的内存池(Memory Pool)中。内存池的类型可用 D3DPOOL 枚举类型来表示。可用的内存池包括：

- D3DPOOL_DEFAULT　默认值。该类型的内存池指示 Direct3D 将资源放入最适合该资源类型及其使用方式的存储区中。该存储区可能是显存(video memory)、AGP 存储区或系统存储区。注意，调用函数 IDirect3DDevice9::Reset 之前，必须对默认内存池中的资源销毁(destroy)或释放(release)。上述函数调用之后，还必须对内存池中的资源重新初始化。
- D3DPOOL_MANAGE　放入该托管内存池中的资源将交由 Direct3D 管理(即，这些资源将根据需要被设备自动转移到显存或 AGP 存储区中)。此外，这些资源将在系统存储区中保留一个备份。这样，必要时 Direct3D 会将这些资源自动更新到显存中。
- D3DPOOL_SYSTEMMEM　指定将资源放入系统存储区中。
- D3DPOOL_SCRATCH　指定将资源放入系统存储区中。不同于前述类型 D3DPOOL_SYSTEMMEM，这些资源不受图形设备的制约。所以，设备无法访问该类型内存池中的资源。但这些资源之间可互相复制。

1.3.5 交换链和页面置换

Direct3D 维护着一个表面集合(collection)，该集合通常由两到三个表面组成，称为交换链(Swap Chain)。该集合用接口 IDirect3DSwapChain9 来表示。我们不必追究该接口的细节，因为它是由 Direct3D 负责管理的，而我们几乎不需要对其进行操作。这里我们只对其用途进行概述。

交换链和页面置换技术(Page Flipping)主要用于生成更加平滑的动画。图 1.4 形象地展示了一个由两个表面组成的交换链。

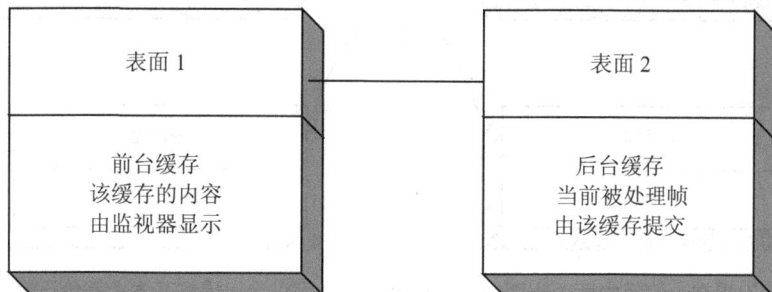

图 1.4 拥有两个表面的交换链：前台缓存和后台缓存

在图 1.4 中，位于前台缓存槽(front buffer slot)中的表面对应于当前在显示器中显示的图像。显示器并不是立即显示由前端缓存所表示的图像，例如，当显示器刷新频率为 60Hz 时，显示一帧图像需要 1/60 秒。应用程序的帧频(frame rate)经常与显示器的刷新频率不同步(例如，应用程序绘制一帧图像的速度可能要快于显示器显示一帧图像的速度)。但是，直到当前帧在显示器中显示完毕后，才将前台缓存中内容更新为下一帧。与此同时，在显示器显示前台缓存内容期间，我们也不想停止应用程序的绘制。所以，我们将下一帧内容绘制到一个离屏(off-screen)表面—— 后台缓存(back buffer)中。这样，当显示器将前台缓存中的内容显示完毕后，我们将其置换到交换链的末端，并将交换链中的下一个后台缓存提升(promote)为前台缓存。这个过程称为提交(presenting)。图 1.5 展示了提交前后的交换链。

所以，完成绘制功能的程序结构为：

(1) 在后台缓存中进行绘制。

(2) 提交后台缓存的内容。

(3) 回到步骤(1)。

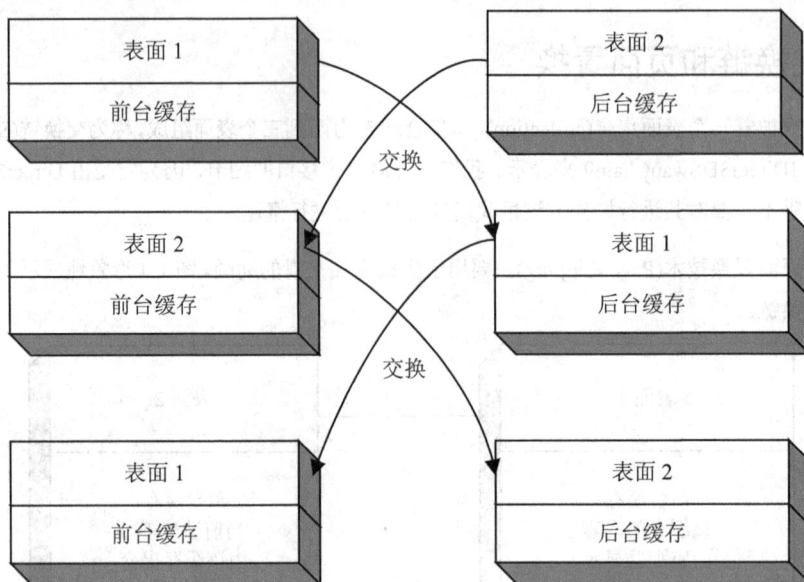

图 1.5　两次提交。使用由两个表面组成的交换链时，可以看出提交基本上等价于表面的交换

1.3.6　深度缓存

深度缓存(depth buffer)是一个只含有特定像素的深度信息而不含图像数据的表面。深度缓存为最终绘制的图像中的每一个像素都保留了一个深度项(entry)。所以，当所绘制的图像的分辨率为 640×480 时，深度缓存中将有 640×480 个深度项。

图 1.6　由于前后位置关系不同，造成部分遮挡

图 1.6 展示了一个简单的场景，其中前面的物体部分遮挡了位于其后的物体。Direct3D 为了判定某一物体的哪些像素位于另一个物体之前，使用了一项称为深度缓存(depth buffering)或 z-缓存(z-buffering)的技术。

深度缓存用于计算每个像素的深度值并进行深度测试。深度测试的基本内容是依据深度值让处于同一位置的不同像素进行竞争，以选出应写入该位置的像素。距离摄像机最近的像素获胜，并被写入深度缓存的相应位置上。这样做是合理的，因为距离摄像机最近的像素一定会将位于其后方的像素遮挡。

深度缓存的格式决定了深度测试的精度。即，24 位的深度缓存要比 16 位的深度缓存精确得多。虽然 Direct3D 提供了 32 位的深度缓存，但一般情形下，大多数应用程序使用 24 位深度缓存已足以获得满意的效果。

- D3DFMT_D32   指定 32 位深度缓存。
- D3DFMT_D24S8   指定 24 位深度缓存，其中 8 位保留供模板缓存(stencil buffer)使用。
- D3DFMT_D24X8   仅指定 24 位深度缓存。
- D3DFMT_X4S4   指定 24 位深度缓存，其中 4 位保留供模板缓存使用。
- D3DFMT_D16   仅指定 16 位深度缓存。

注意　　模板缓存是更高级的主题，第 18 章将对其进行论述。

1.3.7 顶点运算

顶点是 3D 几何学中的基本元素，在 Direct3D 中，可用两种不同的方式进行顶点运算(Vertex Processing)，即软件顶点运算(software vertex process)或硬件顶点运算(hardware vertex processing)。无论采用何种配置的硬件，软件顶点运算总是会被支持，所以总是可以使用的。而硬件顶点运算只有得到图形卡的支持方可使用。

我们应始终优先考虑硬件顶点运算方式，因为如果使用硬件专有的加速功能，程序的执行速度将会比软件运算方式快得多。而且，在硬件中进行顶点运算，可以不占用 CPU 资源，也就意味着 CPU 可被解放出来进行其他运算。

注意　　图像卡支持硬件顶点运算的另一种等价说法是该图形卡支持变换和光照的硬件计算。

1.3.8 设备性能

Direct3D 所提供的每一项性能都对应于结构 D3DCAP9 中的一个数据成员或某一位。我们的想法是，首先以某一具体硬件为基础，初始化一个 D3DCAPS9 类型的实例。然后在应用程序中通过检查该 D3DCAPS9 实例中相应的数据成员或位来判断该设备是否支持某项特性。

下面的例子对此做了解释。假定我们希望检查某一硬件设备是否可作硬件顶点运算(即检验该设备是否支持变换和光照的硬件计算)。通过查阅 D3DCAPS9 的相关 SDK 文档，我们发现数据成员 D3DCAPS9::DevCaps 的 D3DDEVCAPS_HWTRANSFORMANDLIGHT 位可用来表示该设备是否支持变换和光照的硬件计算。假定变量 caps 为 D3DCAPS9 的一个实例并已初始化，测试代码如下：

```
bool supportsHardwareVertexProcessing;
```

```
// If the bits is "on" then that implies the hardware device supports it.
if( caps.DevCaps & D3DDEVCAPS_HWTRANSFORMANDLIGHT ) {
    //Yes, the bit is on, so it is supported.
    supportsHardwareVertexProcessing = true;
}
else {
    //No, the bit is off, so it is not supported.
    hardwareSupportsVertexProcessing = false;
}
```

注意　DevCaps 表示"设备性能(Device Capabilities)"。

注意　我们将在下一节中学习如何根据某一具体硬件设备的性能为 D3DCAPS9 类型的实例进行初始化。

注意　我们建议您查阅 D3DCAPS9 相关的 SDK 文档,仔细研究一下 Direct3D 所提供的设备性能的完整列表。

1.4　Direct3D 的初始化

本节将讲述如何初始化 Direct3D。Direct3D 的初始化过程可分解为如下步骤。

(1)　获取接口 IDirect3D9 的指针。该接口用于获取系统中物理硬件设备的信息并创建接口 IDirect3DDevice9,该接口是一个 C++对象,代表了我们用来显示 3D 图形的物理硬件设备。

(2)　检查设备性能(D3DCAPS9),判断主显卡(primary display adapter 或 primary graphics card)是否支持硬件顶点运算。为了创建接口 IDirect3DDevice9,我们必须明确显卡是否支持该功能。

(3)　初始化 D3DPRESENT_PARAMETERS 结构的一个实例。该结构由许多数据成员组成,我们可以通过这些变量来指定即将创建的接口 IDirect3DDevice9 的特性。

(4)　利用已初始化的 D3DPRESENT_PARAMETER 结构创建 IDirect3DDevice9 对象(一个 C++对象,代表了我们用来显示 3D 图形的物理硬件设备)。

请注意,在本书中,我们使用主显卡(primary display adapter)来绘制 3D 图形。如果您的系统只有一块图形卡,该卡即为主显卡。如果您有多块图形卡,则您当前使用的图形卡为主显卡(例如,那块用来显示 Windows 桌面的显卡)。

1.4.1 获取接口 IDirect3D9 的指针

要初始化 IDirect3D，首先必须获取指向接口 IDirect3D9 的指针。使用一个专门的 Direct3D 函数可以很容易做到，如下所示：

```
IDirect3D9 * _d3d9;
_d3d9=Direct3DCreate9(D3D_SDK_VERSION);
```

函数 Direct3DCreate9 的参数必须是 D3D_SDK_VERSION，只有如此方能保证应用程序使用正确的头文件。如果该函数调用失败，将返回一个 NULL 指针。

上述 IDirect3D9 对象主要有两个用途：设备枚举(device enumeration)以及创建 IDirect3DDevice9 类型的对象。设备枚举是指获取系统中可用的每块图形卡的性能、显示模式(display mode)、格式及其他信息。例如，为创建代表一种物理设备的 IDirect3DDevice9 类型的对象，我们需要知道物理设备所支持的显示模式和格式等配置信息。为了找到这样一种可行的配置，我们必须使用接口 IDirect3D9 的枚举方法。

然而，由于设备枚举是一项相当复杂的任务，而我们又希望尽快地设置和运行 Direct3D，所以我们决定除下一节中将进行的那项检查外，不再执行任何枚举操作。为了安全地跳过枚举步骤，我们必须选择一种"安全"的配置，以得到几乎所有硬件设备的支持。

1.4.2 校验硬件顶点运算

创建一个代表主显卡的 IDirect3DDevice9 类型对象时，必须指定使用该对象进行顶点运算的类型。如果可以，我们希望使用硬件顶点运算，但是由于并非所有的显卡都支持硬件顶点运算，我们必须首先检查图形卡是否支持该类型的运算。

要进行检查，必须先根据主显卡的性能参数初始化一个 IDirect3DDevice9 类型的对象。我们用如下方法来完成初始化。

```
HRESULT IDirect3D9::GetDeviceCaps(
    UINT Adapter,
    D3DDEVTYPE DeviceType,
    D3DCAPS9  * pCaps
);
```

- Adapter 指定物理显卡的序号。
- DeviceType 指定设备类型(例如硬件设备(D3DDEVTYPE_HAL)或软件设备(D3DDEV-TYPE_REF))。
- pCaps 返回已初始化的设备性能结构实例。

接下来我们就可以像 1.3.8 小节中那样对设备性能进行检查了，如下列代码段所示：

```
// Fill D3DCAPS9 structure with the capabilities of the primary display adapter.

D3DCAPS9 caps;
d3d9->GetDeviceCaps(
    D3DADAPTER_DEFAULT,        // Denotes primary display adapter
    deviceType,                // Specifies the device type, usually D3DDEVTYPE_HAL.
    &caps);                    // Return filled D3DCAPS9 structure that contains the
                               //capabilities of the primary display adapter.

// Can we use hardware vertex processing?
int vp = 0;
if( caps.DevCaps & D3DDEVCAPS_HWTRANSFORMANDLIGHT ) {
    //Yes, save in 'vp' the fact that hardware vertex processing is supported.
    vp = D3DCREATE_HARDWARE_VERTEXPROCESSING;
}
else {
    //no, save in 'vp' the fact that we must use software vertex processing.
    vp = D3DCREATE_SOFTWARE_VERTEXPROCESSING;
}
```

注意，我们将顶点运算类型用变量 vp 保存供以后使用。这是因为在创建 IDirect3DDevice 类型的对象时，必须指定以后所要使用的顶点运算类型。

💡 **注意**   标识符 D3DCREATE_HARDWARE_VERTEXPROCESSING 和 D3DCREATE_SOFTWARE_VERTEXPROCESSING 都是预定义的值，分别表示硬件顶点运算和软件顶点运算。

📝 **提示**   开发应用程序时，若需使用一些新的、特别的或高级的特性(那些没有得到硬件广泛支持的特性)，建议您在使用前总是先检查一下设备性能(D3DCAPS9)，看设备是否支持该项特性。决不要事先假定您的显卡已具备某项功能。您也要注意，本书中的例程一般都没有遵循该条原则。即，我们一般都没有对设备性能进行检查。

💡 **注意**   如果某个例程无法运行，很可能是因为您的显卡不支持例程中所使用的特性。您可尝试切换到 REF 设备再运行。

1.4.3   填充 D3DPRESENT_PARAMETER 结构

Direct3D 初始化的下一个步骤是填充 D3DPRESENT_PARAMETER 结构的一个实例。

该结构用于指定所要创建的 IDirect3DDevice9 类型对象的一些特性，该结构的定义如下：

```
typedef struct _D3DPRESENT_PARAMETERS_ {
    UINT          BackBufferWidth;
    UINT          BackBufferHeight;
    D3DFORMAT     BackBufferFormat;
```

```
UINT              BackBufferCount;
D3DMULTISAMPLE_TYPE MultiSampleType;
DWORD             MultiSampleQuality;
D3DSWAPEFFECT     SwapEffect;
HWND              hDeviceWindow;
BOOL              Windowed;
BOOL              EnableAutoDepthStencil;
D3DFORMAT         AutoDepthStencilFormat;
DWORD             Flags;
UINT              FullScreen_RefreshRateInHz;
UINT              PresentationInterval;
} D3DPRESENT_PARAMETERS;
```

注意　下列对 D3DPRESENT_PARAMETER 结构的数据成员的描述中，我们仅涉及了一些当前对于初学者最重要的标记(flag)和选项。如果您还想了解其余的标记和选项，建议您参阅 SDK 文档的相关部分。

- BackBufferWidth　后台缓存中表面的宽度，单位为像素。
- BackBufferHeight　后台缓存中表面的宽度，单位为像素。
- BackBufferFormat　后台缓存的像素格式(如 32 位像素格式：D3DFMT_A8R8G8B8)。
- BackBufferCount　所需使用的后台缓存的个数，通常指定为 1，表明我们仅需要一个后台缓存。
- MultiSampleType　后台缓存所使用的多重采样类型。详情请参阅 SDK 文档。
- MultiSampleQuality　多重采样的质量水平。详情请参阅 SDK 文档。
- SwapEffect　D3DSWAPEFFECT 枚举类型的一个成员。该枚举类型指定了交换链中的缓存的页面置换方式。指定为 D3DSWAPEFFECT_DISCARD 时效率最高。
- hDeviceWindow　与设备相关的窗口句柄。指定了所要进行绘制的应用程序窗口。
- Windowed　为 true 时，表示窗口模式。为 false 时，表示全屏模式。
- EnableAutoDepthStencil　设为 true，则 Direct3D 自动创建并维护深度缓存或模板缓存。
- AutoDepthStencilFormat　深度缓存或模板缓存的像素格式(例如，用 24 位表示深度并将 8 位保留供模板缓存使用，D3DFMT_D24S8)。
- Flags　一些附加的特性。可以指定为 0(无标记)或 D3DPRESENTFLAG 集合中的一个成员，其中有两个成员较常用：
    - ◆ D3DPRESENTFLAG_LOCKABLE_DEPTHBUFFER　指定可锁定的后台缓存。注意，使用一个可锁定的后台缓存会降低性能。
    - ◆ D3DPRESENTFLAG_DISCARD_DEPTHBUFFER　指定当下一个后台缓存提交时，哪个深度或模板缓存将被丢弃(discard)。"丢弃"这个词的意思是深度或模板缓存存储区中的内容被丢弃或无效。这样可以提升性能。

- FullScreen_RefreshRateInHz　刷新频率。如果想使用默认的刷新频率，可将该参数指定为
  D3DPRESENT_RATE_DEFAULT。
- PresentationInterval　D3DPRESENT 集合的一个成员。要了解完整的合法时间间隔列表，请
  参阅相关文档。其中有两个成员较为常用：
  - ◆　D3DPRESENT_INTERVAL_IMMEDIATE　立即提交。
  - ◆　D3DPRESENT_INTERVAL_DEFAULT　由 Direct3D 来选择提交频率(present rate)。通常该
    值等于刷新频率(refresh rate)。

填充该结构的一个例子如下。

```
D3DPRESENT_PARAMETERS d3dpp;
d3dpp.BackBufferWidth            = 800;
d3dpp.BackBufferHeight           = 600;
d3dpp.BackBufferFormat           = D3DFMT_A8R8G8B8; //pixel format
d3dpp.BackBufferCount            = 1;
d3dpp.MultiSampleType            = D3DMULTISAMPLE_NONE;
d3dpp.MultiSampleQuality         = 0;
d3dpp.SwapEffect                 = D3DSWAPEFFECT_DISCARD;
d3dpp.hDeviceWindow              = hwnd;
d3dpp.Windowed                   = false; // fullscreen
d3dpp.EnableAutoDepthStencil     = true;
d3dpp.AutoDepthStencilFormat     = D3DFMT_D24S8; // depth format
d3dpp.Flags                      = 0;
d3dpp.FullScreen_RefreshRateInHz = D3DPRESENT_RATE_DEFAULT;
d3dpp.PresentationInterval       = D3DPRESENT_INTERVAL_IMMEDIATE;
```

1.4.4　创建 IDirect3DDevice9 接口

D3DPRESENT_PARAMETERS 结构填充完毕之后，我们可用如下方法创建 IDirect3DDevice9 类型的
对象。

```
HRESULT IDirect3D9::CreateDevice(
    UINT Adapter,
    D3DDEVTYPE DeviceType,
    HWND hFocusWindow,
    DWORD BehaviorFlags,
    D3DPRESENT_PARAMETERS *pPresentationParameters,
    IDirect3DDevice9** ppReturnedDeviceInterface
);
```

- Adapter　指定我们希望用已创建的 IDirect3DDevice9 对象代表哪块物理显卡。
- DeviceType　指定需要使用的设备类型(如，硬件设备 D3DDEVTYPE_HAL 或软件设备
  D3DDEVTYPE_REF)。
- hFocusWindow　与设备相关的窗口句柄。通常情况下是指设备所要进行绘制的目标窗口，

为了达到预期的目的，该句柄与 **D3DPRESENT_PARAMETERS** 结构的数据成员 d3dpp.hDeviceWindow 应为同一个句柄。

- BehaviorFlags　该参数可为 **D3DCREATE_HARDWARE_VERTEXPROCESSING** 或 **D3DCREATE_SOFTWARE_VERTEXPROCESSING**。
- pPresentationParameters　一个已经完成初始化的 **D3DPRESENT_PARAMETERS** 类型的实例，该实例定义了设备的一些特性。
- ppReturnedDeviceInterface　返回所创建的设备。

下面是该函数的调用示例。

```
IDirect3DDevice9* device = 0;
hr = d3d9->CreateDevice(
    D3DADAPTER_DEFAULT,                      //primary adpater
    D3DDEVTYPE_HAL,                          //device type
    hwnd,                                    //window associated with device
    D3DCREATE_HARDWARE_VERTEXPROCESSING,     //vertex processing type
    &d3dpp,                                  //present parameters
    &device);                                //returned created device
if( FAILED(hr) ) {
    ::MessageBox(0, "CreateDevice() - FAILED", 0, 0);
    return 0;
}
```

1.5 例程：Direct3D 的初始化

在本章的例程中，我们实现了 Direct3D 的初始化，并将背景置为黑色(见图 1.7)。

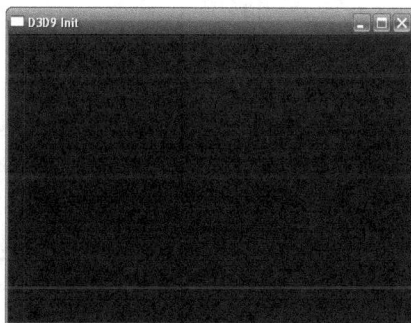

图 1.7 本章例程截图

该例程以及本书的所有例程都使用了 d3dUtility.h 和 d3dUtility.cpp 两个文件中的代码，您可在本书配套的网站中(对应本章的网页中)找到这两个文件。这些文件包含了许多函数，目的是实现每个 Direct3D 应用程序都需要完成的共性任务，例如创建窗口、初始化 Direct3D、进入应用程序消息循环等。我们已将这些共性任务封装在若干函数中，这样例程就可专注于特定章节的内容。此外，在您学习本书的过程中，我们还将为这些文件添加一些很实用的代码。

1.5.1　d3dUtility.h/cpp

在研究本章例程之前，让我们花些时间来熟悉一下 d3dUtility.h/cpp 所提供的函数。d3dUtility.h 的内容大致如下。

```
//Include the main Direct3D header file. This will include
//the other Direct3D header files we need.
#include <d3dx9.h>

namespace d3d {
    bool InitD3D(
        HINSTANCE hInstance,            //[in]Application instance
        int width, int height,          //[in]Back buffer dimensions
        bool windowed,                  //[in]windowed (true) or full screen(false)
        D3DDEVTYPE deviceType,          //[in]HAL or REF
        IDirect3DDevice9** device);     //[out] The created device

    int EnterMsgLoop(
        bool (*ptr_display)(float timeDelta));

    LRESULT CALLBACK WndProc(
        HWND hwnd,
        UINT msg,
        WPARAM wParam,
        LPARAM lParam);

    template<class T> void Release(T t) {
        if( t ) {
            t->Release();
            t = 0;
        }
    }

    template<class T> void Delete(T t) {
        if( t ) {
            delete t;
            t = 0;
        }
    }
}
```

- InitD3D　该函数对应用程序主窗口进行了初始化并执行了在 1.4 节中讨论的 Direct3D 初始化过程。如果该函数成功返回，将得到一个指向已创建好的 IDirect3DDevice9 接口的指针。注意，该函数允许我们指定窗口的尺寸以及运行模式(窗口模式或全屏模式)。详情请参阅该函数的实现代码。

- EnterMsgLoop　该函数封装了应用程序的消息循环。它接收一个指向显示函数(display function)的函数指针。该显示函数就是实现绘制功能的那个函数。该消息循环函数需要知道使用哪个显示函数，这样方可对其进行调用，并在空闲处理(idle processing)期间显示场景。

```
int d3d::EnterMsgLoop( bool (*ptr_display)(float timeDelta) )
{
    MSG msg;
    ::ZeroMemory(&msg, sizeof(MSG));

    static float lastTime = (float)timeGetTime();

    while(msg.message != WM_QUIT) {
        if(::PeekMessage(&msg, 0, 0, 0, PM_REMOVE)) {
            ::TranslateMessage(&msg);
            ::DispatchMessage(&msg);
        }
        else {
            float currTime = (float)timeGetTime();
            float timeDelta = (currTime -lastTime)*0.001f;

            ptr_display(timeDelta); // call display function

            lastTime = currTime;
        }
    }
    return msg.wParam;
}
```

上面“时间”相关的代码用于计算相邻两次调用 ptr_display 的时间间隔，即相邻帧的时间间隔。

- Release　该模板函数的设计目标是方便地释放 COM 接口并将其设置为 NULL。
- Delete　该模板函数的设计目标是方便地删除自由堆中的对象，并将对象指针赋为 NULL。
- WndProc　应用程序主窗口的窗口过程函数(window procedure)。

1.5.2　例程框架

例程框架是指本书中我们组织例程结构的一般形式。在每个例程中，我们只需要实现 3 个函数，而不必考虑消息处理函数和 WinMain 函数。对于每个特定的例程，这 3 个函数都有不同的实现，它们分别是：

- bool Setup()   例程所需进行的全部设置和初始化都在该函数中进行，如分配资源、检查设备性能、设置应用程序的状态等。
- void Cleanup()   该函数用于释放在 Setup 函数中分配的任何资源，例如所分配的存储单元。
- bool Display(float timeDelta)   在该函数中应实现全部的绘制代码以及相邻帧之间应执行的操作，例如更新物体的位置。参数 timeDelta 是相邻帧间的时间差，主要用于将动画与显示器的刷新频率保持同步。

1.5.3　例程：D3D 初始化

如上文所述，本例程实现了创建并初始化 Direct3D，然后执行清屏操作，将背景置为黑色。注意，例程中使用了我们的实用(utility)函数来简化初始化过程。完整的工程可在本书网站中(对应本章的网页中)找到。

注意　本例程与 DirectX SDK 文档中的教程一中所讨论的思路非常接近。您可以在阅读完本章后再阅读教程一，以获得不同角度的认识。

我们首先包含 d3dUtility.h 文件，并为设备实例化一个全局变量。

```
#include "d3dUtility.h"
IDirect3DDevice9 * Device = 0;
```

接下来，我们实现主框架中的函数。

```
bool Setup() {
    return true;
}

void Cleanup() {
}
```

由于在本例中我们没有任何资源可供设置，所以 Setup 和 Cleanup 函数为空。

```
bool Display(float timeDelta) {
    if( Device ) {
        Device->Clear(0, 0, D3DCLEAR_TARGET | D3DCLEAR_ZBUFFER,
            0x00000000, 1.0f, 0);
        Device->Present(0, 0, 0, 0);// present backbuffer
    }
    return true;
}
```

Display 函数中调用了 IDirect3DDevice9::Clear 函数，后者将后台缓存和深度或模板缓存分别置为黑色和 1.0。注意，如果应用程序不被暂停执行，仅有绘制代码会被执行。函数 IDirect3DDevice9::Clear 的声明如下。

```
HRESULT IDirect3DDevice9::Clear(
    DWORD Count,
    const D3DRECT * pRects,
    DWORD Flags,
    D3DCOLOR Color,
    float Z,
    DWORD Stencil
);
```

- Count　pRect 数组中矩形的数目。
- pRects　所要执行清除操作的屏幕矩形数组。该参数允许我们只对表面的部分区域进行清除操作。
- Flags　指定所要清除的表面。我们可清除下列表面中的一个或多个。
    ◆ D3DCLEAR_TARGET　绘制目标表面，通常指后台缓存。
    ◆ D3DCLEAR_ZBUFFER　深度缓存。
    ◆ D3DCLEAR_STENCIL　模板缓存。
- Color　指定将绘制目标体设置为何种颜色。
- Z　深度缓存所要设定的值。
- Stencil　模板缓存所要设定的值。

对表面执行完清除操作后，调用 IDirect3DDevice9::Present 函数来提交后台缓存。

窗口过程函数负责处理一系列事件，即允许您通过按下 Esc 键退出本应用程序。

```
LRESULT CALLBACK d3d::WndProc(HWND hwnd, UINT msg, WPARAM wParam,
LPARAM lParam)
{
    switch( msg ) {
    case WM_DESTROY:
        ::PostQuitMessage(0);
        break;

    case WM_KEYDOWN:
        if( wParam == VK_ESCAPE )
        ::DestroyWindow(hwnd);
        break;
    }
    return ::DefWindowProc(hwnd, msg, wParam, lParam);
}
```

最后，由 WinMain 函数执行下列步骤。

(1) 初始化主显示窗口及 Direct3D。
(2) 调用 Setup 函数对应用程序进行设置。

(3) 将 Display 函数作为显示函数，进入消息循环。

(4) 执行清除操作，最终释放 IDirect3DDevice9 接口对象。

```
int WINAPI WinMain(HINSTANCE hinstance,
        HINSTANCE prevInstance,
        PSTR cmdLine,
        int showCmd)
{
    if(!d3d::InitD3D(hinstance,
        800, 600, true, D3DDEVTYPE_HAL, &Device))
    {
        ::MessageBox(0, "InitD3D() - FAILED", 0, 0);
        return 0;
    }

    if(!Setup())
    {
        ::MessageBox(0, "Setup() - FAILED", 0, 0);
        return 0;
    }

    d3d::EnterMsgLoop( Display );

    Cleanup();

    Device->Release();
    return 0;
}
```

可见，用实用函数来完成窗口和 Direct3D 的初始化，使得例程结构非常清晰。对于本书的大多数例程，我们的任务仅仅是重新实现 Setup、Cleanup 以及 Display 这 3 个函数。

注意　　如果您要自行编译和运行这些，不要忘记在编译环境的链接选项中加入库文件 d3d9.lib，d3dx9.lib 以及 winmm.lib。

1.6　小　　结

- Direct3D 可被认为是程序员与图形硬件进行交互的媒介。程序员调用一个 Direct3D 函数时，也就间接地命令物理硬件执行与设备 HAL 交互的操作。

- REF 设备允许开发人员测试那些 Direct3D 提供了但并未被图形设备所实现的功能。

- COM 是一项可使 DirectX 独立于编程语言，并具备向下兼容性的技术。Direct3D 程序员不需要了解 COM 的细节及其工作原理；他们只需了解如何获取和释放 COM 接口的指针。

- 表面是 Direct3D 用来存储 2D 图像数据的专用接口。D3DFORMAT 枚举类型的成员指定了表面的像素格式。表面和其他的 Direct3D 资源可被存放在几个不同的内存池中，内存池的类型由 D3DPOOL 枚举类型来指定。此外，还可对表面进行多重采样，以创建一幅比较平滑的图像。

- IDirect3D9 接口主要用于获取系统图形设备的信息。例如，借助该接口，我们能够获知某一设备的特性。它也可用于创建 IDirect3DDevice9 接口。

- 可将接口 IDirect3DDevice9 视作控制图形设备的软件接口。例如，调用方法 IDirect3DDevice9::Clear 会间接地命令图形设备对指定的表面执行清除操作。

- 例程框架用于为本书中全部例程提供统一的接口。由 d3dUtility.h/cpp 文件所提供的实用代码封装了每个应用程序都必须执行的初始化代码。通过这种封装，我们便可只关心少数几个关键函数，从而更突出当前所要实现的任务。

2

绘制流水线

本章的主题是绘制流水线(Rendering Pipeline)。绘制流水线的功能是，在给定 3D 场景和指定观察方向的虚拟摄像机(virtual camera)的几何描述时，创建一幅 2D 图像。

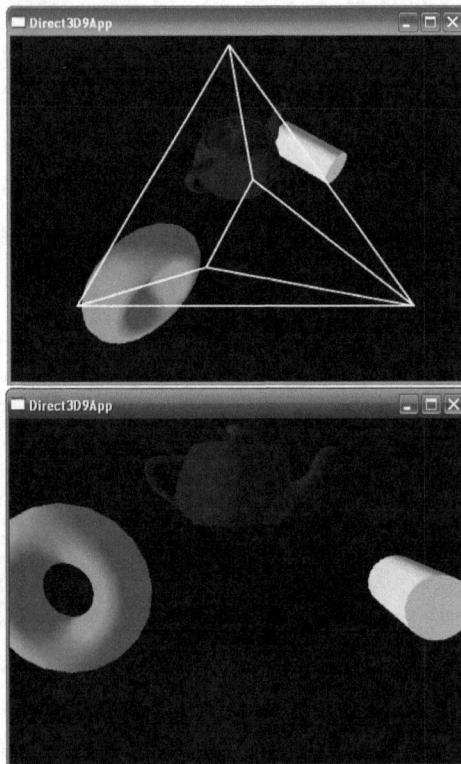

图 2.1　上图展示了 3D 场景中的物体与一个位置和观察方向均固定的摄像机，
下图展示了该场景经过透视投影在摄像机中的 2D 成像

学习目标

- 了解在 Direct3D 中如何表示 3D 物体
- 学习如何建立虚拟摄像机的模型
- 理解绘制流水线—— 由 3D 场景的几何描述生成 2D 图像的过程

2.1 模 型 表 示

场景(scene)是物体或模型的集合。任何物体都可以用三角形网格(triangle mesh)逼近表示(如图 2.2 所示)。三角形网格是构建物体模型的基本单元。我们通常不加区分地使用下列术语来描述网格中的三角形元素：多边形(polygons)、图元(primitives)、网格几何元(mesh geometry)。(Direct3D 除了提供三角形图元外，也支持线和点图元。但是由于线和点图元在 3D 实体建模中用处不大，本章中我们略去了对这两种图元的讨论。在第 14 章中，我们将讨论点图元的一些应用。)

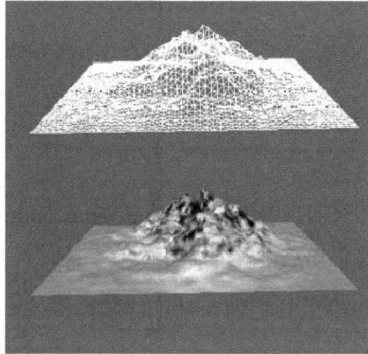

图 2.2 由三角网格逼近表示的地形

一个多边形中相邻两边的交汇点称为顶点(vertex)。描述三角形单元时，我们需要指定该三角形单元 3 个顶点的位置(参见图 2.3)。而描述物体时，我们需要指定构成该物体的三角形单元列表。

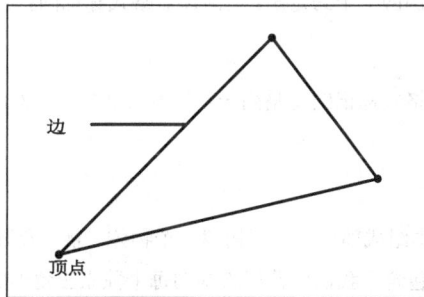

图 2.3 由 3 个顶点定义的三角形

2.1.1   顶点格式

前面对顶点的定义如果从数学角度来看是完全正确的，但是如果放在 Direct3D 背景下，这却是一个不完整的定义。这是因为在 Direct3D 中，顶点除了包含空间信息外，还可以包含其他的附加属性。例如，顶点可以有颜色属性，也可以有法线(normal)属性(颜色和法线将分别在第 4 章和第 5 章中讨论)。Direct3D 赋予了我们自行定义顶点格式的自由，即允许我们定义顶点的各分量。

为创建自定义的顶点格式，我们首先需要创建一个包含了我们所希望具有的顶点数据的结构体。例如，下面我们列举两种顶点格式：第一种包含位置和颜色属性，第二种包含位置、法线以及纹理坐标(参见第 6 章"纹理")。

```
struct ColorVertex {
    float _x, _y, _z;        // position
    DWORD _color;
};

struct NormalTexVertex {
    float _x, _y, _z;        // position
    float _nx, _ny, _nz;     // normal vector
    float _u, _v;            // texture coordinate
};
```

顶点结构定义好之后，就需要用灵活顶点格式(Flexible Vertex Format，FVF)标记的组合来描述顶点的组织结构。以前面两种顶点格式为例，顶点格式可描述为：

```
#define FVF_COLOR  (D3DFVF_XYZ | D3DFVF_DIFFUSE)
```

该宏定义的含义是对应于该顶点格式的顶点结构，包含了位置属性和漫反射颜色属性。

```
#define FVF_NORMAL_TEX (D3DFVF_XYZ | D3DFVF_NORMAL | D3DFVF_TEX1)
```

该宏定义的含义是对应于该顶点格式的顶点结构，包含了位置、法线以及纹理坐标等属性。

定义灵活顶点格式时必须遵循的一个约定是：灵活顶点格式标记的指定顺序必须与顶点结构中相应类型数据定义的顺序保持一致。

如果您想了解可选用的顶点格式标记的完整列表，请查阅文档中 D3DFVF 相关的部分。

2.1.2   三角形单元

三角形单元是 3D 物体的基本组成部分。为了构建一个物体，需要创建一个描述物体形状和轮廓的三角形单元列表。三角形单元列表包含了我们所希望绘制的每个独立三角形的数据。例如，为了构建一个矩形，我们将其分解为两个三角形单元，如图 2.4 所示，并指定每个三角形单元的顶点。

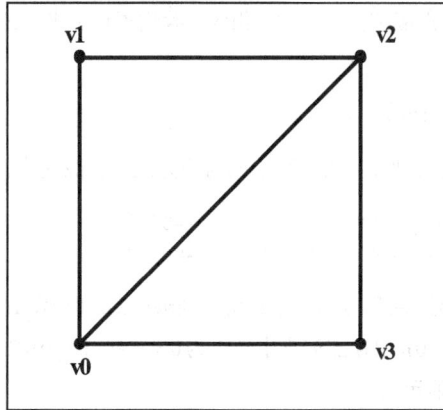

图 2.4   用两个三角形构建的矩形

```
Vertex rect[6] = {v0, v1, v2,        //triangle 0
                  v0, v2, v3};       //triangle 1
```

注意   三角形各顶点的指定顺序非常重要,我们称其为绕序(winding order)。详情请参阅 2.3.4 节。

2.1.3 索引

通常,构成一个 3D 物体的众多三角形单元之间会共享许多公共顶点,如图 2.4 中的矩形所示。在这个例子中,虽然只有两个顶点是重合的,但如果模型的细节和复杂度增加时,出现重合的顶点数量会急剧增加。例如,图 2.5 中的立方体有 8 个独立的顶点,但如果要建立该立方体的三角形单元列表,许多顶点都会重合。

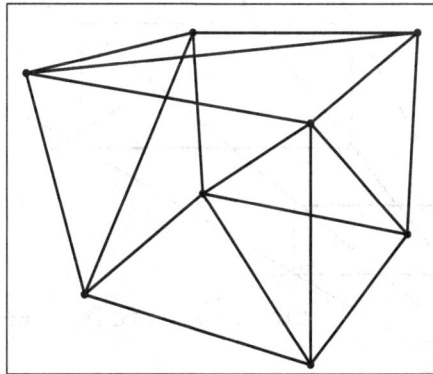

图 2.5   一个由三角形单元定义的立方体

为解决该问题,我们引入了索引(indices)的概念。其原理如下:我们创建一个顶点列表(vertex list)和一个索引列表(index list)。顶点列表包含了全部独立顶点,索引列表包含了指向顶点列表的索引,这些索引

规定了为构建三角形单元,各顶点应按何种方式来组织。我们再返回来看矩形的那个例子,顶点列表可以这样创建:

```
Vertex vertexList[4] = {v0, v1, v2, v3};
```

接下来,借助索引列表来定义顶点列表中顶点的组织方式以构成两个三角形单元。

```
WORD indexList[6] = {0,    1, 2,    // triangle0
                     0,    2, 3};   // triangle1
```

上面对 indexList 的定义是说:用顶点列表中索引为 0(vertexList[0])、1(vertexList[1])和 2(vertexList[2])的元素构建 triangle 0(三角形单元 0),用顶点列表中索引为 0(vertexList[0])、2(vertexList[2])和 3(vertexList[3])的元素来构建 triangle 1(三角形单元 1)。

2.2 虚拟摄像机

摄像机指定了场景对观察者的可见部分,即我们将依据哪部分 3D 场景来创建 2D 图像。在世界坐标系中,摄像机有一定的位置和方向,定义了可见的空间体积(volume of space)。图 2.6 展示了一个虚拟摄像机的模型。

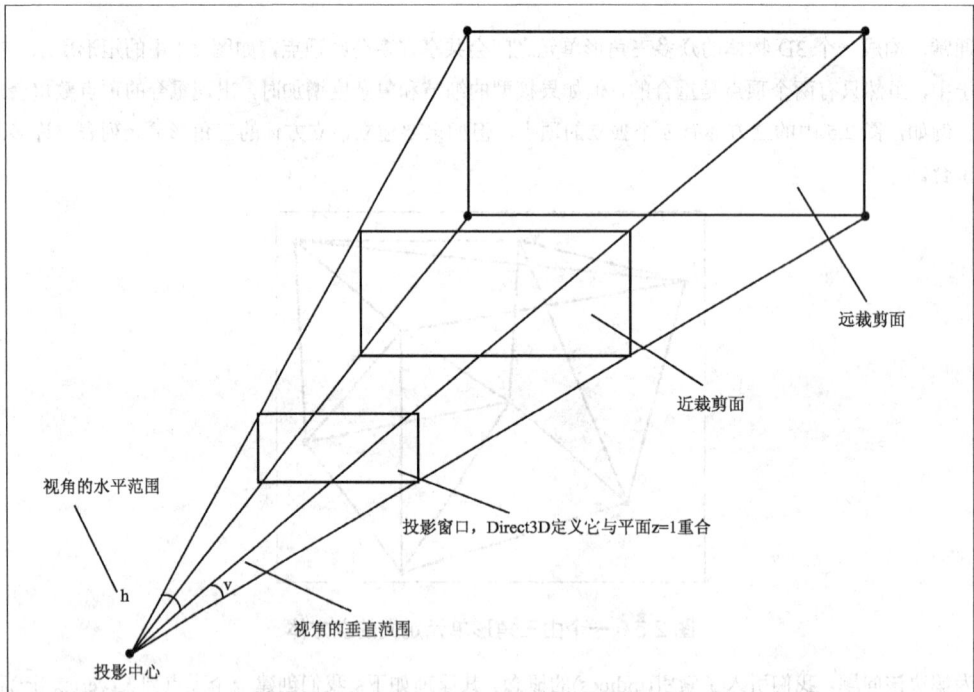

图 2.6 一个定义了摄像机可"见"空间体积的视域体(frustum)

用几何学中的术语讲，上述的空间体积是一个平截头体(frustum)。在 3D 图形学中也可称为视域体或视截体，下文中统称为"视域体"。采用视域体的主要原因是显示屏为矩形。那些位于视域体之外的物体是不可见的，在进一步处理时就应将其丢弃。丢弃这类数据的运算过程称为裁剪(clipping)。

投影窗口(projection window)是一个 2D 区域，位于视域体中的 3D 几何体通过投影映射到该区域中，便创建了 3D 场景的 2D 表示。很重要的一点是，矩形投影窗口在 X 和 Y 方向坐标的最小值是 min = (−1, −1)，最大值是 max = (1, 1)。

为简化绘制工作，我们将近裁剪面(near plane)和投影平面(projection plane，投影窗口所位于的平面)合二为一。注意，Direct3D 将投影平面定义为平面 z = 1。

2.3　绘制流水线

一旦建立了 3D 场景的几何描述，并设置好虚拟摄像机，我们下面的任务就是在显示器中建立该场景的 2D 表示。为实现这一目标所必须实施的一系列运算统称为绘制流水线(rendering pipeline)。图 2.7 展示了该流水线的大致流程，本节的其余部分将对绘制流水线中的每个阶段分别进行叙述。

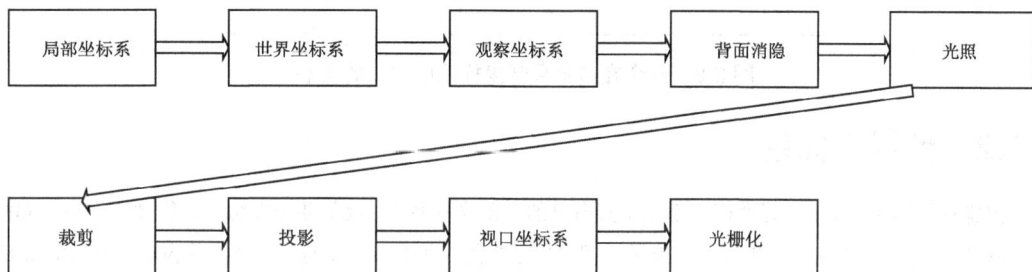

图 2.7　一个简化的绘制流水线

绘制流水线中，有几个阶段的任务是将几何体从一个坐标系变换至另一个坐标系。这类坐标变换是借助矩阵来实现的。Direct3D 可帮助我们进行这类运算。这对我们很有利，因为如果这类运算能得到图形硬件的支持，我们便可充分利用硬件的加速功能。要想用 Direct3D 来完成坐标变换，我们所必须做的仅仅是提供描述坐标变换的变换矩阵。应用一个变换矩阵的方法是使用 IDirect3DDevice9->SetTransform 方法。该方法有两个参数，一个用来描述变换类型，另一个用来描述变换矩阵。例如，在图 2.7 中，为了实施自局部坐标系(local space)到世界坐标系(world space)的坐标变换，我们可这样写：

```
Device->SetTransform(D3DTS_WORLD, & worldMatrix);
```

在本节的其余部分，您将多次看到该方法，我们将在每一阶段分别进行讨论。

2.3.1　局部坐标系

局部坐标系(local space)或建模坐标系(modeling space)，是用于定义构成物体的三角形单元列表的坐标系。采用局部坐标系的优势体现在它可以简化建模过程。在物体的局部坐标系中建模要比直接在世界坐标系中容易得多。例如，局部坐标系允许我们构建模型时无需考虑位置、大小或相对于场景中其他物体的朝向。图 2.8 所示是一个在自身局部坐标系中定义的茶壶。

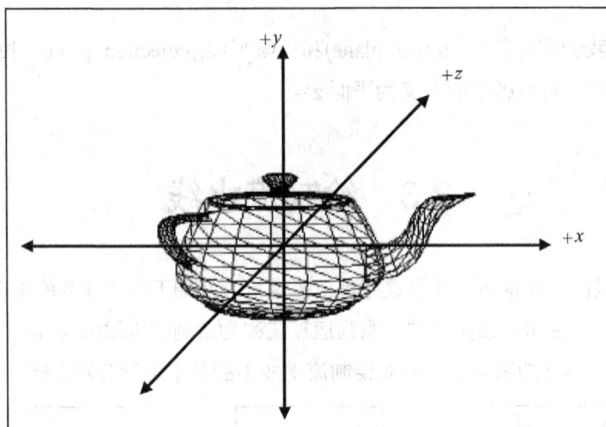

图 2.8　一个在自身局部坐标系中定义的茶壶

2.3.2　世界坐标系

构建各种物体模型时，每个模型都位于其自身的局部坐标系中。我们还需要将这些物体组织在一起构成世界坐标系(全局坐标系)中的场景。位于局部坐标系中的物体通过一个称为世界变换(world transform)的运算(过程)变换到世界坐标系(world space)中，该变换通常包括平移(translation)、旋转(rotation)以及比例(scaling)运算，分别用于设定该物体在世界坐标系中的位置、方向以及模型的大小。世界变换依据位置、大小和方向的相对关系将所有物体放置在世界坐标系中。图 2.9 所示是相对于世界坐标系描述的几个 3D 物体。

世界变换用一个矩阵来表示，并由 Direct3D 通过 IDirect3DDevice9::SetTransform 方法来加以应用，该方法的第一个参数表示变换的类型，若要进行世界变换，可设为 D3DTS_WOLRD，第二个参数表示所采用的世界变换矩阵。例如，假定我们想让一个立方体的中心位于世界坐标系中的点(-3, 2, 6)上，让一个球体的中心位于点(5, 0, -2)上。可以这样实现：

```
//Build the cube world matrix that only consists of a translation.
D3DXMATRIX cubeWorldMatrix;
D3DXMatrixTranslation(&cubeWorldMatrix, -3.0f, 2.0f, 6.0f);
// Build the sphere world matrix that only consists of a translation.
D3DXMATRIX sphereWorldMatrix;
```

```
D3DXMatrixTranslation(&sphereWorldMatrix, 5.0f, 0.0f, -2.0f);

// Set the cube's transformation
Device->SetTransform(D3DTS_WORLD, &cubeWorldMatrix);
drawCube(); // draw the cube

// Now since the sphere uses a different world transformation, we
// must change the world transformation to the sphere's. If we don't
//change this, the sphere would be drawn using the previously
//set world matrix - the cube's
Device->SetTransform(D3DTS_WORLD, &sphereWorldMatrix);
drawSphere(); // draw the sphere
```

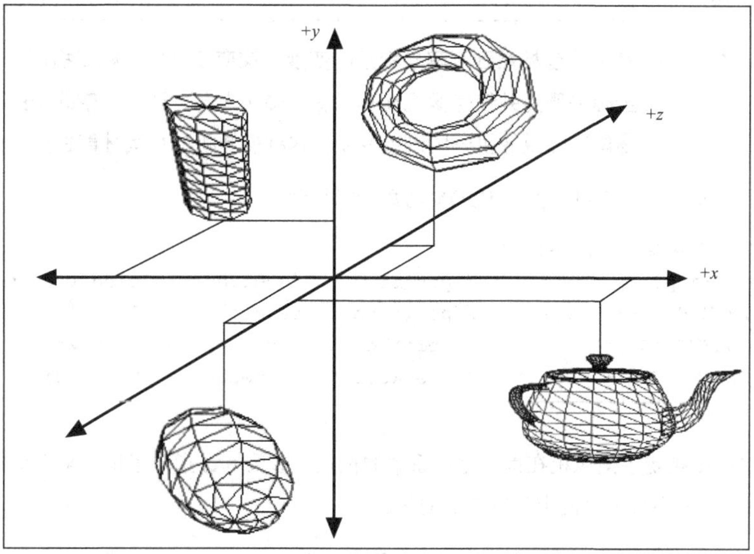

图 2.9 相对于世界坐标系描述的几个 3D 物体

实际应用中，物体往往需要同时做平移、方向和比例的运算，这样上面的例子就显得有些简单，但是它很清楚地说明了世界变换的原理。

2.3.3 观察坐标系

在世界空间中，几何体和摄像机都是相对世界坐标系定义的，如图 2.10 所示。但是，当摄像机的位置和朝向任意时，投影变换及其他类型的变换就略显困难或效率不高。为了简化运算，我们将摄像机变换至世界坐标系的原点，并将其旋转，使摄像机的光轴与世界坐标系 z 轴正方向一致。同时，世界空间中的所有几何体都随着摄像机一同进行变换，以保证摄像机的视场恒定。这种变换称为取景变换(view space transformation)，我们称变换后的几何体位于观察坐标系(view space)中。

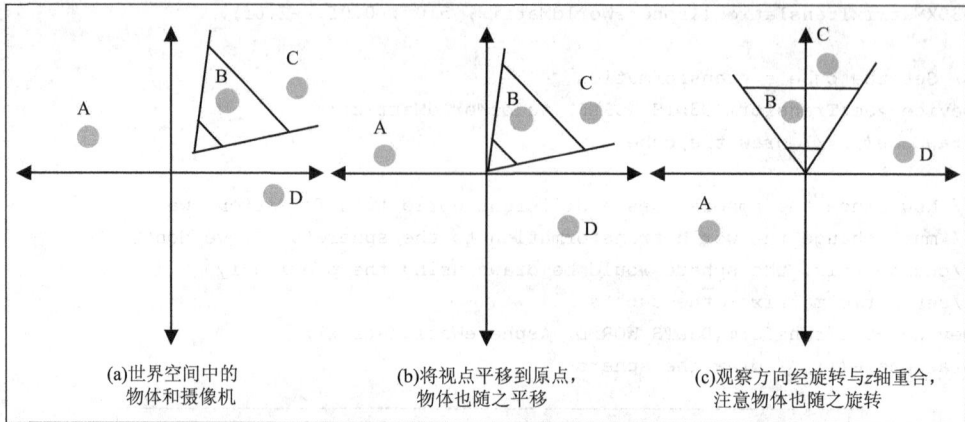

(a)世界空间中的
物体和摄像机

(b)将视点平移到原点，
物体也随之平移

(c)观察方向经旋转与z轴重合，
注意物体也随之旋转

图 2.10 从世界坐标系到观察坐标系的变换。该变换将摄像机变换至
坐标系原点并使摄像机光轴沿着 z 轴正方向。注意，空间中的
物体应随摄像机一同进行变换，这样摄像机的视场才能保持不变

取景变换矩阵(即观察矩阵)可由如下 D3DX 函数计算得到：

```
D3DXMATRIX *D3DXMatrixLookAtLH(
    D3DXMATRIX* pOut,          //position to receive resulting view matrix
    CONST D3DXVECTOR3* pEye,   //position of camera in world
    CONST D3DXVECTOR3* pAt,    //point camera is looking at in world
    CONST D3DXVECTOR3* pUp     //the world's up vector - (0, 1, 0)
);
```

其中，参数 pEye 指定了摄像机在世界坐标系中的位置。参数 pAt 指定了世界坐标系中的被观察点。
参数 pUp 是世界坐标系中表示"向上"方向的向量。

例，假定摄像机位于(5, 3, -10)，其观察点为世界坐标系的原点(0, 0, 0)。我们可以这样创建取景变换
矩阵：

```
D3DXVECTOR3 position(5.0f, 3.0f, -10.0f);
D3DXVECTOR3 targetPoint(0.0f, 0.0f, 0.0f);
D3DXVECTOR3 worldUp(0.0f, 1.0f, 0.0f);

D3DXMATRIX V;
D3DXMatrixLookAtLH(&V, &position, &targetPoint, &worldUp);
```

取景变换需要用 IDirect3DDevice9::SetTransform 方法来设定，其中对应于变换类型的参数需指定为
D3DTS_VIEW：

```
Device->SetTransform(D3DTS_VIEW, &V);
```

2.3.4 背面消隐

每个多边形都有两个侧面(sides)，我们将其中一个侧面标记为正面(front side)，另一个侧面标记为背面(back side)。通常，多边形的背面是不可见的。这是由于场景中的多数物体都是封闭体(enclosed volume)，例如盒子、圆柱体、桶、字符等，而且摄像机总是禁止进入物体内部的实体空间的。所以，摄像机是不可能观察不到多边形的背面的。这一点很重要，因为如果某一多边形的背面可见，背面消隐(backface culling)就失去了意义。

图 2.11 展示了观察坐标系中的一个物体，其正面有一个伸出的箭头。正面朝向摄像机的多边形称为正面朝向(front facing)多边形，正面偏离摄像机的多边形称为背面朝向(back facing)多边形。

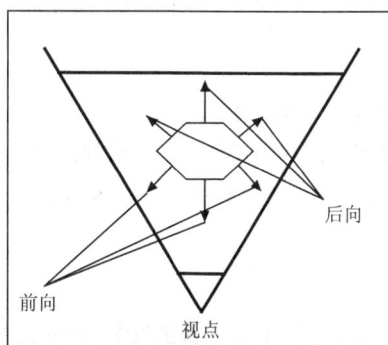

图 2.11　一个同时拥有正面朝向多边形和背面朝向多边形的物体

再来仔细审视一下图 2.11，我们可以看到其中的正面朝向多边形遮挡了位于其后的背面朝向多边形。Direct3D 正是利用了这一点而将背面朝向多边形加以剔除；这称为背面消隐。图 2.12 展示了图 2.11 中的物体经过背面消隐后的结果。从摄像机的视点(viewpoint)看，所绘制的场景别无二致，因为背面总是会被遮挡，所以永远都不可见。

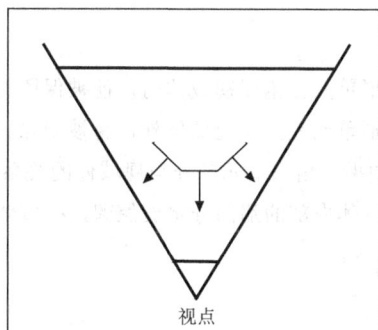

图 2.12　背面朝向多边形经消隐操作后的结果

当然，为了实现背面消隐，Direct3D 需要区分哪些多边形是正面朝向的，哪些是背面朝向的。默认状态下，Direct3D 认为顶点排列顺序为顺时针(观察坐标系中)的三角形单元是正面朝向的，顶点排列顺序为逆时针(观察坐标系中)的三角形单元是背面朝向的。

注意　您可能注意到上文中我们强调了是在"观察坐标系"中。这是因为，如果一个多边形旋转180°，其绕序(winding order)将会完全相反。所以，一个在局部坐标系中定义为顺时针绕序的三角形单元经旋转变换到观察坐标系中时，未必仍保持顺时针绕序。

如果由于某些原因默认的消隐方式不能满足应用的要求，我们可通过修改绘制状态(render state)D3DRS_CULLMODE 来达到目的。

```
Device->SetRenderState(D3DRS_CULLMODE, Value);
```

其中，Value 可取以下值：

- D3DCULL_NONE　完全禁用背面消隐。
- D3DCULL_CW　只对顺时针绕序的三角形单元进行消隐。
- D3DCULL_CCW　默认值，只对逆时针绕序的三角形单元进行消隐。

2.3.5　光照

光源是在世界坐标系中定义的，但必须经取景变换至观察坐标系方可使用。在观察坐标系中，光源照亮了场景中的物体，从而可以获得较为逼真的显示效果。关于功能固定的流水线(fixed function pipeline)中的光照(lighting)将在第 5 章中进行详细讨论。在本书第 IV 部分中，我们将用可编程流水线(programmable pipeline)实现自己的光照模式。

2.3.6　裁剪

现在我们想将那些位于视域体外的几何体剔除掉，这个过程称为裁剪(clipping)。一个三角形单元与视域体的相对位置关系有以下 3 种。

- 完全在内部　如果三角形单元完全在视域体内，便被保留并转向下一阶段的处理。
- 完全在外部　如果三角形单元完全在视域体外，将被剔除。
- 部分在内(部分在外)　如果三角形单元部分与视域体的关系是部分在内部分在外，该单元将被分为两部分。位于视域体内部的那部分将被保留，视域体外的那部分将被剔除。

图 2.13 展示了 3 种可能的情形。

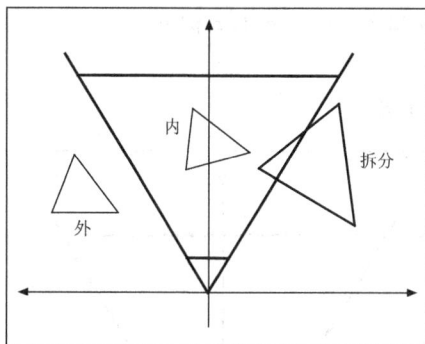

图 2.13　对视域体外的几何体进行裁剪

2.3.7　投影

观察坐标系中,我们的任务是获取 3D 场景的 2D 表示。从 n 维变换为 $n-1$ 维的过程称为投影(projection)。实现投影有多种方式,但是我们只对其中的一种感兴趣,即透视投影(perspective projection)。透视投影会产生"透视缩短"(foreshortening)的视觉效果,即近大远小。这类投影使得我们可以用 2D 图像表示 3D 场景。图 2.14 展示了一个经透视投影变换到投影窗口的 3D 点。

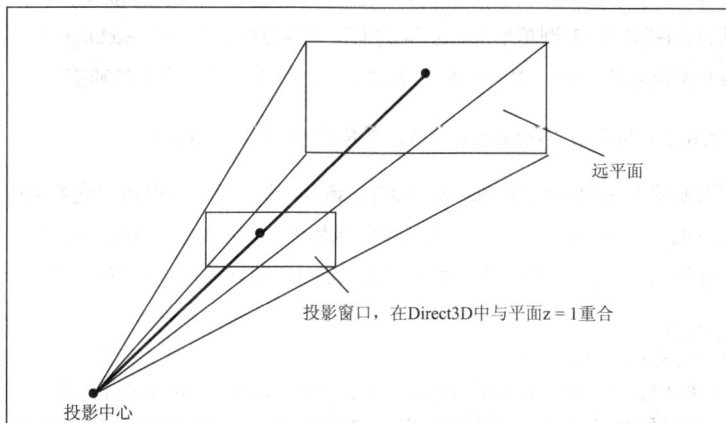

图 2.14　3D 点在投影窗口上的投影

投影变换定义了视域体,并负责将视域体中的几何体投影到投影窗口中。投影矩阵比较复杂,这里我们略去其推导过程。我们将使用如下的 D3DX 函数,其功能是依据视域体的描述信息创建一个投影矩阵。

```
D3DXMATRIX * D3DXMatrixPerspectiveFovLH(
  D3DXMATRIX & pOut,      //returns projection matrix
  FLOAT fovY,             //vertical field of view angle in radians
  FLOAT Aspect,           //aspect ratio = width / height
  FLOAT zn,               //distance to near plane
```

```
FLOAT zf                    //distance to far plane
);
```

如图 2.15 所示视域体的描述参数。

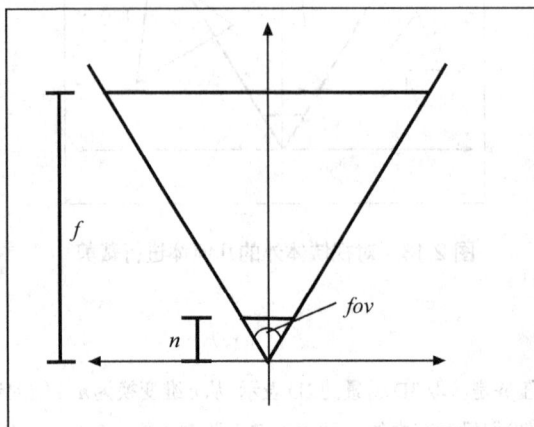

图 2.15   视域体的描述参数

上述函数中值得一提的是纵横比(aspect ratio)参数。投影窗口中的几何体最终将变换到屏幕显示区(参见 2.3.8 小节)。从方形(投影窗口)到矩形的显示屏的变换会导致拉伸畸变(stretching distortion)。所谓纵横比就是显示屏纵横两维尺寸的比率，常用于校正由方形到矩形的映射而引发的畸变。

纵横比(aspect ratio) = 屏幕宽度(screen width) / 屏幕高度(screen height)

投影矩阵的应用要用方法 IDirect3DDevice::SetTransform 来实现，其中对应变换类型的参数需指定为 D3DTS_PROJECTION。下面的例子说明了如何依据视域体的描述参数来创建投影矩阵，本例中视域体的视域角(field of view)为 90°，近裁剪面到坐标原点的距离是 1，远裁剪面到原点的距离是 1000。

```
D3DXMATRIX proj;
D3DXMatrixPerspectiveFovLH(
& proj, PI * 0.5f, (float)width/(float)height, 1.0f, 1000.0f);
Device->SetTransform(D3DTS_PROJECTION, &proj);
```

💡 **注意**　想深入了解投影变换的读者请参阅 Alan Watt 编著的《3D Computer Graphics》第 3 版。

2.3.8 视口变换

视口变换(viewport transform)的任务是将顶点坐标从投影窗口转换到屏幕的一个矩形区域中，该矩形区域称为视口(viewport)。在游戏中，视口通常是整个矩形屏幕区域。但视口也可以是屏幕的一个子区域(subset)或客户区(如果程序运行在窗口模式下)。矩形的视口是相对于窗口来描述的，因为视口总是处于窗口内部并且其位置要用窗口坐标来指定。图 2.16 所示为一个视口。

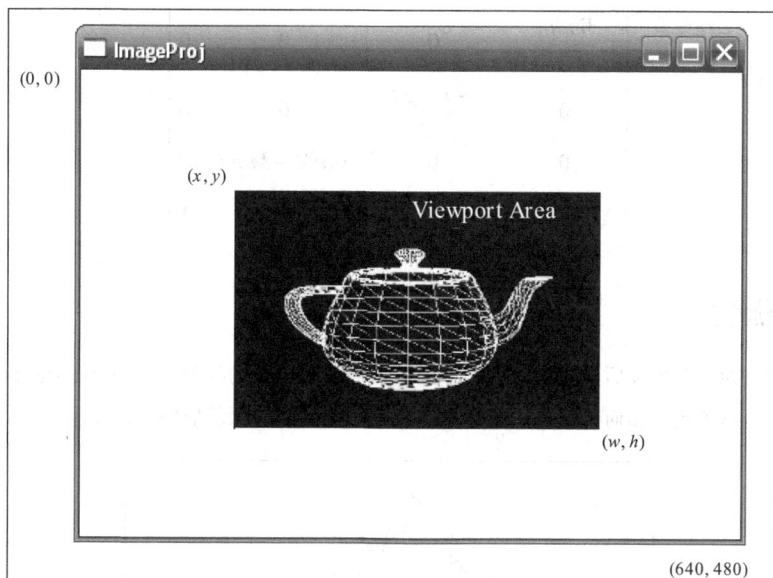

图 2.16 矩形视口

在 Direct3D 中，视口用结构 **D3DVIEWPORT9** 来表示，其定义如下：

```
typedef struct D3DVIEWPORT9 {
    DWORD X;
    DWORD Y;
    DWORD Width;
    DWORD Height;
    DWORD MinZ;
    DWORD MaxZ;
} D3DVIEWPORT9;
```

该结构的前 4 个数据成员定义了视口矩形相对于其父窗口的位置及大小。成员变量 MinZ 指定了深度缓存中的最小深度值，MaxZ 指定了深度缓存中的最大深度值。Direct3D 将深度缓存的深度范围设在[0, 1]区间内，所以除非想要追求某种特效，MinZ 和 MaxZ 应限制在该指定区间内。

一旦我们填充好 **D3DVIEWPORT9** 结构，就可这样来设置视口：

```
D3DVIEWPORT9 vp = {0, 0, 640, 480, 0, 1};
Device->SetViewport(& vp);
```

Direct3D 将自动为我们完成视口变换，但为参考起见，我们用下述矩阵来描述视口变换。该矩阵中的变量与 **D3DVIEWPORT9** 结构中的成员变量一致。

$$\begin{bmatrix} \dfrac{Width}{2} & 0 & 0 & 0 \\ 0 & -\dfrac{Height}{2} & 0 & 0 \\ 0 & 0 & MaxZ - MinZ & 0 \\ X + \dfrac{Width}{2} & Y + \dfrac{Height}{2} & MinZ & 1 \end{bmatrix}$$

2.3.9　光栅化

顶点坐标变换为屏幕坐标后，我们就有了一个 2D 三角形单元的列表。光栅化(rasterization)的任务是为了绘制每个三角形单元，如何计算构成三角形单元的每个像素的颜色值(见图 2.17)。

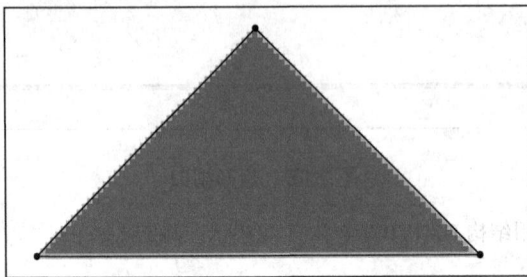

图 2.17　经光栅化的屏幕三角形单元

光栅化过程的计算量非常大，我们应尽量借助专用图形卡的加速功能。光栅化的最终结果是显示在屏幕上的一幅 2D 图像。

2.4　小　　结

- 3D 物体可用三角网格来表示，这是用于逼近物体形状和轮廓的一个三角形单元列表。
- 用视域体(平截头体)来表示虚拟摄像机模型。位于视域体内部的那部分场景就是摄像机能够观察到的部分。
- 构成场景的若干 3D 物体在各自的局部坐标系中进行定义，然后再一并变换到世界坐标系中。为了给投影、裁剪及其他运算提供便利，物体还需要再变换到观察坐标系中。在观察坐标系中，摄像机位于坐标原点，光轴方向与 z 轴正向一致。物体变换到观察坐标系后，就可通过投影映射到投影窗口中。视口变换将投影窗口中的几何体再映射到视口中。最终，在绘制流水线的光栅化阶段计算出最终显示的 2D 图像的每个像素的颜色值。

3

Direct3D 中的绘制

在第 2 章中,我们学习了创建和绘制场景的概念。本章中,我们将前面介绍的原理付诸实践,并学习如何在 Direct3D 中绘制一些基本几何形体。本章介绍的 Direct3D 接口和方法非常重要,因为其使用将贯穿本书其余章节。

学习目标

- 了解 Direct3D 中顶点和索引数据的存储方式
- 掌握如何用绘制状态(render state)来修改几何体的绘制方式
- 掌握如何绘制场景
- 掌握如何用 D3DXCreate*函数创建较为复杂的 3D 形状

3.1 顶点缓存与索引缓存

顶点缓存与索引缓存(vertex/index buffer)是两类相似的接口,二者所具有的方法也十分相像。所以,我们将二者一起介绍。一个顶点缓存是一个包含顶点数据的连续内存空间。类似的,一个索引缓存是一个包含索引数据的连续内存空间。我们之所以用顶点缓存和索引缓存而非数组来存储数据,是因为顶点缓存和索引缓存可以被放置在显存(video memory)中。进行绘制时,使用显存中的数据将获得比使用系统内存中的数据快得多的绘制速度。

在代码中,顶点缓存用接口 IDirect3DVertexBuffer9 表示,索引缓存用接口 IDirect3DIndexBuffer9表示。

3.1.1 创建顶点缓存和索引缓存

我们可用如下两个方法来创建顶点缓存和索引缓存:

```
HRESULT IDirect3DDevice9::CreateVertexBuffer(
    UINT     Length,
    DWORD    Usage,
    DWORD    FVF,
    D3DPOOL Pool
    IDirect3DVertexBuffer9** ppVertexBuffer,
    HANDLE* pSharedHandle
);

HRESULT IDirect3DDevice9::CreateIndexBuffer(
UINT      Length,
    DWORD        Usage,
    D3DFORMAT    Format,
    D3DPOOL  Pool,
    IDirect3DIndexBuffer9** ppIndexBuffer,
    HANDLE* pSharedHandle
);
```

上述两个方法的大部分参数都是相同的, 这里我们将这些参数一并进行介绍。

- Length　为缓存分配的字节数。如果想让顶点缓存足够存储 8 个顶点, 该参数需设为 8 * sizeof(Vertex), 其中 Vertex 是定义顶点的结构。

- Usage　指定关于如何使用缓存的一些附加属性。该值可为 0(表明无需附加属性)或是以下标记中的某一个或某种组合。

  ◆ D3DUSAGE_DYNAMIC　将缓存设为动态缓存。参见下一页中关于静态缓存和动态缓存的说明。

  ◆ D3DUSAGE_POINTS　该标记规定缓存将用于存储点图元。关于点图元的应用将在第 14 章 "粒子系统" 中讲述。该标记仅用于顶点缓存。

  ◆ D3DUSAGE_SOFTWAREPROCESSING　指定软件顶点运算方式。

  ◆ D3DUSAGE_WRITEONLY　规定应用程序对缓存的操作模式为 "只写"。这样, 驱动程序(driver)就可以将缓存放在最适合写操作的内存地址中。注意, 对使用该标记创建的缓存进行读操作将会出错。

- FVF　存储在顶点缓存中顶点的灵活顶点格式。

- Pool　容纳缓存的内存池。

- ppVertexBuffer　用于接收所创建的顶点缓存的指针。

- pSharedHandle　不使用, 该值设为 0。

- Format　指定索引的大小。设为 D3DFMT_INDEX16 表示 16 位索引, 设为 D3DFMT_INDEX32 表示 32 位索引。注意, 并非所有的图形设备都支持 32 位索引, 如需使用, 请检查硬件的性能。

- ppIndexBuffer　用于接收所创建的索引缓存的指针。

💡 **注意**　创建缓存时，如果未使用标记 D3DUSAGE_DYNAMIC，则称所创建的缓存为静态缓存(static buffer)。静态缓存一般被放置在显存中，以保证存储于其中的数据得到最高效的处理。然而，静态缓存是以牺牲对静态缓存读写操作的速度为代价的，这是因为访问显存的速度本身就很慢。基于上述原因，我们用静态缓存来存储静态数据(那些不需要经常修改或访问的数据)。例如，地形和城市建筑的数据就很适合存储在静态缓存中，因为这类数据在程序运行过程中通常不需进行修改。静态缓存必须在应用程序初始化时用几何体的数据进行填充。

💡 **注意**　创建缓存时，如果使用了标记 D3DUSAGE_DYNAMIC，则称所创建的缓存为动态缓存(dynamic buffer)。动态缓存一般放置在 AGP 存储区中，其内容可被迅速更新。动态缓存中数据的处理速度不像静态缓存那样快，这是因为在绘制前数据必须传输到显存中。但动态缓存的突出优点是其更新速度相当快(快速的 CPU 写操作)。所以，如果您需要频繁更新缓存中的内容，该缓存应设置为动态的。粒子系统就是使用动态缓存的一个很好的例子，因为粒子都是活动的，所以需要对每帧图像中粒子的几何布局进行更新。

💡 **注意**　对显存和 AGP 存储区进行读操作非常慢。所以，如果您需要在程序运行时读取几何数据，最好在系统内存中保留一份副本，然后在需要时对其进行读操作。

下面的例子中，我们创建了一个可容纳 8 个 Vertex 类型的顶点的静态顶点缓存。

```
IDirect3DVertexBuffer9* vb;
device->CreateVertexBuffer(
    8 * sizeof( Vertex ),
    0,
    D3DFVF_XYZ,
    D3DPOOL_MANAGED,
    &vb,
    0);
```

再举一个创建动态缓存的例子，所创建的动态缓存可容纳 36 个 16 位索引。

```
IDirect3DIndexBuffer9* ib;
device->CreateIndexBuffer(
    36 * sizeof( WORD ),
    D3DUSAGE_DYNAMIC | D3DUSAGE_WRITEONLY,
    D3DFMT_INDEX16,
    D3DPOOL_MANAGED,
    &ib,
    0);
```

3.1.2 访问缓存内容

为了访问顶点缓存或索引缓存中的数据，我们需要获得指向缓存内部存储区的指针。可以借助方法 Lock 来获取指向缓存内容的指针。很重要的一点是，对缓存访问完毕后，必须对缓存进行解锁(unlock)。只要获取了指向缓存内容的指针，我们就可对其内容进行读写操作。

> **注意**　如果创建顶点缓存或索引缓存时，使用了 **D3DUSAGE_WRITEONLY** 标记，您便无法对该缓存进行读操作，否则会导致读取失败。

```
HRESULT IDirect3DVertexBuffer9::Lock(
    UINT OffsetToLock,
    UINT SizeToLock,
    BYTE** ppbData,
    DWORD Flags
);

HRESULT IDirect3DIndexBuffer9::Lock(
    UINT OffsetToLock,
    UINT SizeToLock,
    BYTE** ppbData,
    DWORD Flags
);
```

上述两种方法的参数完全相同。

● OffsetToLock　自缓存的起始点到开始锁定的位置的偏移量，单位为字节。参见图 3.1。

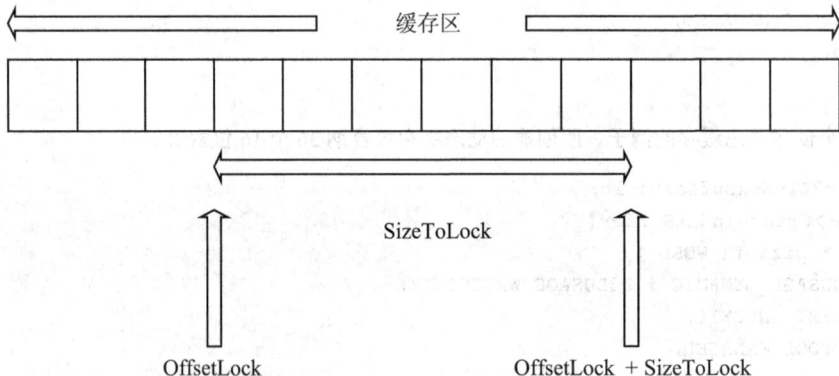

图 3.1　参数 OffsetToLock 和 SizeToLock 指定了所要锁定的内存块。
当这两个参数为 0 时，表示锁定整个缓存

● SizeToLock　所要锁定的字节数。

- ppbData　指向被锁定的存储区起始位置的指针。
- Flags　该标记描述了锁定的方式，可以是 0，也可是下列标记之一或某种组合。
  - ◆ D3DLOCK_DISCARD　该标记仅用于动态缓存。它指示硬件将缓存内容丢弃，并返回一个指向重新分配的缓存的指针。该标记十分有用，因为这允许在我们访问新分配的内存时，硬件能够继续使用被丢弃的缓存中的数据进行绘制，这样硬件的绘制就不会中止。
  - ◆ D3DLOCK_NOOVERWRITE　该标记仅用于动态缓存。使用该标记后，数据只能以追加方式写入缓存。即您不能覆盖当前用于绘制的存储区中的任何内容。这十分有用，因为它可保证在您往缓存中增加数据时，硬件仍可持续进行绘制。
  - ◆ D3DLOCK_READONLY　该标记表示对于您所锁定的缓存只可读而不可写。利用这一点可以作一些内部的优化。

标记 D3DLOCK_DISCARD 和 D3DLOCK_NOOVERWRITE 表明缓存区的某一部分在锁定之后可以使用(用于绘制)。如果环境(硬件配置)允许使用这些标记，在对缓存进行锁定时，其他的显示操作就不会中断。

下面的例子说明了 Lock 方法一般如何使用。请注意操作结束时，我们调用 Unlock 方法的方式。

```
Vertex* vertices;
_vb->Lock(0, 0, (void**)&vertices, 0); //lock the entire buffer

vertices[0] = Vertex(-1.0f, 0.0f, 2.0f); // write vertices to the buffer
vertices[1] = Vertex( 0.0f, 1.0f, 2.0f);
vertices[2] = Vertex( 1.0f, 0.0f, 2.0f);

_vb->Unlock(); //unlock when you're done accessing the buffer
```

3.1.3　获取顶点缓存和索引缓存的信息

有时我们需要得到有关顶点缓存和索引缓存的信息。下面的例子示范了用于获取这类信息的几种方法。

```
D3DVERTEXBUFFER_DESC vbDescription;
vertexBuffer->GetDesc(&vbDescription); // get vb info

D3DINDEXBUFFER_DESC ibDescription;
indexBuffer->GetDesc(&ibDescription); // get ib info
```

D3DVERTEXBUFFER_DESC 和 **D3DINDEXBUFFER_DESC** 结构的定义如下：

```
typedef struct _D3DVERTEXBUFFER_DESC {
    D3DFORMAT Format;
    D3DRESOURCETYPE Type;
```

```
    DWORD Usage;
    D3DPOOL Pool;
    UINT Size;
    DWORD FVF;
} D3DVERTEXBUFFER_DESC;

typedef struct _D3DINDEXBUFFER_DESC {
    D3DFORMAT Format;
    D3DRESOURCETYPE Type;
    DWORD Usage;
    D3DPOOL Pool;
    UINT Size;
} D3DINDEXBUFFER_DESC;
```

3.2　绘 制 状 态

Direct3D 封装了多种绘制状态(rendering state)，这些绘制状态将影响几何体的绘制方式。各种绘制状态均具有默认值，所以仅当您的应用程序需要使用一种不同于默认值的绘制状态时，才需要对其进行修改。自您指定某种绘制状态起，直至该状态被修改，该状态始终有效。设置绘制状态的方法如下：

```
HRESULT IDirect3DDevice9::SetRenderState(
    D3DRENDERSTATETYPE State,          // the state to change
    DWORD Value                        // value of the new state
);
```

例如，在本章的例程中，我们将用线框模式(wireframe mode)来绘制物体。所以，我们应这样设置绘制状态：

```
_device->SetRenderState(D3DRS_FILLMODE, D3DFILL_WIREFRAME);
```

💡 **注意**　要想全面地了解各种绘制状态，请查阅 DirectX SDK 文档中 D3DRENDERSTATETYPE 相关的部分。

3.3　绘制的准备工作

一旦我们创建了顶点缓存以及索引缓存(可选)，我们基本上已经可以准备对其所存储的内容进行绘制了。但是绘制之前，还有 3 个步骤需要完成。

(1)　指定数据流输入源。将顶点缓存和数据流进行链接，实质上是将几何体的信息传输到绘制流水线中。

下面的方法用于设置顶点数据流的输入源。

```
HRESULT IDirect3DDevice9::SetStreamSource(
    UINT StreamNumber,
    IDirect3DVertexBuffer9* pStreamData,
    UINT OffsetInBytes,
    UINT Stride
);
```

- StreamNumber　标识与顶点缓存建立链接的数据流。由于本书中不使用多个流，故我们总将该参数设为 0。
- pStreamData　指向我们希望与给定数据流建立链接的顶点缓存的指针。
- OffsetInBytes　自数据流的起始点算起的一个偏移量，单位为字节，指定了将被传输至绘制流水线的顶点数据的起始位置。如果您想将该参数设为某一非零值，请务必检查 D3DCAPS9 结构中的 D3DDEVCAPS2_STREAMOFFSET 标记，以判断您的设备是否支持该功能。
- Stride　将要链接到数据流的顶点缓存中每个元素的大小，单位为字节。

例如，假定 vb 是一个存储为 Vertex 类型的顶点数据的顶点缓存。

```
_device->SetStreamSource(0, vb, 0, sizeof(Vertex));
```

(2)　设置顶点格式。在这里指定后续绘制调用中使用的顶点格式。

```
_device->SetFVF(D3DFVF_XYZ | D3DFVF_DIFFUSE | D3DFVF_TEX1);
```

(3)　设置索引缓存。如果我们想使用索引缓存，必须对后续绘制操作中所要使用的索引缓存进行设置。任意时刻只允许使用一个索引缓存，所以如果您要用一个不同的索引缓存绘制物体时，必须进行切换。下面的代码演示了如何对索引缓存进行设置：

```
_device->SetIndices( _ib ); //pass copy of index buffer pointer
```

3.4　使用顶点缓存和索引缓存进行绘制

待顶点缓存和索引缓存创建完毕，且准备工作完成之后，我们便可对几何体进行绘制，也就是使用 DrawPrimitive 或 DrawIndexedPrimitive 方法将待绘几何体的信息通过绘制流水线传输。这两个方法从顶点数据流中获取顶点信息，并从当前设定的索引缓存中提取索引信息。

3.4.1　IDirect3DDevice9::DrawPrimitive

该方法可用于绘制未使用索引信息的图元。

```
HRESULT IDirect3Ddevice9::DrawPrimitive(
 D3DPRIMITIVETYPE PrimitiveType,
```

```
UINT StartVertex,
UINT    PrimitiveCount
);
```

- PrimitiveType 所要绘制的图元类型。例如，我们除了可以绘制三角形外还可绘制点和线。由于我们将使用三角形，该参数应设为 D3DPT_TRIANGLELIST。
- StartVertex 顶点数据流中标识顶点数据读取起点的元素的索引。该参数赋予了我们一定的自由度，使得我们可以只对顶点缓存中的某一部分进行绘制。
- PrimitiveCount 所要绘制的图元数量。

例：

```
//draw four triangles.
_device->DrawPrimitive(D3DPT_TRIANGLELIST, 0, 4);
```

3.4.2 IDirect3DDevice9::DrawIndexedPrimitive

```
HRESULT IDirect3DDevice9::DrawIndexedPrimitive(
    D3DPRIMITIVETYPE Type,
    INT    BaseVertexIndex,
    UINT   MinIndex,
    UINT   NumVertices,
    UINT   StartIndex,
    UINT   PrimitiveCount
);
```

- Type 所要绘制的图元类型。例如，除了可以绘制三角形外，我们还可绘制点和线。由于我们将使用三角形图元，该参数设为 D3DPT_TRIANGLELIST。
- BaseVertexIndex 为索引增加的一个基数。详情请参阅下面的注释。
- MinIndex 允许引用的最小索引值。
- NumVertices 本次调用中将引用的顶点总数。
- StartIndex 顶点缓存中标识索引的读取起始点的元素的索引。
- PrimitiveCount 所要绘制的图元总数。

例：

```
_device->DrawIndexedPrimitive(D3DPT_TRIANGLELIST, 0, 0, 8, 0, 12);
```

注意 上述方法中，参数 BaseVertexIndex 值得一提。阅读下面的说明时请结合图 3.2 来理解。局部索引缓存的内容应与局部顶点缓存中的顶点一致。假定我们想将球、盒以及圆柱体的顶点合并到同一个全局缓存中。对于每个物体，我们必须重新计算索引，以保证这些索引正确地指向全局顶点缓存中对应的顶点。新索引的计算方法是为每个索引增加一个指定了物体顶点在全局缓存中存储的起始位置的偏移量。注意，该偏移量用顶点个数来度量而非字节。

我们无需手工计算物体相对于全局缓存的索引位置，因为 Direct3D 允许我们通过给参数 BaseVertexIndex 传递一个顶点偏移值，然后由 Direct3D 在内部重新对索引进行计算。

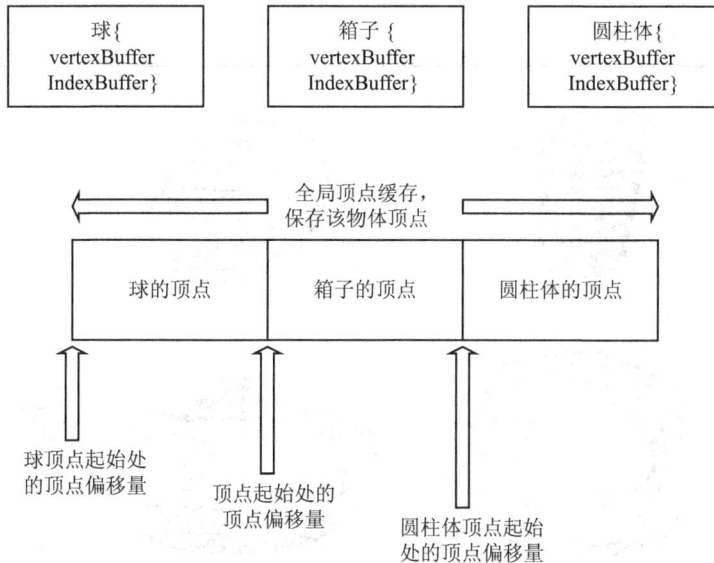

图 3.2 合并到一个全局顶点缓存的 3 个独立定义的顶点缓存

3.4.3 Begin/End Scene

最后还有一点要指出的是，所有的绘制方法都必须在 IDirect3DDevice9::BeginScene 和 IDirect3DDevice9::EndScene 构成的方法对之间进行调用。例如：

```
_device->BeginScene();
    _device->DrawPrimitive(...);
_device->EndScene();
```

3.5 D3DX 几何体

在代码中通过创建三角形单元来构建 3D 物体是非常繁琐的。幸运的是，D3DX 库提供了一些用于生成简单 3D 几何体的网格数据的方法。

D3DX 库提供了如下 6 个网格创建函数。

● **D3DXCreateBox**

- D3DXCreateSphere
- D3DXCreateCylinder
- D3DXCreateTeapot
- D3DXCreatePolygon
- D3DXCreateTorus

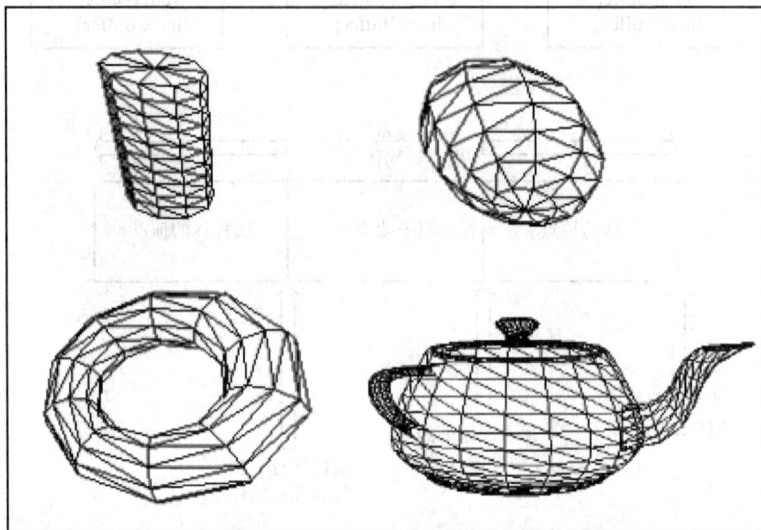

图 3.3　用 D3DXCreate*函数创建和绘制的物体

上述 6 个方法都非常相似，并且都使用 D3DX 网格数据结构 ID3DXMesh 和 ID3DXBuffer 接口。这些接口将在第 10 章和第 11 章中进行讨论。现在，我们先忽略这些接口的细节，集中讨论一下如何以最简便的方式来调用这些方法。

```
HRESULT D3DXCreateTeapot(
    LPDIRECT3DDEVICE9 pDevice,      //device associated with the mesh
    LPD3DXMESH* ppMesh,             //pointer to receive mesh
    LPD3DXBUFFER* ppAdjacency       //set to zero for now
);
```

下面是使用 D3DXCreateTeapot 函数的一个例子。

```
ID3DXMesh * mesh = 0;
D3DXCreateTeapot(_device, & mesh, 0);
```

一旦生成了网格数据，我们便可用 ID3DXMesh::DrawSubset 函数对其进行绘制。该方法接收一个代表网格数据的子集的参数。由上述 D3DXCreate* 函数生成的网格只有一个子集，所以该参数应指定为 0。下面是绘制网格的一个例子。

```
_device->BeginScene();
_mesh->DrawSubset(0);
_device->EndScene();
```

网格使用完之后，必须释放，如下所示：

```
_mesh->Release();
_mesh = 0;
```

3.6　例程：三角形、立方体、茶壶、D3DXCreate*

在本书配套的程序文件中，本章目录下有 4 个例程。您可从本书的网站下载。

● 　Triangle　该例子较简单，示范了如何按线框模式创建和绘制一个三角形。
● 　Cube　比 Triangle 例程稍复杂些，该程序绘制了一个旋转的线框立方体。
● 　Teapot　该程序用 D3DXCreateTeapot 函数创建并绘制了一个旋转的茶壶。
● 　D3DXCreate　该程序创建并绘制了几种不同类型的可用 D3DXCreate* 函数创建的 3D 物体。

这里，我们简要讨论一下 Cube 例程的实现。其余例子您可自行研究。

Cube 例程绘制了一个立方体并进行了渲染，如图 3.4 所示。该例程的完整源代码可在本章对应的网页中找到。

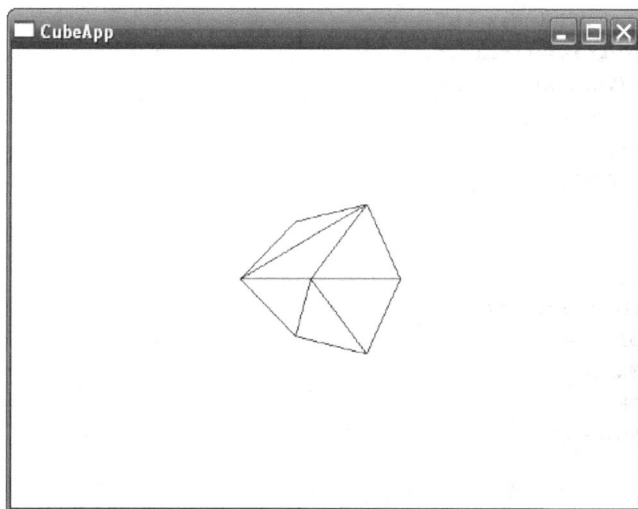

图 3.4　来自 Cube 例程的一个截图

首先我们需要初始化两个全局变量，以保存立方体的顶点和索引数据。

```
IDirect3DVertexBuffer9* VB = 0;
```

```
IDirect3DIndexBuffer9* IB = 0;
```

此外，我们还需初始化两个全局常量，以定义屏幕的分辨率。

```
const int Width = 800;
const int Height = 600;
```

接下来需要定义顶点结构和该结构的灵活顶点格式。该例程中的顶点结构中仅包含位置信息。

```
struct Vertex {
    Vertex() {}
    Vertex(float x, float y, float z) {
        _x = x; _y = y; _z = z;
    }
    float _x, _y, _z;
    static const DWORD FVF;
};
const DWORD Vertex::FVF = D3DFVF_XYZ;
```

现在我们来看框架函数。**Setup** 函数创建顶点缓存和索引缓存，然后对缓存进行锁定，将构成立方体的顶点数据以及构成立方体的三角形单元的索引数据分别写入顶点缓存和索引缓存。然后将摄像机沿 Z 轴负方向平移几个单位，以使绘制在世界坐标系原点的立方体处于摄像机的视场内。然后再实施投影变换。最终，将填充模式的绘制状态设为线框模式。

```
bool Setup() {
 // Create vertex and index buffers.
 Device->CreateVertexBuffer(
     8 * sizeof(Vertex),
     D3DUSAGE_WRITEONLY,
     Vertex::FVF,
     D3DPOOL_MANAGED,
     &VB,
     0);

 Device->CreateIndexBuffer(
     36 * sizeof(WORD),
     D3DUSAGE_WRITEONLY,
     D3DFMT_INDEX16,
     D3DPOOL_MANAGED,
     &IB,
     0);

 // Fill the buffers with the cube data.
 Vertex* vertices;
 VB->Lock(0, 0, (void**)&vertices, 0);

 // vertices of a unit cube
```

```
vertices[0] = Vertex(-1.0f, -1.0f, -1.0f);
vertices[1] = Vertex(-1.0f,  1.0f, -1.0f);
vertices[2] = Vertex( 1.0f,  1.0f, -1.0f);
vertices[3] = Vertex( 1.0f, -1.0f, -1.0f);
vertices[4] = Vertex(-1.0f, -1.0f,  1.0f);
vertices[5] = Vertex(-1.0f,  1.0f,  1.0f);
vertices[6] = Vertex( 1.0f,  1.0f,  1.0f);
vertices[7] = Vertex( 1.0f, -1.0f,  1.0f);

VB->Unlock();

// define the triangles of the cube:
WORD* indices = 0;
IB->Lock(0, 0, (void**)&indices, 0);

// front side
indices[0]  = 0; indices[1]  = 1; indices[2]  = 2;
indices[3]  = 0; indices[4]  = 2; indices[5]  = 3;

// back side
indices[6]  = 4; indices[7]  = 6; indices[8]  = 5;
indices[9]  = 4; indices[10] = 7; indices[11] = 6;

// left side
indices[12] = 4; indices[13] = 5; indices[14] = 1;
indices[15] = 4; indices[16] = 1; indices[17] = 0;

// right side
indices[18] = 3; indices[19] = 2; indices[20] = 6;
indices[21] = 3; indices[22] = 6; indices[23] = 7;

// top
indices[24] = 1; indices[25] = 5; indices[26] = 6;
indices[27] = 1; indices[28] = 6; indices[29] = 2;

// bottom
indices[30] = 4; indices[31] = 0; indices[32] = 3;
indices[33] = 4; indices[34] = 3; indices[35] = 7;

IB->Unlock();

// Position and aim the camera.
D3DXVECTOR3 position(0.0f, 0.0f, -5.0f);
D3DXVECTOR3 target(0.0f, 0.0f, 0.0f);
D3DXVECTOR3 up(0.0f, 1.0f, 0.0f);
```

```
    D3DXMATRIX V;
D3DXMatrixLookAtLH(&V, &position, &target, &up);

    Device->SetTransform(D3DTS_VIEW, &V);

// Set the projection matrix.
D3DXMATRIX proj;
D3DXMatrixPerspectiveFovLH(
        &proj,
        D3DX_PI * 0.5f, // 90 - degree
        (float)Width / (float)Height,
        1.0f,
        1000.0f);
Device->SetTransform(D3DTS_PROJECTION, &proj);

// Switch to wireframe mode.
Device->SetRenderState(D3DRS_FILLMODE, D3DFILL_WIREFRAME);

return true;
}
```

Display 方法有两项任务：更新场景和绘制场景。因为我们想让立方体旋转起来，必须在程序生成的每帧图像中给旋转角一定的增量，从而指定立方体的旋转方式。通过更新每帧图像中立方体的角度，立方体在每帧图像中就被微微地旋转，从而产生转动的视觉效果。注意，在本例中我们是用世界变换来指定立方体的方向。然后，我们调用方法 IDirect3DDevice9::DrawIndexedPrimitive 来绘制立方体。

```
bool Display(float timeDelta) {
 if( Device ) {
      // spin the cube:
      D3DXMATRIX Rx, Ry;

      // rotate 45 degrees on x-axis
      D3DXMatrixRotationX(&Rx, 3.14f / 4.0f);

      // incremement y-rotation angle each frame
      static float y = 0.0f;
      D3DXMatrixRotationY(&Ry, y);
      y += timeDelta;

      // reset angle to zero when angle reaches 2*PI
      if( y >= 6.28f )
          y = 0.0f;

      // combine x- and y-axis rotation transformations.
      D3DXMATRIX p = Rx * Ry;
```

```
Device->SetTransform(D3DTS_WORLD, &p);

    // draw the scene:
    Device->Clear(0, 0, D3DCLEAR_TARGET | D3DCLEAR_ZBUFFER,
                  0xffffffff, 1.0f, 0);
    Device->BeginScene();

    Device->SetStreamSource(0, VB, 0, sizeof(Vertex));
    Device->SetIndices(IB);
    Device->SetFVF(Vertex::FVF);

    // Draw cube.
    Device->DrawIndexedPrimitive(D3DPT_TRIANGLELIST, 0, 0, 8, 0, 12);

    Device->EndScene();
    Device->Present(0, 0, 0, 0);
}
return true;
}
```

最后，我们将前面分配的所有内存进行清理操作，即释放顶点缓存和索引缓存接口。

```
void Cleanup() {
 d3d::Release<IDirect3DVertexBuffer9*>(VB);
 d3d::Release<IDirect3DIndexBuffer9*>(IB);
}
```

3.7 小   结

- 顶点数据存放在接口 IDirect3DVertexBuffer9 中。类似地，索引数据存放在接口 IDirect3D-IndexBuffer9 中。使用顶点缓存或索引缓存的原因是存储于其中的数据可被保存在显存中。

- 静态的几何体(即不需要在每帧图像中进行更新)的数据应保存在静态顶点缓存或静态索引缓存中。而动态的几何体(即需要在每帧图像中进行更新)的数据应保存在动态顶点缓存或索引缓存中。

- 绘制状态是图形设备维护的一个状态，该状态将影响几何体的绘制方式。绘制状态从设定时起，直到下次修改之前都是有效的。并且绘制状态的当前值会影响几何体的所有后续绘制操作。所有的绘制状态都有初始的默认值。

- 为了绘制顶点缓存和索引缓存中的内容，您必须：

  ◆ 调用 IDirect3DDevice9::SetStreamSource 方法，并建立所要使用的顶点缓存与数据流的链接。

◆　调用 IDirect3DDevice9::SetFVF，设置所要绘制的顶点的格式。

◆　如果您使用了索引缓存，务必调用 IDirect3DDevice9::SetIndices 方法对索引缓存进行设置。

◆　在 函 数 对 IDirect3DDevice9::BeginScene 和 IDirect3DDevice9::EndScene 之 间 调 用 IDirect3DDevice9::DrawPrimitive 或 IDirect3DDevice9::DrawIndexedPrimitive。

● 　借助 D3DXCreate*函数，我们可以创建比较复杂的 3D 物体，如球体、圆柱体和茶壶等。

4

颜色

在上一章中，我们用直线构成的线框网格来表达场景中的物体。本章中，我们将学习如何为几何实体添加颜色。

学习目标

- 掌握 Direct3D 中颜色的描述方式
- 理解三角形单元的着色模式

4.1 颜 色 表 示

在 Direct3D 中，颜色用 RGB 三元组来表示。我们认为颜色都可分解为红色(Red)、绿色(Green)和蓝色(Blue)。这三个分量的加性混合(additive mixing)决定了最终的颜色。我们可用该三个分量的不同组合来表示上百万种颜色。

RGB 数据可用两种不同的结构来保存。第一种是 D3DCOLOR，它实际上与 DWORD 类型完全相同(由关键字 typedef 定义)，共有 32 位。D3DCOLOR 类型中的各位被分成四个 8 位项(section)，每项存储了一种颜色分量的亮度值。图 4.1 展示了这种位分布。

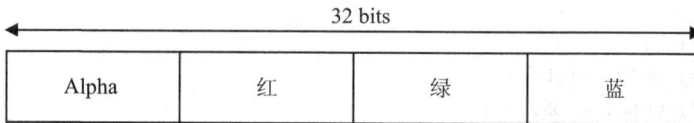

32 bits

Alpha	红	绿	蓝

图 4.1　一种 32 位的颜色，其中每个字节分配给一种主要的颜色
分量(红、绿、蓝)。第 4 个字节分配给 Alpha 分量

由于每种颜色分量均占用一个字节,所以每个分量的亮度值范围都在[0, 255]区间内。接近 0 的值表示低亮度,接近 255 的值表示高亮度。

注意　目前还不必关心 Alpha 分量,它主要用于 Alpha 融合(blending),我们将在第 7 章对其进行介绍。

要指定每个颜色分量的值,并将其插入到 D3DCOLOR 类型的恰当位置上,需要借助位运算。Direct3D 提供了 D3DCOLOR_ARGB 宏帮助我们完成这样的工作。该宏中,前 3 个参数分别对应 3 种颜色分量,第 4 个参数对应 Alpha 分量。每个参数必须在区间[0, 255]中取值,其调用方式如下:

```
D3DCOLOR brightRed    =    D3DCOLOR_ARGB(255, 255, 0, 0);
D3DCOLOR someColor    =    D3DCOLOR_ARGB(255, 144, 87, 201);
```

我们也可用宏 D3DCOLOR_XRGB 来代替 D3DCOLOR_ARGB,二者很相似,只是前者不接收 Alpha 参数;其实,前者是将 Alpha 分量设为 0xff(255)。

```
#define D3DCOLOR_XRGB(r, g, b) D3DCOLOR_ARGB(0xff, r, g, b)
```

在 Direct3D 中,存储颜色数据的另一种结构是 D3DCOLORVALUE。在该结构中,我们用单精度浮点数来度量每个颜色分量的亮度值,亮度值的取值范围为 0~1(0 表示没有亮度,1 表示亮度最大)。

```
Typedef struct D3DCOLORVALUE {
    float r; //the red component, range 0.0-1.0
    float g; //the green component, range 0.0-1.0
    float b; //the blue component, range 0.0-1.0
    float a;  //the Alpha component, range 0.0-1.0
}D3DCOLORVALUE;
```

我们也可用结构 D3DXCOLOR 替代 D3DCOLORVALUE,前者不但包含了与后者相同的数据成员,而且还提供了一组有用的构造函数和重载运算符,为颜色的运算提供了便利。此外,因为这两种结构所含的数据成员相同,所以这两种结构可相互转换(cast)。D3DXCOLOR 结构的定义如下:

```
typedef struct D3DXCOLOR {
#ifdef __cplusplus
public:
    D3DXCOLOR() {}
    D3DXCOLOR( DWORD argb );
    D3DXCOLOR( CONST FLOAT * );
    D3DXCOLOR( CONST D3DXFLOAT16 * );
    D3DXCOLOR( CONST D3DCOLORVALUE& );
    D3DXCOLOR( FLOAT r, FLOAT g, FLOAT b, FLOAT a );

    // casting
    operator DWORD () const;
```

```
    operator FLOAT* ();
    operator CONST FLOAT* () const;

    operator D3DCOLORVALUE* ();
    operator CONST D3DCOLORVALUE* () const;

    operator D3DCOLORVALUE& ();
    operator CONST D3DCOLORVALUE& () const;

    // assignment operators
    D3DXCOLOR& operator += ( CONST D3DXCOLOR& );
    D3DXCOLOR& operator -= ( CONST D3DXCOLOR& );
    D3DXCOLOR& operator *= ( FLOAT );
    D3DXCOLOR& operator /= ( FLOAT );

    // unary operators
    D3DXCOLOR operator + () const;
    D3DXCOLOR operator - () const;

    // binary operators
    D3DXCOLOR operator + ( CONST D3DXCOLOR& ) const;
    D3DXCOLOR operator - ( CONST D3DXCOLOR& ) const;
    D3DXCOLOR operator * ( FLOAT ) const;
    D3DXCOLOR operator / ( FLOAT ) const;

    friend D3DXCOLOR operator * ( FLOAT, CONST D3DXCOLOR& );

    BOOL operator == ( CONST D3DXCOLOR& ) const;
    BOOL operator != ( CONST D3DXCOLOR& ) const;

#endif //__cplusplus
    FLOAT r, g, b, a;
} D3DXCOLOR, *LPD3DXCOLOR;
```

提示　D3DCOLORVALUE 和 D3DXCOLOR 结构都有 4 个浮点类型的成员。这样我们就可将颜色表达成一个 4D 向量，记为 (r, g, b, a)。颜色向量的加法、减法以及比例运算与常规的向量完全相同。而颜色向量的点积和叉积没有实际意义，但是对应分量相乘却是有意义的。所以，在类 D3DXCOLOR 中，颜色的乘法定义为对应分量分别相乘。符号 $\otimes$ 表示对应元素相乘的乘法，其定义如下：

$$(c_1, c_2, c_3, c_4) \otimes (k_1, k_2, k_3, k_4) = (c_1 k_1, c_2 k_2, c_3 k_3, c_4 k_4)$$

现在我们来为头文件 d3dUtility.h 添加下列全局颜色常量。

```
namespace d3d{
    ⋮
    const D3DXCOLOR    WHITE( D3DCOLOR_XRGB(255, 255, 255) );
    const D3DXCOLOR    BLACK( D3DCOLOR_XRGB( 0, 0, 0) );
    const D3DXCOLOR    RED( D3DCOLOR_XRGB(255, 0, 0) );
    const D3DXCOLOR    GREEN( D3DCOLOR_XRGB( 0, 255, 0) );
    const D3DXCOLOR    BLUE( D3DCOLOR_XRGB( 0, 0, 255) );
    const D3DXCOLOR    YELLOW( D3DCOLOR_XRGB(255, 255, 0) );
    const D3DXCOLOR    CYAN( D3DCOLOR_XRGB( 0, 255, 255) );
    const D3DXCOLOR    MAGENTA( D3DCOLOR_XRGB(255, 0, 255) );
}
```

4.2 顶 点 颜 色

图元的颜色由构成该图元的顶点的颜色所决定。所以，我们必须为顶点数据结构添加一个表示颜色的数据成员。注意，此处无法使用 D3DCOLORVALUE 结构，因为 Direct3D 希望用一个 32 位的值来描述顶点的颜色。(实际上，使用顶点着色器(vertex shader)时，我们就可使用 4D 颜色向量，即每种颜色用 128 位表示。现在讨论这个话题还为时尚早。我们将在第 17 章中对顶点着色器进行讨论。)

```
struct ColorVertex {
    float x, y, z;
    D3DCOLOR color;
    static const DWORD FVF;
}
const DWORD ColorVertex::FVF = D3DFVF_XYZ | D3DFVF_DIFFUSE;
```

4.3 着   色

在光栅化过程中，需要对多边形进行着色(shading)。着色规定了如何利用顶点的颜色来计算构成图元的像素的颜色。目前，我们使用两种着色模式(shading mode)：平面着色(flat shading)和 Gouraud 着色(gouraud shading)。

如果使用平面着色模式，每个图元的每个像素都被一致地赋予该图元的第一个顶点所指定的颜色。所以，由以下 3 个顶点构成的三角形将是红色的，原因是第一个顶点是红色的。使用平面着色模式时，第 2 个和第 3 个顶点的颜色都将被忽略。

```
ColorVertex t[3]
```

```
T[0].color = D3DCOLOR _XRGB(255,0,0);
T[1].color = D3DCOLOR _XRGB(0,255, 0);
T[2].color = D3DCOLOR _XRGB(0,0,255);
```

平面着色容易使物体呈现出"块状"，这是因为各颜色之间没有平滑地过渡。一种更好的着色模式是 Gouraud 着色(也称平滑着色(smooth shading))。在 Gouraud 着色模式下，图元中各像素的颜色值由各顶点的颜色经线性插值得到。图 4.2 展示了一个经平面着色的红色三角形和一个用 Gouraud 着色模式着色的三角形。

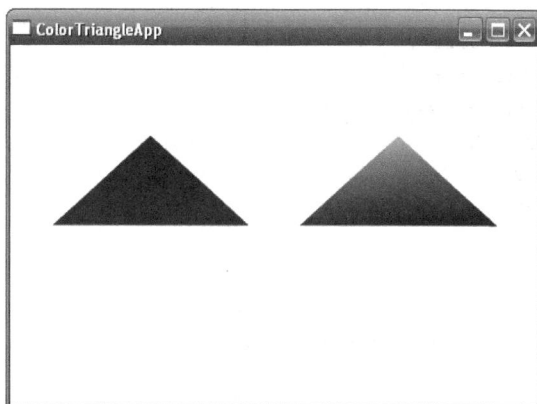

图 4.2 左图是在平面着色模式下着色的红色三角形。右图的三角形中各顶点的颜色
分别为红色、绿色和蓝色。注意，在 Gouraud 着色模式下，三角形表面中每
个像素的颜色都经过了插值处理

如同 Direct3D 中的许多其他状态量一样，着色模式由 Direct3D 状态机(state machine)控制。

```
//set flat shading
Device->SetRenderState(D3DRS_SHADEMODE, D3DSHADE_FLAT);
//set Gouraud shading
Device->SetRenderState(D3DRS_SHADEMODE, D3DSHADE_GOURAUD);
```

4.4 例程：具有颜色的三角形

本章的这个例程演示了分别用平面着色模式和 Gouraud 着色模式对三角形进行着色。绘制结果参见图 4.2。首先我们添加下列全局变量。

```
D3DXMATRIX                    World;
IDirect3DVertexBuffer9 * Triangle = 0;
```

上面 D3DXMATRIX 类型的变量将用于存储所要绘制的三角形的世界变换矩阵。Triangle 变量是用于保存三角形顶点数据的顶点缓存。注意，我们只需保存一个三角形的几何数据，因为借助世界变换矩阵我们可在世界坐标系中将该三角形在不同的位置多次绘制。

Setup 方法创建了一个顶点缓存，并用所要绘制的三角形中带有颜色信息的顶点对该缓存进行填充。该三角形的第 1 个顶点的颜色为最高亮度(255)的红色，第 2 个顶点的颜色为最高亮度(255)的绿色，第 3 个顶点为最高亮度(255)的蓝色。在本例的最后，将光照禁用。注意，本例使用了 4.2 节引入的新结构 ColorVertex。

```cpp
bool Setup() {
 // Create the vertex buffer.
 Device->CreateVertexBuffer(
     3 * sizeof(ColorVertex),
     D3DUSAGE_WRITEONLY,
     ColorVertex::FVF,
     D3DPOOL_MANAGED,
     &Triangle,
     0);

 // Fill the buffer with the triangle data.
 ColorVertex* v;
 Triangle->Lock(0, 0, (void**)&v, 0);

 v[0] = ColorVertex(-1.0f, 0.0f, 2.0f, D3DCOLOR_XRGB(255,   0,   0));
 v[1] = ColorVertex( 0.0f, 1.0f, 2.0f, D3DCOLOR_XRGB(  0, 255,   0));
 v[2] = ColorVertex( 1.0f, 0.0f, 2.0f, D3DCOLOR_XRGB(  0,   0, 255));

 Triangle->Unlock();

 // Set the projection matrix.
 D3DXMATRIX proj;
 D3DXMatrixPerspectiveFovLH(
         &proj,
         D3DX_PI * 0.5f, // 90 - degree
         (float)Width / (float)Height,
         1.0f,
         1000.0f);
 Device->SetTransform(D3DTS_PROJECTION, &proj);

 // Turn off lighting.
 Device->SetRenderState(D3DRS_LIGHTING, false);

 return true;
}
```

　　然后，Display 函数在两个不同的位置以两种不同的着色模式分别绘制 Triangle。每个三角形的位置由世界变换矩阵 World 来控制。

```
bool Display(float timeDelta) {
 if( Device ) {
       Device->Clear(0, 0, D3DCLEAR_TARGET | D3DCLEAR_ZBUFFER,
0xffffffff, 1.0f, 0);
     Device->BeginScene();

     Device->SetFVF(ColorVertex::FVF);
     Device->SetStreamSource(0, Triangle, 0, sizeof(ColorVertex));

     // draw the triangle to the left with flat shading
     D3DXMatrixTranslation(&WorldMatrix, -1.25f, 0.0f, 0.0f);
     Device->SetTransform(D3DTS_WORLD, &WorldMatrix);

     Device->SetRenderState(D3DRS_SHADEMODE, D3DSHADE_FLAT);
     Device->DrawPrimitive(D3DPT_TRIANGLELIST, 0, 1);

     // draw the triangle to the right with gouraud shading
     D3DXMatrixTranslation(&WorldMatrix, 1.25f, 0.0f, 0.0f);
     Device->SetTransform(D3DTS_WORLD, &WorldMatrix);

     Device->SetRenderState(D3DRS_SHADEMODE, D3DSHADE_GOURAUD);
     Device->DrawPrimitive(D3DPT_TRIANGLELIST, 0, 1);

     Device->EndScene();
     Device->Present(0, 0, 0, 0);
 }
 return true;
}
```

4.5　小　　结

- 颜色可用红色、绿色和蓝色的光强(亮度或辉度)来描述。这 3 种分量可按不同的亮度进行加性混合，这样我们就可描述百万种颜色。在 Direct3D 程序中，可用 D3DCOLOR、D3DCOLORVALUE 或 D3DXCOLOR 类型对颜色进行描述。

- 有时，我们将颜色看作是一个 4D 向量(r, g, b, a)。颜色向量可以像普通向量那样做加、减和比例运算。而点积和叉积对于颜色向量没有什么实际意义，但对应颜色分量的乘法是有意义的。符号 $\otimes$ 表示对应元素相乘的乘法，其定义如下：

$$(c_1, c_2, c_3, c_4) \otimes (k_1, k_2, k_3, k_4) = (c_1 k_1, c_2 k_2, c_3 k_3, c_4 k_4)$$

- 指定了每个顶点的颜色值后，Direct3D 依照当前的着色模式确定这些顶点颜色的使用方式，以在光栅化时计算出三角形中每个像素的颜色。
- 如果使用平面着色模式，每个图元的每个像素都被赋予该图元第一个顶点所指定的颜色。在 Gouraud 着色模式下，图元表面各像素的颜色值由各顶点的颜色进行线性插值得到。

5

光照

为了增强所绘场景的真实感，我们可为场景增加光照(lighting)。光照也有助于描述实体形状和立体感。使用光照时，我们无需自行指定顶点的颜色值；Direct3D 会将顶点送入光照计算引擎(light engine)，依据光源类型、材质(material)以及物体表面相对于光源的朝向，计算出每个顶点的颜色值。基于某种光照模型计算出各顶点的颜色，会使绘制结果更加逼真。

学习目标

- 了解 Direct3D 所支持的几种光源以及这些光源所发出光线的类型
- 理解光照的定义方式，以便了解光线与其所照射表面的交互方式
- 理解如何用数学语言描述三角形单元的朝向，以判定光线相对于该单元的入射角

5.1 光照的组成

在 Direct3D 的光照模型中，光源发出的光由以下 3 个分量或 3 种类型的光组成。

- 环境光(Ambient Light)　这种类型的光经其他表面反射到达物体表面，并照亮整个场景。例如，物体的某些部分被一定程度地照亮，但物体并没有处于光源的直接照射下。物体之所以会被照亮，是由于其他物体对光的反射。要想以较低代价粗略地模拟这类反射光，环境光是一个很好的选择。
- 漫射光(Diffuse Light)　这种类型光沿着特定的方向传播。当它到达某一表面时，将沿着各个方向均匀反射。由于漫射光沿所有方向均匀反射，无论从哪个方位观察，表面亮度均相同，所以采用该模型时，无须考虑观察者的位置。这样，漫射光方程(diffuse lighting equation)中，仅需考虑光传播的方向以及表面的朝向。从一个光源发出的光一般都是这种类型的。
- 镜面光(Specular Light)　这种类型的光沿特定方向传播。当此类光到达一个表面时，将严格地沿着另一个方向反射，从而形成只能在一定角度范围内才能观察到的高亮度照射。因为

在这种模型中，光线均沿同一个方向反射，所以在镜面光照方程(specular lighting equation)中不仅需要考虑光线的入射方向和图元的表面朝向，而且还需要考虑观察点的位置。镜面光可用于模拟物体上的高光点，例如当光线照射到一个抛光的表面所形成的高亮照射。

镜面光与其他类型的光相比，计算量要大得多。因此 Direct3D 为其提供了开关选项。实际上，默认状态下，Direct3D 不进行镜面反射计算；如果您想启用镜面光，必须将绘制状态 D3DRS_SPECULARENABLE 设为 true。

```
Device->SetRenderState(D3DRS_SPECULARENABLE, true);
```

每种类型的光都可用结构 D3DCOLORVALUE 或 D3DXCOLOR 来表示，这些类型描述了光线的颜色。下面是几种光线颜色的例子。

```
D3DXCOLOR redAmbient(1.0f, 0.0f, 0.0f, 1.0f);
D3DXCOLOR blueDiffuse(0.0f, 0.0f, 1.0f, 1.0f);
D3DXCOLOR whiteSpecular(1.0f, 1.0f, 1.0f, 1.0f);
```

注意　描述光线的颜色时，D3DXCOLOR 类中的 Alpha 值都将被忽略。

5.2　材　　质

在现实世界中，我们所观察到的物体的颜色是由该物体所反射的光的颜色决定的。例如，一个纯红色的球体反射了全部的红色入射光，并吸收了所有非红色的光，所以该球体呈现为红色。Direct3D 通过定义物体的材质(materials)来模拟同样的现象。材质允许我们定义物体表面对各种颜色光的反射比例。在代码中，材质用结构 D3DMATERIAL9 来表示。

```
typedef struct D3DMATERIAL9 {
    D3DCOLORVALUE Diffuse;
    D3DCOLORVALUE Ambient;
    D3DCOLORVALUE Specular;
    D3DCOLORVALUE Emissive;
    float Power;
} D3DMATERIAL9, *LPD3DMATERIAL9;
```

- Diffuse　指定材质对漫射光的反射率。
- Ambient　指定材质对环境光的反射率。
- Specular　指定材质对镜面光的反射率。
- Emissive　该分量用于增强物体的亮度，使之看起来好像可以自己发光。
- Power　指定镜面高光点的锐度(sharpness)，该值越大，高光点的锐度越大。

例如，假定有一个红色的球体，我们想将该球体的材质的属性定义为只反射红色光，而吸收所有其他颜色的光。

```
D3DMATERIAL9 red;
::ZeroMemory(& red, sizeof(red));
red.Diffuse = D3DXCOLOR(1.0f, 0.0f, 0.0f, 1.0f); //red
red.Ambient = D3DXCOLOR(1.0f, 0.0f, 0.0f, 1.0f); //red
red.Specular = D3DXCOLOR(1.0f, 0.0f, 0.0f, 1.0f); //red
red.Emissive = D3DXCOLOR(0.0f, 0.0f, 0.0f, 1.0f); //no emission
red.Power = 5.0f;
```

这里，我们将绿色和蓝色分量设为 0，表明该材质对这些颜色的光的反射率为 0%。将红色分量设为 1，表明该材质对红色光的反射率为 100%。注意，我们可以控制材质在各种类型光(环境光、漫射光和镜面光)照射下哪种颜色的光将被反射。

您还需注意，如果用一个只能发出蓝色光的光源来照射一个红色的球体，则由于蓝色光被完全吸收，而反射的红色光为 0，所以该球体将无法被照亮。当一个物体吸收了所有的光时，便呈现为黑色。类似地，如果一个物体能够 100%地反射红色光、绿色光和蓝色光，它将呈现为白色。

为了减轻手工初始化材质结构 **D3DMATERIAL9** 的负担，我们可在文件 *d3dUtility.h/cpp* 中添加如下实用函数以及全局材质常量。

```
D3DMATERIAL9 d3d::InitMtrl(D3DXCOLOR a, D3DXCOLOR d,
                           D3DXCOLOR s, D3DXCOLOR e, float p)
{
    D3DMATERIAL9 mtrl;
    mtrl.Ambient  = a;
    mtrl.Diffuse  = d;
    mtrl.Specular = s;
    mtrl.Emissive = e;
    mtrl.Power    = p;
    return mtrl;
}

namespace d3d {
D3DMATERIAL9 InitMtrl(D3DXCOLOR a, D3DXCOLOR d,
                      D3DXCOLOR s, D3DXCOLOR e, float p);

const D3DMATERIAL9 WHITE_MTRL  = InitMtrl(WHITE, WHITE,
                                    WHITE, BLACK, 8.0f);

const D3DMATERIAL9 RED_MTRL    = InitMtrl(RED, RED,
                                    RED, BLACK, 8.0f);

const D3DMATERIAL9 GREEN_MTRL  = InitMtrl(GREEN, GREEN,
                                    GREEN, BLACK, 8.0f);

const D3DMATERIAL9 BLUE_MTRL   = InitMtrl(BLUE, BLUE,
```

```
                            BLUE, BLACK, 8.0f);

const D3DMATERIAL9 YELLOW_MTRL = InitMtrl(YELLOW, YELLOW,
                            YELLOW, BLACK, 8.0f);
}
```

💡 **注意**   关于色彩和光照理论以及人眼感知色彩的方式有一篇非常优秀的文章，您可在以下网址找到：*http://www.adobe.com/support/techguides/color/colortheory/main.html*。

顶点结构中不含有材质属性，但我们必须对当前材质进行设定。下面这个函数可用来对当前材质进行设定：IDirect3DDevice9::SetMaterial(CONST D3DMATERIAL9 * pMaterial)。

要绘制几个具有不同材质的物体，我们可这样书写代码：

```
D3DMATERIAL9 blueMaterial, redMaterial;
... //set up material structures
Device->SetMaterial(& blueMaterial);
drawSphere();  //blue sphere

Device->SetMaterial(& redMaterial);
drawSphere();  //red sphere
```

5.3 顶点法线

面法线是一个描述多边形朝向(见图 5.1)的向量。

顶点法线(vertex normal)正是基于上述思路而产生的，但它并不用于指定每个多边形的法向量。顶点法线描述的是构成多边形的各个顶点的法线(见图 5.2)。

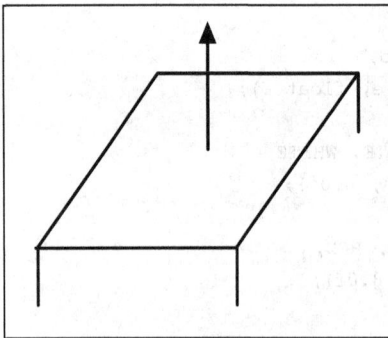

图 5.1 一个面的面法线   图 5.2 一个表面的顶点法线

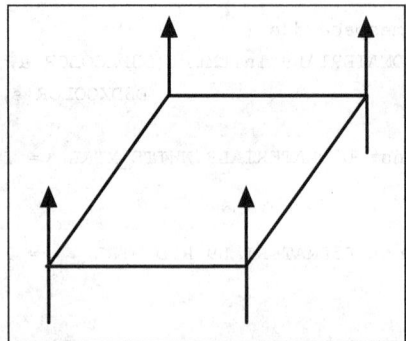

Direct3D 需要知道顶点的法线方向，以确定光线到达表面时的入射角。而且，由于光照计算是对每个

顶点进行的,所以 Direct3D 需要知道表面在每个顶点处的局部朝向(法线方向)。请注意,顶点法线与表面法线不一定相同。近似的球体或圆是说明顶点法线和三角形面片法线不一致的很好的例子(见图 5.3)。

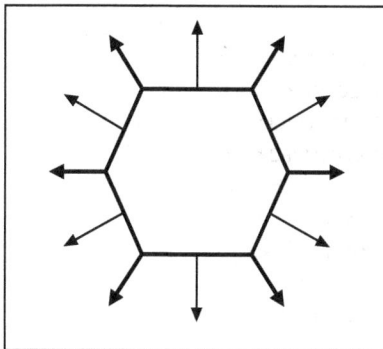

图 5.3   一个说明了顶点法线和面法线不一致的例子。粗体的向量
表示顶点法线,较细的向量表示面片法线

为了描述一个顶点的顶点法线,我们必须修改顶点结构:

```
struct Vertex {
 float x, y, z;
 float _nx, _ny, _nz;
 static const DWORD FVF;
};
const DWORD Vertex::FVF = D3DFVF_XYZ | D3DFVF_NORMAL;
```

注意,在上述结构中,我们去掉了表示颜色的成员变量。这是因为我们将用光照来计算顶点的颜色。

对于简单的物体,如立方体和球体,我们可以通过观察得到顶点的法线。而对于较复杂的网格面,我们需要一种机械化的方法。假定一个三角形由顶点 p_0、p_1、p_2 构成,现在我们来计算每个顶点的顶点法向量 n_0、n_1 和 n_2。

最简单的做法就是求出这 3 个顶点构成的三角形的面法线向量,并将该面法线向量作为各顶点的法向量。首先计算位于三角形平面内的两个向量。

$$\mathbf{p}_1 - \mathbf{p}_0 = \mathbf{u}$$
$$\mathbf{p}_2 - \mathbf{p}_0 = \mathbf{v}$$

则面法线为:

$$\mathbf{n} = \mathbf{u} \times \mathbf{v}$$

由于每个顶点的法向量与面的法线向量相同,所以:

$$\mathbf{n}_0 = \mathbf{n}_1 = \mathbf{n}_2 = \mathbf{n}$$

下面是一个用于计算一个由 3 个顶点构成的三角形所在面的法向量的 C 语言函数。注意，该函数中假定顶点的指定顺序为顺时针绕序(winding order)。如果顶点的指定顺序为逆时针方向，则计算出的法向量将指向反方向。

```
void ComputeNormal(    D3DXVECTOR3* p0,
                       D3DXVECTOR3* p1,
                       D3DXVECTOR3* p2,
                       D3DXVECTOR3* out)
{
    D3DXVECTOR3 u = *p1 - *p0;
    D3DXVECTOR3 v = *p2 - *p0;

    D3DXVec3Cross(out, &u, &v);
    D3DXVec3Normalize(out, out);
}
```

当用三角形单元逼近表示曲面时，将面片法向量作为构成该面片的顶点法向量不可能产生很平滑的效果。一种更好的求取顶点法向量的方法是计算法向量均值(normal averaging)。为了求出顶点 v 的顶点法向量 v_n，我们需要求出共享顶点 v 的所有三角形的面法向量。则 v_n 可由这些面法向量取均值得到。假定有 3 个三角形单元共享顶点 v，其面法向量分别为 n_0、n_1 和 n_2，则 v_n 的计算方法为：

$$v_n = \frac{1}{3}(n_1 + n_1 + n_2)$$

在变换过程中，顶点法线有可能不再是规范化的。所以，最好的方法是，在变换完成之后，通过使能 D3DRS_NORMALIZENORMALS 绘制状态使所有的法向量重新规范化。

```
Device->SetRenderState(D3DRS_NORMALIZENORMALS, true);
```

5.4　光　　源

Direct3D 支持 3 种类型的光源。

- 点光源(Point lights)　该光源在世界坐标系中有固定的位置，并向所有的方向发射光线，如图 5.4 所示。

- 方向光(Directional lights)　该光源没有位置信息，所发射的光线相互平行地沿某一特定方向传播，如图 5.5 所示。

- 聚光灯(Spot lights)　这种类型的光源与手电筒类似；该光源有位置信息，其发射的光线呈锥形(conical shape)沿着特定方向传播，如图 5.6 所示。该锥形可用两个角度：θ 和 φ 来描述。角 θ 描述了内部锥形，φ 描述了外部锥形。

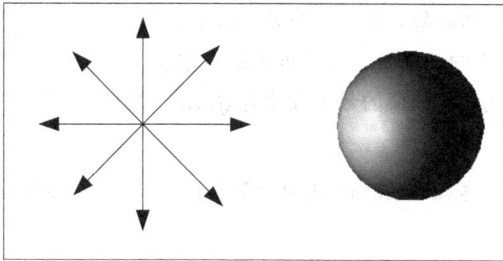

图 5.4 点光源

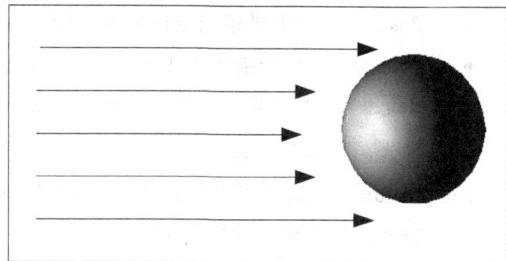

图 5.5 方向光

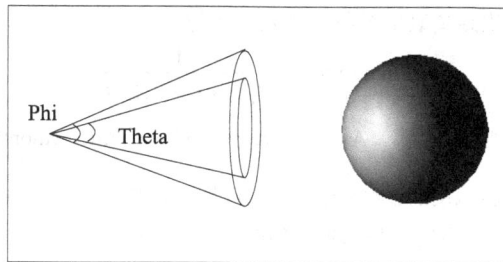

图 5.6 聚光灯

在程序代码中，光源用结构 D3DLIGHT9 来表示。

```
typedef struct D3DLIGHT9 {
    D3DLIGHTTYPE Type;
    D3DCOLORVALUE Diffuse;
    D3DCOLORVALUE Specular;
    D3DCOLORVALUE Ambient;
    D3DVECTOR Position;
    D3DVECTOR Direction;
    float Range;
    float Falloff;
    float Attenuation0;
    float Attenuation1;
    float Attenuation2;
    float Theta;
    float Phi;
} D3DLIGHT9, *LPD3DLIGHT;
```

● Type 定义了我们所要创建的光源类型。该参数可取以下 3 种枚举值：D3DLIGHT_POINT、D3DLIGHT_SPOT、D3DLIGHT_DIRECTIONAL。

● Diffuse 该光源所发出的漫射光的颜色。

● Specular 该光源所发出的镜面光的颜色。

● Ambient 该光源所发出的环境光的颜色。

- Position　用于描述光源在世界坐标系中位置的向量。对于方向光，该参数无意义。
- Direction　一个描述光在世界坐标系中传播方向的向量。对于点光源，该参数无意义。
- Range　光线"消亡"前，所能达到的最大光程。该值的最大取值为 $\sqrt{FLT\_MAX}$。对于方向光，该参数无意义。
- Falloff　该值仅用于聚光灯。该参数定义了光强(intensity)从内锥形到外锥形的衰减(weaken)方式。该参数一般取为 1.0f。
- Attenuation0、Attenuation1、Attenuation2　这些衰减变量定义了光强随距离衰减的方式。这些变量仅用于点光源和聚光灯。变量 Attenuation0、Attenuation1、Attenuation2 分别表示光的常量、线性、2 次距离衰减系数。衰减公式为：

$$attenuation = \frac{1}{A_0 + A_1 \cdot D + A_2 \cdot D^2}$$

其中，D 为光源到顶点的距离。A_0、A_1、A_2 分别对应于 Attenuation0、1 和 2。

- Theta　仅用于聚光灯。指定了内部锥形的圆锥角，单位为弧度。
- Phi　仅用于聚光灯。指定了外部锥形的圆锥角，单位为弧度。

与 D3DMATERIAL9 结构的初始化类似，当您需要一个较简单的光源时，D3DLIGHT9 结构的初始化也很繁琐。我们可为 d3dUtility.h/cpp 文件添加下列函数，用来初始化简单的光源。

```
namespace d3d {

D3DLIGHT9 InitDirectionalLight(D3DXVECTOR3* direction,
                               D3DXCOLOR* color);

D3DLIGHT9 InitPointLight(D3DXVECTOR3* position,
                         D3DXCOLOR* color);

D3DLIGHT9 InitSpotLight(D3DXVECTOR3* position,
                        D3DXVECTOR3* direction,
                        D3DXCOLOR* color);
}
```

这些函数的实现比较简单。这里，我们仅列出了 InitDirectionalLight 的实现。其他函数的实现方法都是类似的。

```
D3DLIGHT9 d3d::InitDirectionalLight(    D3DXVECTOR3* direction,
                                    D3DXCOLOR* color)
{
    D3DLIGHT9 light;
    ::ZeroMemory(&light, sizeof(light));

    light.Type = D3DLIGHT_DIRECTIONAL;
```

```
light.Ambient = *color * 0.4f;
light.Diffuse = *color;
light.Specular = *color * 0.6f;
light.Direction = *direction;

return light;
}
```

接下来，再创建一个传播方向平行于 *x* 轴的方向光光源。我们可以这样写：

```
D3DXVECTOR3 dir(1.0f, 0.0f, 0.0f);
D3DXCOLOR  c = d3d::WHITE;
D3DLIGHT9 dirLight = d3d::InitDirectionalLight(& dir, & c);
```

当 D3DLIGHT9 实例初始化完毕之后，我们需要在 Direct3D 所维护的一个光源内部列表中对所要使用的光源进行注册。

```
Device->SetLight(
 0,          //element in the light list to set, range is 0 - maxlights
 & light); //address of the D3DLIGHT9 structure to set.
```

一旦光源注册成功，我们就可对其开关状态进行控制，如下例所示：

```
Device->LightEnable(
 0,        //the element in the light list to enable/disable
 true,     //true = enable, false = disable
);
```

5.5 例程：光照

本章的例程创建了一个如图 5.7 所示的场景。该例程演示了如何指定顶点法线，如何创建材质以及如何创建并启用一个方向光光源。注意，在本例程中，我们并未使用 d3dUtility.h/cpp 文件中的材质和光照函数，原因是我们想先示范如何以手工方式来实现。在本书的其他例程中，都使用了材质和光照的实用代码。

为一个场景添加光照的步骤如下。

(1) 启用光照。

(2) 为每个物体创建一种材质，并在绘制相应物体前应用(设置)该材质。

(3) 创建一种或多种光源，设置并启用。

(4) 启用所有其余的光照状态，如镜面高光(specular highlights)。

首先，我们实例化一个全局的顶点缓存，用于保存金字塔的顶点数据。

```
IDirect3DVertexBuffer9 * Pyramid = 0;
```

图 5.7　LitPyramid 例程的截图

Setup 函数中包含了与本章内容相关的全部代码，为了节省篇幅我们略去了其他函数。

该函数实现了前面所讨论的为场景添加光照的所有步骤。该函数一开始首先启用光照，但这不是必须的，因为在默认状态下，光照已经是启用的(但我们显式指定并无大碍)。

```
bool Setup() {
 Device->SetRenderState(D3DRS_LIGHTING, true);
```

接下来，我们创建顶点缓存，对其进行锁定，并指定构成金字塔的三角形单元的顶点。顶点法向量已用 5.3 节中介绍的算法预先计算好。注意，虽然顶点可为若干三角形单元所共享，但法线却不可被共享。所以，如果使用索引列表，优势就不会很明显。例如，所有的三角形单元都共享峰值点(0, 1, 0)；但是对于每个三角形单元，峰值点对应的顶点的法线方向都不同。

```
Device->CreateVertexBuffer(
    12 * sizeof(Vertex),
    D3DUSAGE_WRITEONLY,
    Vertex::FVF,
    D3DPOOL_MANAGED,
    &Pyramid,
    0);

// Fill the vertex buffer with pyramid data.

Vertex* v;
Pyramid->Lock(0, 0, (void**)&v, 0);

// front face
v[0] = Vertex(-1.0f, 0.0f, -1.0f, 0.0f, 0.707f, -0.707f);
v[1] = Vertex( 0.0f, 1.0f,  0.0f, 0.0f, 0.707f, -0.707f);
v[2] = Vertex( 1.0f, 0.0f, -1.0f, 0.0f, 0.707f, -0.707f);
```

```
// left face
v[3] = Vertex(-1.0f, 0.0f,  1.0f, -0.707f, 0.707f, 0.0f);
v[4] = Vertex( 0.0f, 1.0f,  0.0f, -0.707f, 0.707f, 0.0f);
v[5] = Vertex(-1.0f, 0.0f, -1.0f, -0.707f, 0.707f, 0.0f);

// right face
v[6] = Vertex( 1.0f, 0.0f, -1.0f, 0.707f, 0.707f, 0.0f);
v[7] = Vertex( 0.0f, 1.0f,  0.0f, 0.707f, 0.707f, 0.0f);
v[8] = Vertex( 1.0f, 0.0f,  1.0f, 0.707f, 0.707f, 0.0f);

// back face
v[9]  = Vertex( 1.0f, 0.0f,  1.0f, 0.0f, 0.707f, 0.707f);
v[10] = Vertex( 0.0f, 1.0f,  0.0f, 0.0f, 0.707f, 0.707f);
v[11] = Vertex(-1.0f, 0.0f,  1.0f, 0.0f, 0.707f, 0.707f);

Pyramid->Unlock();
```

产生了物体的顶点数据后，我们就可通过物体的材质属性来描述物体与光线的交互状态。在本例程中，金字塔反射白色光，自己本身不向外发射光，会呈现出一些高光点。

```
D3DMATERIAL9 mtrl;
mtrl.Ambient = d3d::WHITE;
mtrl.Diffuse = d3d::WHITE;
mtrl.Specular = d3d::WHITE;
mtrl.Emissive = d3d::BLACK;
mtrl.Power = 5.0f;

Device->SetMaterial(&mtrl);
```

从第 2 步起直至最后，我们创建并启用了一个方向光光源。该方向光的传播方向与 X 轴平行，并沿着 X 轴正方向。该光源发出较强的白色漫射光(dir.Diffuse = d3d::WHITE)，较弱的白色镜面光(dir.Specular = d3d::WHITE * 0.3f)，以及中等强度的白色环境光(dir.Ambient = d3d::WHITE * 0.6f)。

```
D3DLIGHT9 dir;
    ::ZeroMemory(&dir, sizeof(dir));
    dir.Type = D3DLIGHT_DIRECTIONAL;
    dir.Diffuse = d3d::WHITE;
    dir.Specular = d3d::WHITE * 0.3f;
    dir.Ambient = d3d::WHITE * 0.6f;
    dir.Direction = D3DXVECTOR3(1.0f, 0.0f, 0.0f);

    Device->SetLight(0, &dir);
    Device->LightEnable(0, true);
```

最后，我们对一些绘制状态进行设定，以重新规范化法向量，并启用镜面高光。

```
Device->SetRenderState(D3DRS_NORMALIZENORMALS, true);
Device->SetRenderState(D3DRS_SPECULARENABLE, true);

//... code to set up the view matrix and projection matrix
//omited

return true;
}
```

5.6　一些附加例程

本章配套的文件中有 3 个附加例程。这些例程都使用 D3DXCreate*函数创建构成场景的 3D 物体。这些 D3DXCreate*函数所创建的顶点数据的灵活顶点格式为 D3DFVF_XYZ | D3DFVF_NORMAL。此外，这些函数还为我们计算了每个网格单元的顶点法向量。这些例程示范了如何使用方向光和聚光灯。图 5.8 是一个关于方向光例程的截图。

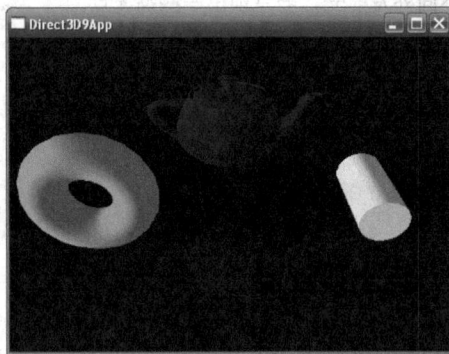

图 5.8　DirectionalLight 例程的截图

5.7　小　　结

- Direct3D 支持 3 种类型的光源模型：方向光、点光源以及聚光灯。每种光源可以发出 3 种光：环境光、漫射光和镜面光。

- 表面的材质定义了光线与其到达表面的交互方式(即表面能反射何种颜色的光以及反射多少，以确定表面的颜色)。

- 顶点法线用于定义顶点的方向。Direct3D 借助顶点法向量来确定光线到达顶点时的入射角。在某些情况下，顶点法向量与由其构成的三角形单元的法向量相等，但如果要用三角形单元组逼近表示光滑的曲面(如球体、圆柱体等)时，情况就未必如此了。

6

纹理映射

借助纹理映射(texture mapping)技术，我们可将图像数据映射到三角形单元中，这种功能可以显著地增加所绘制场景的细节和真实感。例如，我们可以创建一个立方体，然后为其每个面映射一个板条纹理，从而将该立方体变为一个板条箱(见图 6.1)。

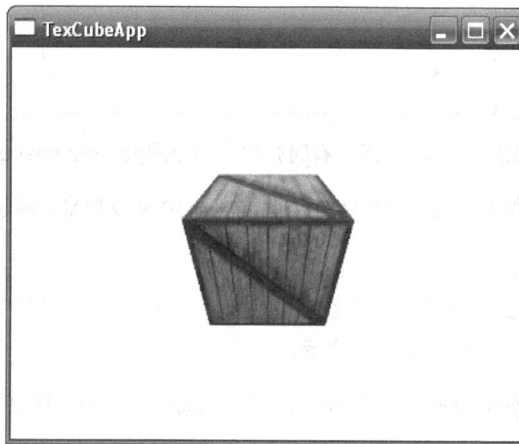

图 6.1 具有板条纹理的立方体

在 Direct3D 中，纹理用接口 IDirect3DTexture9 来表示。纹理是类似于表面的一个像素矩阵，与表面不同的是它可被映射到三角形单元中。

学习目标

- 了解如何指定将纹理的某一部分映射到三角形单元中
- 掌握如何创建纹理
- 掌握为创建一幅较光滑的图像，纹理应如何进行过滤

6.1　纹　理　坐　标

Direct3D 所使用的纹理坐标系由沿水平方向的 u 轴和沿垂直方向的 v 轴构成。用坐标对(u, v)(coordinate pair)标识的纹理元素称为纹理元(texel)。注意，v 轴的正方向是竖直向下的(见图 6.2)。

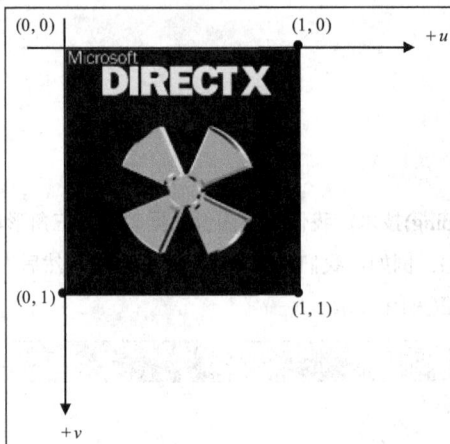

图 6.2　纹理坐标系，有时亦称纹理空间(texture spaces)

还有一点要注意，为了能够处理不同尺度的纹理，Direct3D 将纹理坐标做了规范化处理，使之限定在区间[0, 1]内。

对于每个 3D 三角形单元，我们都可以在纹理中定义一个相应的三角形区域，然后将该三角形区域内的纹理映射到该 3D 三角形单元中。如图 6.3 所示。

为了实现该映射，我们需要再次修改顶点结构，为之添加一个纹理坐标对以标识纹理中的顶点。

```
struct Vertex
{
    float _x, _y, _z;
    float _nx, _ny, _nz;
    float _u, _v; // texture coordinates

    static const DWORD FVF;
};
const DWORD Vertex::FVF = D3DFVF_XYZ | D3DFVF_NORMAL | D3DFVF_TEX1;
```

您可能已注意到在顶点格式的描述中，我们增加了一个标记 D3DFVF_TEX1，意思是说顶点结构中包含了一对纹理坐标。

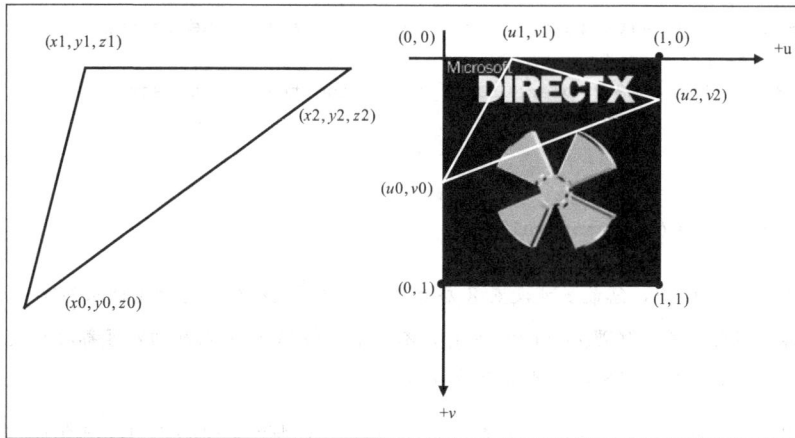

图 6.3   左图是 3D 空间中的一个三角形，我们在右图的纹理中定义了一个 2D 三角形，
该三角形区域内的纹理将被映射到 3D 三角形中

现在，由 3 个顶点对象构成的每个三角形都在该纹理坐标系中定义了一个相应的纹理三角形。

注意   虽然我们为一个 3D 三角形指定了相应的纹理三角形，但直到光栅化时，即该 3D 三角形已
被变换至屏幕坐标系时，纹理映射才会进行。

6.2 创建并启用纹理

纹理数据通常从磁盘中的图像文件读入，然后再加载到 IDirect3DTexture9 对象中。为了实现这一点，
可使用如下的 D3DX 函数：

```
HRESULT D3DXCreateTextureFromFile(
  LPDIRECT3DDEVICE9 pDevice,        //device to create the texture
  LPCTSTR pSrcFile,                 //filename of image to load
  LPDIRECT3DTEXTURE9 * ppTexture    //ptrto receive the created texture
);
```

该函数可以加载下列格式的图像：BMP、DDS、DIB、JPG、PNG 和 TGA。

例如，要想从一个名为 stonewall.bmp 的图像文件创建纹理，我们可以这样做：

```
IDirect3DTexture9 * _stonewall;
D3DXCreateTextureFromFile(_device, "stonewall.bmp", & _stonewall);
```

为设置当前纹理，我们可使用如下方法：

```
HRESULT IDirect3DDeviceq::SetTexture(
```

```
  DWORD Stage, //A value in the range 0-7 identifying the texture
 //stage - see note on Texture Stages
  IDirect3DBaseTexture9 * pTexture //ptr to the texture to set
);
```

例：

```
Device->SetTexture(0, _stonewall);
```

注意　在 Direct3D 中，您最多可设置 8 层纹理，可以对这些纹理进行组合以创建一幅更细致的图像。这称为多重纹理(multitexturing)。本书中，第 IV 部分之前的内容都没有使用多重纹理；所以，目前我们只需将纹理层序号设为 0。

若想禁用某一纹理层，可将 pTexture 参数设为 0。例如，绘制物体时若不想使用纹理，可以这样做：

```
Device->SetTexture(0, 0);
renderObjectWithoutTexture();
```

如果场景中的各个三角形所使用的纹理均不相同，我们可按照下面的套路来做：

```
Device->SetTexture(0, tex0);
drawTrisUsingTex0();

Device->SetTexture(0, tex1);
drawTrisUsingTex1();
```

6.3　纹理过滤器

如前所述，纹理将被映射到屏幕空间中。通常，纹理三角形与屏幕三角形的大小并不一致。当纹理三角形比屏幕三角形小时，为适应后者，纹理三角形必须被放大(magnified)。当纹理三角形比屏幕三角形大时，为适应后者，纹理三角形必须被缩小(minified)。在上述两种情形下，都有畸变发生。为了从某种程度上克服这类畸变，Direct3D 采用了一项称为纹理过滤(filtering)的技术。

Direct3D 提供了 3 种类型的纹理过滤器(fileter)，每种过滤器都提供了一种质量水平(level of quality)。质量越高，运算开销越大，处理速度越慢。所以您必须在质量和处理速度之间进行权衡。纹理过滤方式可用方法 IDirect3DDevice9->SetSamplerState 来设置。

● 最近点采样(nearest point sampling)　这是 Direct3D 默认使用的过滤方式。该方式的处理速度最快，但效果最差。下面的代码分别表示将最近点采样方式设置为放大过滤器和缩小过滤器。

```
Device->SetSamplerState(0, D3DSAMP_MAGFILTER, D3DTEXF_POINT);
Device->SetSamplerState(0, D3DSAMP_MINFILTER, D3DTEXF_POINT);
```

- 线性纹理过滤(linear filtering) 该类型的过滤方式可以产生相当好的结果，而且以目前的硬件配置水平，也可获得较快的处理速度。建议您至少使用线性纹理过滤方式。下面的代码演示了如何将线性纹理过滤设置为放大过滤器和缩小过滤器。

```
Device->SetSamplerState(0, D3DSAMP_MAGFILTER, D3DTEXF_LINEAR);
Device->SetSamplerState(0, D3DSAMP_MINFILTER, D3DTEXF_LINEAR);
```

- 各向异性纹理过滤(anisotropic filtering) 该类型的过滤方式可以产生最好的结果，但是处理速度也是最慢的。下面的代码演示了如何将各向异性纹理过滤设置为放大过滤器和缩小过滤器。

```
Device->SetSamplerState(0, D3DSAMP_MAGFILTER, D3DTEXF_ANISOTROPIC);
Device->SetSamplerState(0, D3DSAMP_MINFILTER, D3DTEXF_ANISOTROPIC);
```

使用各向异性纹理过滤时，我们必须对 D3DSAMP_MAXANISOTROPIC 水平值进行设定，该值决定了各向异性过滤的质量水平。该值越大，图像效果越好。请调用 IDirect3DDevice9::GetDeviceCaps 函数检查返回的 D3DCAPS9 结构参数，以获得硬件支持的值的合法取值范围。下面的代码中将该值设为 4：

```
Device->SetSamplerState(0, D3DSAMP_MAXANISOTROPIC, 4);
```

6.4　多级渐进纹理

如 6.3 节所述，屏幕上的三角形通常与纹理三角形大小不一致。为了尽量消除由二者尺寸差异带来的影响，我们可为纹理创建一个多级渐进纹理链(chain of mipmap)。方法是：由某一纹理创建一系列分辨率逐渐减小的纹理图像，并且对每种分辨率下的纹理所采用的过滤方式进行定制，以便保留那些较重要的细节(见图 6.4)。

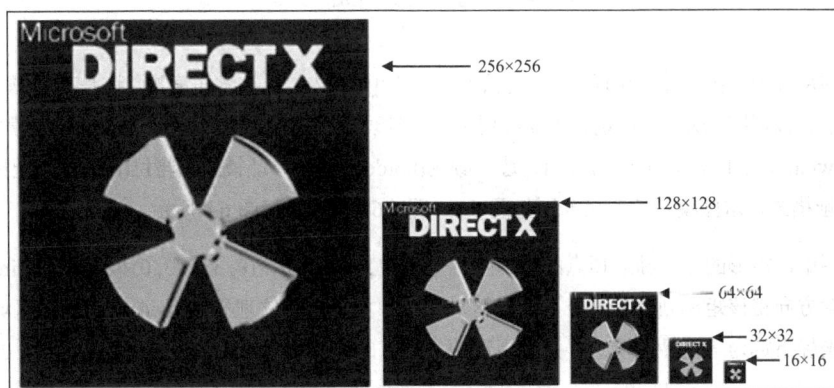

图 6.4　一个多级渐进纹理链。注意，每级纹理的宽度和高度都是上一级纹理的一半

6.4.1 多级渐进纹理过滤器

多级渐进纹理过滤器主要用于控制 Direct3D 使用多级渐进纹理的方式。您可这样对多级渐进纹理过滤器进行如下设置：

```
Device->SetSamplerState(0, D3DSAMP_MIPFILTER, Filter);
```

其中，Filter 可取以下值。

- D3DTEXF_NONE 禁用多级渐进纹理过滤器。
- D3DTEXF_POINT 通过使用该过滤器，Direct3D 将选择尺寸与屏幕三角形最接近的那一级纹理。一旦选择了某一级纹理，Direct3D 就会用指定的放大过滤器和缩小过滤器对该级纹理进行过滤。
- D3DTEXF_LINEAR 通过使用该过滤器，Direct3D 将取与屏幕三角形尺寸最接近的两个纹理级，用指定的放大过滤器和缩小过滤器对每级纹理进行过滤，然后再将这两级纹理进行线性组合，从而形成最终的颜色值。

6.4.2 使用多级渐进纹理

在 Direct3D 中使用多级渐进纹理十分容易。如果硬件支持多级渐进纹理，D3DXCreateTextureFromFile 函数将为您创建一个多级渐进纹理链。此外，Direct3D 还将自动从纹理链中选择与屏幕三角形最匹配的那一级纹理。所以，由于可被 Direct3D 自动设置，而且处理时的时间和空间代价都较低，多级渐进纹理得到了广泛的应用。

6.5 寻 址 模 式

在前面的部分中，我们说过纹理坐标必须限制在区间[0, 1]内。从技术角度讲，这是有问题的。因为有时坐标可能超出该范围。Direct3D 定义了 4 种用来处理纹理坐标值超出[0, 1]区间的纹理映射模式，它们分别是：重复(wrap)寻址模式(address mode)、边界颜色(border color)寻址模式、箝位(clamp)寻址模式以及镜像(mirror)寻址模式，这些模式的效果分别如图 6.5、图 6.6、图 6.7 和图 6.8 所示。

在这些图中，矩形的 4 个独立顶点的纹理坐标分别定义为(0, 0)，(0, 3)，(3, 0)和(3, 3)。Direct3D 会沿着 u 轴和 v 轴方向将该矩形划分为一个 3×3 的区域矩阵。如果想将纹理平铺(tiled)成 5×5 的区域矩阵，您只需将纹理坐标指定为重复寻址模式，并将矩形的各顶点的纹理坐标指定为(0, 0)，(0, 5)，(5, 0)和(5, 5)。

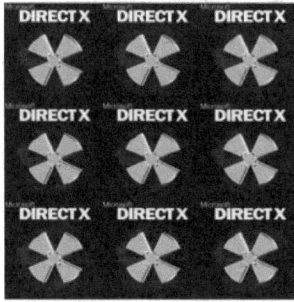

图 6.5　重复寻址模式

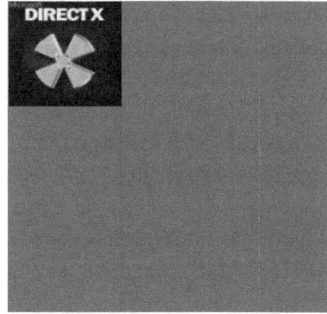

图 6.6　边界颜色寻址模式

图 6.7　箝位寻址模式

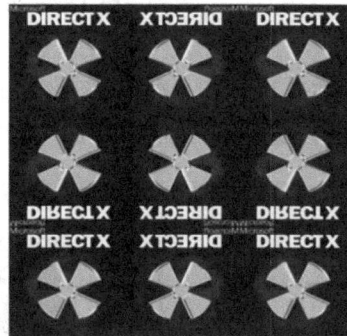

图 6.8　镜像寻址模式

下列取自例程 AddressModes 的代码段示范了如何设置寻址模式：

```
// set wrap address mode
if( ::GetAsyncKeyState('W') & 0x8000f )
{
    Device->SetSamplerState(0, D3DSAMP_ADDRESSU, D3DTADDRESS_WRAP);
    Device->SetSamplerState(0, D3DSAMP_ADDRESSV, D3DTADDRESS_WRAP);
}

// set border color address mode
if( ::GetAsyncKeyState('B') & 0x8000f )
{
    Device->SetSamplerState(0, D3DSAMP_ADDRESSU, D3DTADDRESS_BORDER);
    Device->SetSamplerState(0, D3DSAMP_ADDRESSV, D3DTADDRESS_BORDER);
    Device->SetSamplerState(0,  D3DSAMP_BORDERCOLOR, 0x000000ff);
}

// set clamp address mode
if( ::GetAsyncKeyState('C') & 0x8000f )
{
```

```
    Device->SetSamplerState(0, D3DSAMP_ADDRESSU, D3DTADDRESS_CLAMP);
    Device->SetSamplerState(0, D3DSAMP_ADDRESSV, D3DTADDRESS_CLAMP);
}

// set mirror address mode
if( ::GetAsyncKeyState('M') & 0x8000f )
{
    Device->SetSamplerState(0, D3DSAMP_ADDRESSU, D3DTADDRESS_MIRROR);
    Device->SetSamplerState(0, D3DSAMP_ADDRESSV, D3DTADDRESS_MIRROR);
}
```

6.6 例程：纹理四边形

本例程演示了如何对一个四边形进行纹理映射以及如何设置纹理过滤器(见图 6.9)。如果硬件支持多级渐进纹理映射方式，程序中便可使用 **D3DXCreateTextureFromFile** 函数自动创建了一个多级渐进纹理链。

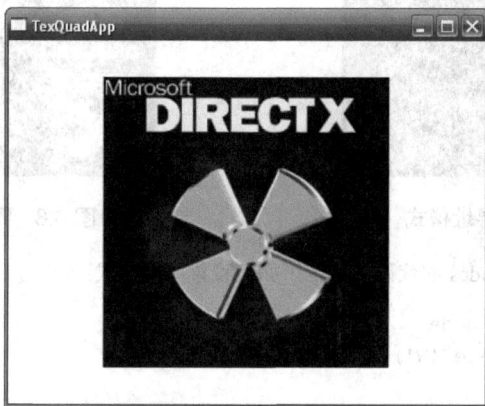

图 6.9　取自 TexQuad 例程的截图

> **注意**　在本章对应的网页中还有两个附加例程。其中一个例程对一个立方体映射了板条纹理，如图 6.1 所示。第二个附加例程演示了纹理寻址模式。

现在来总结一下为场景添加纹理映射的步骤。

(1) 构造组成物体的顶点，并为其指定纹理坐标。

(2) 用函数 **D3DXCreateTextureFromFile** 为 IDirect3DTexture9 接口加载一种纹理。

(3) 设置缩小过滤器、放大过滤器和多级渐进纹理过滤器。

(4) 绘制物体前，用函数 IDirect3DDevice9::SetTexture 来设定与该物体关联的纹理。

首先我们来初始化几个全局变量，一个是用于存储四边形顶点的顶点缓存，另一个是将要映射到该四边形的纹理。

```
IDirect3DVertexBuffer9 * Quad = 0;
IDirect3DTexture9 *      Tex = 0;
```

Setup 函数的内容相当简单。我们用定义了顶点纹理坐标的两个三角形构造了一个四边形。然后，为 IDirect3DTexture9 接口加载位图文件 dx5_logo.bmp。接下来再调用 SetTexture 方法启用纹理。最后，我们将缩小过滤器和放大过滤器设为线性过滤模式，并将渐进纹理过滤器设为 D3DTEXF_POINT。

```
bool Setup() {
 // Create the Quad.
 Device->CreateVertexBuffer(
     6 * sizeof(Vertex),
     D3DUSAGE_WRITEONLY,
     Vertex::FVF,
     D3DPOOL_MANAGED,
     &Quad,
     0);

Vertex* v;
Quad->Lock(0, 0, (void**)&v, 0);

// quad built from two triangles:
v[0] = Vertex(-1.0f, -1.0f, 1.25f, 0.0f, 0.0f, -1.0f, 0.0f, 3.0f);
v[1] = Vertex(-1.0f,  1.0f, 1.25f, 0.0f, 0.0f, -1.0f, 0.0f, 0.0f);
v[2] = Vertex( 1.0f,  1.0f, 1.25f, 0.0f, 0.0f, -1.0f, 3.0f, 0.0f);

v[3] = Vertex(-1.0f, -1.0f, 1.25f, 0.0f, 0.0f, -1.0f, 0.0f, 3.0f);
v[4] = Vertex( 1.0f,  1.0f, 1.25f, 0.0f, 0.0f, -1.0f, 3.0f, 0.0f);
v[5] = Vertex( 1.0f, -1.0f, 1.25f, 0.0f, 0.0f, -1.0f, 3.0f, 3.0f);

Quad->Unlock();

// Create the texture and set texture filters.
D3DXCreateTextureFromFile(
    Device,
    "dx5_logo.bmp",
    &Tex);

Device->SetTexture(0, Tex);

Device->SetSamplerState(0, D3DSAMP_MAGFILTER, D3DTEXF_LINEAR);
Device->SetSamplerState(0, D3DSAMP_MINFILTER, D3DTEXF_LINEAR);
Device->SetSamplerState(0, D3DSAMP_MIPFILTER, D3DTEXF_POINT);

// Don't use lighting for this sample.
```

```
Device->SetRenderState(D3DRS_LIGHTING, false);

// Set the projection matrix.
D3DXMATRIX proj;
D3DXMatrixPerspectiveFovLH(
        &proj,
        D3DX_PI * 0.5f, // 90 - degree
        (float)Width / (float)Height,
        1.0f,
        1000.0f);
Device->SetTransform(D3DTS_PROJECTION, &proj);

return true;
}
```

现在我们可以像往常一样绘制该四边形，并将当前纹理映射到该四边形表面上。

```
bool Display(float timeDelta) {
 if( Device ) {
     Device->Clear(0, 0, D3DCLEAR_TARGET | D3DCLEAR_ZBUFFER,
                 0xffffffff, 1.0f, 0);
     Device->BeginScene();

     Device->SetStreamSource(0, Quad, 0, sizeof(Vertex));
     Device->SetFVF(Vertex::FVF);
     Device->DrawPrimitive(D3DPT_TRIANGLELIST, 0, 2);

     Device->EndScene();
     Device->Present(0, 0, 0, 0);
 }
 return true;
}
```

6.7 小　结

- 纹理坐标用于定义将被映射到 3D 三角形的纹理子区域。
- 我们可借助 D3DXCreateTextureFromFile 函数由存储在磁盘上的图像文件创建纹理。
- 我们可用缩小过滤器、放大过滤器和多级渐进纹理过滤器的采样状态对纹理实施过滤。
- 纹理寻址模式用于定义当纹理坐标值超出[0, 1]区间时，Direct3D 应怎样对纹理进行映射。例如，纹理应采用重复寻址模式、镜像寻址模式还是箝位寻址模式。

7

融合技术

本章将探讨融合(blending)技术,该技术能使我们将当前要进行光栅化的像素的颜色与先前已光栅化并处于同一位置的像素的颜色进行合成。即将正在处理的图元颜色值与存储在后台缓存中的像素颜色值进行合成(混合)。利用该技术,我们可以获得各种各样的效果,尤其是透明(transparency)效果。

学习目标

● 理解融合原理以及如何运用融合技术

● 了解 Direct3D 支持的各种融合模式

● 理解如何用 Alpha 分量控制图元的透明度

7.1　融　合　方　程

在图 7.1 中,我们以一个木制板条箱为背景,绘制了一个红色的茶壶。

图 7.1　一个不透明的茶壶

假定我们想赋予该茶壶一定的透明度，以使我们能够透过茶壶看到位于其后的板条箱(见图 7.2)。

图 7.2　一个透明的茶壶

我们怎样来实现这个想法呢？当我们对处在板条箱前方的茶壶的三角形单元进行光栅化运算时，我们需要将计算得到的茶壶的像素颜色与板条箱的像素颜色进行合成，以使板条箱透过茶壶得以显示。这种将当前计算得到的像素(源像素)颜色值与先前计算所得的像素(目标像素)颜色值进行合成的做法称为融合。注意，融合的效果并不局限于普通玻璃类型的透明效果。关于颜色合成方式的指定，我们有多种选择(将在 7.2 节中介绍)。

需要明确的一个要点是，当前要进行光栅化的三角形单元是与已写入后台缓存的像素进行合成。在例图中，首先绘制的是板条箱，所以板条箱对应的像素已写入后台缓存。然后我们再绘制茶壶，这样茶壶对应的像素与板条箱对应的像素就融合在一起了。所以，在融合运算时，必须遵循以下原则：

方法　首先绘制那些不需要进行融合的物体。然后将需要进行融合的物体按照相对于摄像机的深度值进行排序；如果物体已处于观察坐标系中，该运算的效率会相当高，因为此时只需对 Z 分量进行排序。最后，按照自后往前的顺序逐个绘制将要进行融合运算的物体。

对两个像素颜色值进行融合处理的公式如下：

$$OutputPixel = SourcePixel \otimes SourceBlendFactor + DestPixel \otimes DestBlendFactor$$

这个公式中的每个变量都是一个 4D 颜色向量(r, g, b, a)，符号 $\otimes$ 表示分量逐个相乘。

- OutputPixel　融合后的颜色值。
- SourcePixel　当前计算得到的、用于与后台缓存中对应像素进行融合的像素颜色值。
- SourceBlendFactor　源融合因子。指定了源像素的颜色值在融合中所占比例，该值在区间[0, 1]内。

- DestPixel 当前处于后台缓存中的像素颜色值。
- DestBlendFactor 目标融合因子。指定了目标像素的颜色值在融合中所占的比例,该值在区间[0, 1]内。

源融合因子和目标融合因子使我们可以各种方式修改源像素和目标像素的颜色值,从而可以获得各种不同的效果。7.2 节中介绍了一些可以使用的预设值。

Direct3D 中,默认状态下是禁止融合运算的。您可将绘制状态 D3DRS_ALPHABLENDENABLE 设为 true,便启用了融合运算。

```
Device->SetRenderState(D3DRS_ALPHABLENDENABLE, true);
```

提示 融合的计算开销并不低,所以应该仅在必需的场合中使用。当您绘制完需要进行融合的几何体之后,应禁止 Alpha 融合。在对三角形单元组进行融合时,最好进行批处理,之后应立即绘制出来。这样就可避免在每帧图像中都启用和禁止融合运算。

7.2 融 合 因 子

通过设定源融合因子和目标融合因子,我们可创建一系列不同的融合效果。您可尝试不同的组合并观察其结果。您可通过设置绘制状态 D3DRS_SRCBLEND 和 D3DRS_DESTBLEND 的值来对源融合因子和目标融合因子分别进行设定。例如,我们可以这样做:

```
Device->SetRenderState(D3DRS_SRCBLEND, Source);
Device->SetRenderState(D3DRS_DESTBLEND, Destination);
```

其中,Source 和 Destination 可取下列融合因子。

- D3DBLEND_ZERO blendFactor = (0, 0, 0, 0)。
- D3DBLEND_ONE blendFactor = (1, 1, 1, 1)。
- D3DBLEND_SRCCOLOR blendFactor = (r_s, g_s, b_s, a_s)。
- D3DBLEND_INVSRCCOLOR blendFactor = $(1 - r_s, 1 - g_s, 1 - b_s, 1 - a_s)$。
- D3DBLEND_SRCALPHA blendFactor = (a_s, a_s, a_s, a_s)。
- D3DBLEND_INVSRCALPHA blendFactor = $(1 - a_s, 1 - a_s, 1 - a_s, 1 - a_s)$。
- D3DBLEND_DESTALPHA blendFactor = (a_d, a_d, a_d, a_d)。
- D3DBLEND_INDESTALPHA blendFactor = $(1 - a_d, 1 - a_d, 1 - a_d, 1 - a_d)$。
- D3DBLEND_DESTCOLOR blendFactor = (r_d, g_d, b_d, a_d)。
- D3DBLEND_INVDESTCOLOR blendFactor = $(1 - r_d, 1 - g_d, 1 - b_d, 1 - a_d)$。
- D3DBLEND_SRCALPHASAT blendFactor = $(f, f, f, 1)$,其中 $f = \min(a_s, 1 - a_d)$。
- D3DBLEND_BOTHINVSRCALPHA 该融合模式将源融合因子和目标融合因子分别设为(1

$- a_s, 1 - a_s, 1 - a_s, 1 - a_s)$ 和 (a_s, a_s, a_s, a_s)。该模式仅对 D3DRS_SRCBLEND 有效。

源融合因子和目标融合因子的默认值分别是 D3DBLEND_SRCALPHD3DBLEND_INVSRCALPHA。

7.3　透　明　度

在前一章中，我们忽略了顶点颜色中的 Alpha 分量和材质，因为当时尚不需要考虑这些因素。而在融合中，这两个因素恰恰是需要重点考虑的。每个顶点颜色中的 Alpha 分量与颜色值类似，都是沿着三角形单元表面渐变的，但它并非用于确定某像素的颜色值，而是用于确定像素的 Alpha 分量。

Alpha 分量主要用于指定像素的透明度(transparency)。假定我们为每个像素的 Alpha 分量保留了 8 位，则该 Alpha 分量的合法区间是[0, 255]，其中，[0, 255]对应于透明度[0%, 100%]。当像素的 Alpha 值为 0 时，该像素就是完全透明的，如果像素的 Alpha 值为 128，其透明度就是 50%，而 Alpha 值为 255 的像素就是完全不透明的。

为了能够用 Alpha 分量来描述像素的透明度，我们必须将源融合因子和目标融合因子分别设置为 D3DBLEND_SRCALPHA 和 D3DBLEND_INVSRCALPHA。这些值恰好也是融合因子的默认值。

7.3.1　Alpha 通道

我们并不直接使用计算得到的 Alpha 分量，而往往是从纹理的 Alpha 通道(channel)中获取 Alpha 信息。Alpha 通道是保留给存储了 Alpha 分量的纹理元的一个额外的位集合(bits set)。当纹理映射到某个图元中时，Alpha 通道中的 Alpha 分量也进行了映射，并成为该图元中像素的 Alpha 分量。图 7.3 展示了一个 8 位的 Alpha 通道的图像表示。

图 7.3　表示纹理 Alpha 通道的 8 位灰度图

图 7.4 展示了使用 Alpha 通道(指定了图像的哪部分做透明处理)且被映射了纹理的四边形的绘制结果。

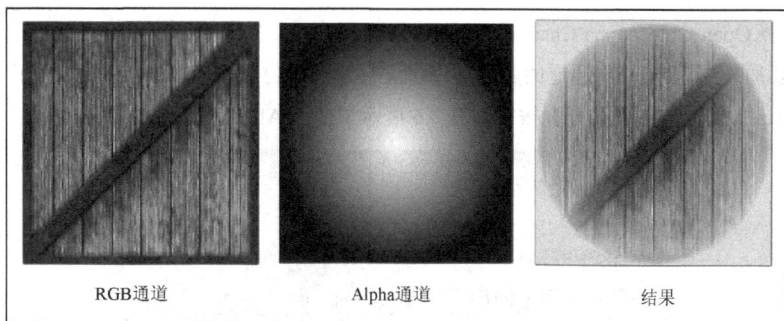

RGB通道　　　　　Alpha通道　　　　　结果

图 7.4　一个映射了纹理的四边形，其中 Alpha 通道指定了该四边形的透明度

7.3.2　指定 Alpha 来源

默认状态下，如果当前设置的纹理拥有一个 Alpha 通道，Alpha 值就取自该 Alpha 通道。如果没有 Alpha 通道，Alpha 值就取自顶点的颜色。但您也可以用下列绘制状态来指定 Alpha 值的来源(漫反射颜色值或 Alpha 通道)：

```
//compute Alpha from diffuse colors during shading
Device->SetTextureStageState(0, D3DTSS_ALPHAARG1, D3DTA_DIFFUSE);
Device->SetTextureStageState(0, D3DTSS_ALPHAOP, D3DTOP_SELECTARG1);

//take Alpha from Alpha channel
Device->SetTextureStageState(0, D3DTSS_ALPHAARG1, D3DTA_TEXTURE);
Device->SetTextureStageState(0, D3DTSS_ALPHAOP, D3DTOP_SELECTARG1);
```

7.4　用 DirectX Texture Tool 创建 Alpha 通道

最常见的图像文件格式中都不含有 Alpha 信息。本节中，我们将演示如何使用 DirectX 纹理工具创建一个具有 Alpha 通道的 DDS 文件。DDS 文件是一种专为 DirectX 应用程序和纹理设计的图像格式。可使用 D3DXCreateTextureFromFile 函数将 DDS 文件加载到纹理中，就像 BMP 文件和 JPG 文件一样。DirectX Texture Tool 位于 DXSDK 根目录下的 Utilities\Bin\x86 文件夹中。

打开 DirectX Texture Tool，并在该程序中打开本章例程文件夹中的图像文件 crate.jpg。该板条箱就被自动加载为 24 位的 RGB 纹理，其中红色、绿色和蓝色分量各占 8 位。我们想为 Alpha 通道保留 8 位，从而将该纹理扩展成 32 位的 ARGB 格式的纹理。从菜单中选择 Format，然后选择 Change Surface Format... 命令。接着会弹出一个如图 7.5 所示的对话框。选择 A8 R8 G8 B8 格式，并单击 OK 按钮。

这样就创建了一幅像素颜色深度为 32 位的图像，其中 Alpha 通道、红色、绿色和蓝色各占 8 位。接下来的任务是将数据加载到 Alpha 通道中。我们将图 7.3 所示的灰度图加载到该 Alpha 通道中。选择菜单

File，然后再选择 Open Onto Alpha Channel Of This Texture 命令，接着会弹出一个对话框，要求您找到那个包含了您想要加载到该 Alpha 通道的数据的图像文件。选择位于本章 texAlpha 例程所在文件夹中的 Alphachannel.bmp 文件，单击【打开】按钮。图 7.6 展示了插入 Alpha 通道数据后的效果。

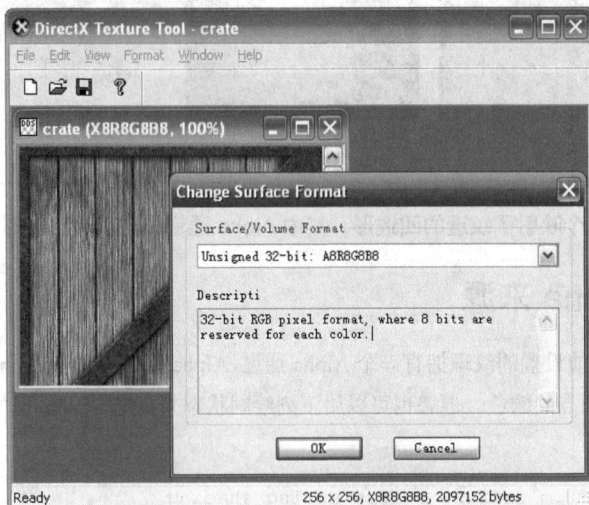

图 7.5 改变纹理的格式

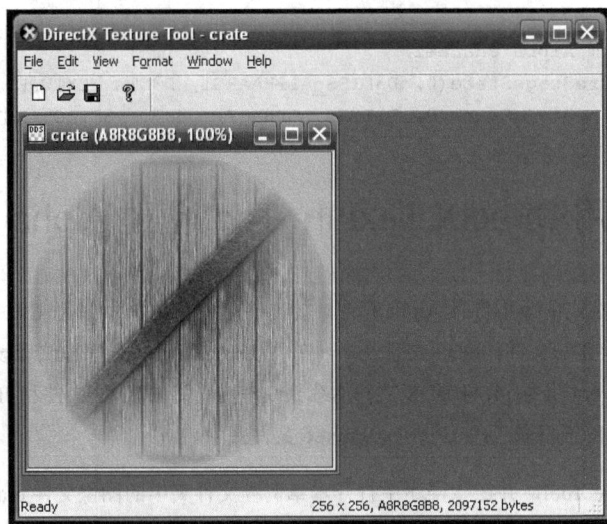

图 7.6 在 Alpha 通道作用下的纹理图

现在就可以保存此纹理图了，我们将其命名为 cratewAlpha.dds。

7.5　例程：透明效果

本例程以板条箱为背景，绘制了一个透明的茶壶，如图 7.2 所示。其中，Alpha 值取自本例中的材质。本例程允许您通过按 A 键和 S 键增大或减少 Alpha 分量的值。按下 A 键将增大 Alpha 分量的值，按下 S 键将减小 Alpha 分量的值。

现在我们将融合处理的步骤总结如下。

(1)　设置融合因子 D3DRS_SRCBLEND 和 D3DRS_DESTBLEND。

(2)　如果使用 Alpha 分量，还需指定其来源(材质或 Alpha 通道)。

(3)　启用 Alpha 融合绘制状态。

在本例程中，我们对下列全局变量进行了实例化：

```
ID3DXMesh*   Teapot = 0;   // the teapot
D3DMATERIAL9 TeapotMtrl;   //the teapot's material

IDirect3DVertexBuffer9* BkGndQuad = 0;  // background quad -crate
IDirect3DTexture9*      BkGndTex = 0;   // crate texture
D3DMATERIAL9            BkGndMtrl;      // background material
```

Setup 方法中进行了大量的设置。这里，我们略去了大部分与本章不相关的代码。关于融合，Setup 函数指定了 Alpha 值的来源——材质的漫射光分量。注意，我们将材质的漫反射 Alpha 分量设为 0.5，表明茶壶将按照 50%的透明度进行绘制。我们也对融合因子进行了设定。注意，在该方法中，我们并未启用 Alpha 融合。这是因为 Alpha 融合需要一些额外的运算，故应当仅在需要的场合中使用。例如，在本例中，仅有茶壶需要进行融合处理，四边形不做融合处理。所以，我们在 Display 函数中启用了 Alpha 融合计算。

```
bool Setup() {
 // Init Materials
 TeapotMtrl = d3d::RED_MTRL;
 TeapotMtrl.Diffuse.a = 0.5f; // set Alpha to 50% opacity

 BkGndMtrl = d3d::WHITE_MTRL;

 ... //Create background quad snipped
 ... //Light and texture setup snipped

 // use Alpha in material's diffuse component for Alpha
 Device->SetTextureStageState(0, D3DTSS_ALPHAARG1, D3DTA_DIFFUSE);
 Device->SetTextureStageState(0, D3DTSS_ALPHAOP, D3DTOP_SELECTARG1);
```

```
// set blending factors so that Alpha component determines transparency
Device->SetRenderState(D3DRS_SRCBLEND, D3DBLEND_SRCALPHA);
Device->SetRenderState(D3DRS_DESTBLEND, D3DBLEND_INVSRCALPHA);

... // view/projection matrix setup snipped

return true;
}
```

在 Display 函数中，我们检查 A 键或 S 键是否被按下，以确定应增大还是减小该材质的 Alpha 值。注意，该方法保证了 Alpha 值不会超出区间[0, 1]。然后，我们再对作为背景的四边形进行绘制。最后，启用 Alpha 融合计算，用激活的 Alpha 融合来绘制茶壶，再将 Alpha 融合计算禁止。

```
bool Display(float timeDelta)
{
if( Device )
{
    // Update

    // increase/decrease Alpha via keyboard input
    if( ::GetAsyncKeyState('A') & 0x8000f )
        TeapotMtrl.Diffuse.a += 0.01f;
    if( ::GetAsyncKeyState('S') & 0x8000f )
        TeapotMtrl.Diffuse.a -= 0.01f;

    // force Alpha to [0, 1] interval
    if(TeapotMtrl.Diffuse.a > 1.0f)
        TeapotMtrl.Diffuse.a = 1.0f;
    if(TeapotMtrl.Diffuse.a < 0.0f)
        TeapotMtrl.Diffuse.a = 0.0f;

    // Render
    Device->Clear(0, 0, D3DCLEAR_TARGET | D3DCLEAR_ZBUFFER,
                0xffffffff, 1.0f, 0);
    Device->BeginScene();

    // Draw the background
    D3DXMATRIX W;
    D3DXMatrixIdentity(&W);
    Device->SetTransform(D3DTS_WORLD, &W);
    Device->SetFVF(Vertex::FVF);
    Device->SetStreamSource(0, BkGndQuad, 0, sizeof(Vertex));
    Device->SetMaterial(&BkGndMtrl);
    Device->SetTexture(0, BkGndTex);
    Device->DrawPrimitive(D3DPT_TRIANGLELIST, 0, 2);
```

```
    // Draw the teapot
    Device->SetRenderState(D3DRS_ALPHABLENDENABLE, true);

    D3DXMatrixScaling(&W, 1.5f, 1.5f, 1.5f);
    Device->SetTransform(D3DTS_WORLD, &W);
    Device->SetMaterial(&TeapotMtrl);
    Device->SetTexture(0, 0);
    Teapot->DrawSubset(0);

    Device->SetRenderState(D3DRS_ALPHABLENDENABLE, false);

    Device->EndScene();
    Device->Present(0, 0, 0, 0);
}
return true;
}
```

💡 **注意**　在本章对应的网页中，还有另外一个名为 texAlpha 的例程，它演示了如何使用纹理的 Alpha 通道进行 Alpha 融合计算。与例程 mtrlAlpha 相比，不同之处仅在于我们将 Alpha 分量的来源指定为纹理而非材质。

```
//use Alpha channel in texture for Alpha
Device->SetTextureStageState(0, D3DTSS_ALPHAARG1, D3DTA_TEXTURE);
Device->SetTextureStageState(0, D3DTSS_ALPHAOP, D3DTOP_SELECTARG1);
```

该应用程序加载了一个包含 Alpha 通道的由 DirectX Texture Tool 工具程序创建的 DDS 文件，这些内容在 7.4 节中已作了介绍。

7.6　小　　结

- Alpha 融合使我们可以将当前要光栅化的图元中的像素与先前已写入后台缓存中同一位置的像素进行融合计算。
- 可通过融合因子控制源像素和目标像素的融合方式。
- Alpha 信息来源可以是所设定的材质的漫反射分量或所设定的纹理的 Alpha 通道。

8

模板

本章我们将介绍模板缓存(stencil buffer)，本章也是第 II 部分的结尾。模板缓存是一个用于获得某种特效(special effect)的离屏(off-screen)缓存。模板缓存的分辨率(resolution)与后台缓存(back buffer)和深度缓存(depth buffer)的分辨率完全相同，所以模板缓存中的像素与后台缓存和深度缓存中的像素是一一对应的。正如其名称所寓意的那样，模板缓存的功能与模板类似，它允许我们动态地、有针对性地决定是否将某个像素写入后台缓存中。

例如，实现镜面效果时，我们只需在镜子所在平面中绘制某个特定物体的映像。但是，我们想只在镜面所对应的子区域中显示物体的映像，这时，我们就可用模板缓存来阻止物体映像在非镜面区域中的绘制。图 8.1 清晰地展示了这一效果。

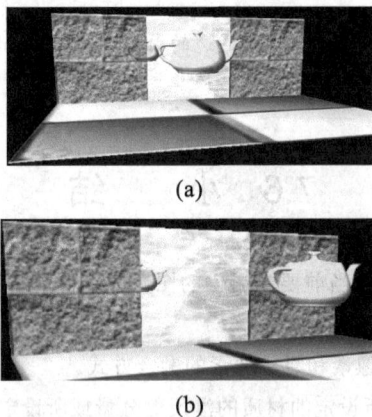

(a)

(b)

图 8.1 图(a)绘制茶壶的映像时未使用模板缓存。可见，茶壶的映像无论是处于镜面中还是墙壁中，都会被绘制。使用模板缓存后，就阻止了物体映像在非镜面区域中的绘制，见图(b)

模板缓存是 Direct3D 中的一个工具，我们可以借助一个简单的接口对其进行控制。与融合(blending)类似，该接口提供了一组灵活而强大的功能。要想了解如何高效地使用模板缓存，最好的方法就是认真研究一下现有的程序范例。在理解了若干使用模板缓存的程序之后，对于如何根据自身需要加以运用，您将获得更清晰的认识。为此，本章将重点研究两个使用了模板缓存(尤其是实现镜面和平面阴影)的例程。

学习目标

- 理解模板缓存的工作原理，如何创建模板缓存以及如何对模板缓存进行控制
- 了解如何实现镜面效果，以及如何使用模板缓存阻止物体映像在非镜面区域中的绘制
- 掌握如何绘制阴影，以及如何借助模板缓存阻止"二次融合(double-blending)"

8.1　模板缓存的使用

为了使用模板缓存，在 Direct3D 初始化时，我们首先必须查询当前设备是否支持模板缓存；如果设备支持模板缓存，我们还必须将其启用。设备查询将在 8.1.1 节中进行讨论。为了启用模板缓存，我们必须将绘制状态 D3DRS_STENCILENABLE 设为 true；若要禁用模板缓存，则该状态应设为 false。下面的代码段演示了如何启用和禁用模板缓存。

```
Device->SetRenderState(D3DRS_STENCILENABLE, true);
... //do stencil work
Device->SetRenderState(D3DRS_STENCILENABLE, false);
```

💡 **注意**　DirectX 9.0 中增加了双面模板(two-sided stencil)的特性，该功能可通过削减绘制阴影体(shadow volume)所需的绘制路径(rendering pass)，从而提升阴影体的绘制速度。本书未使用该特性，详情请参阅 SDK 文档。

我们可使用 IDirect3DDevice9::Clear 方法将模板缓存清空为一个默认值。前面提到，该方法也可对后台缓存和深度缓存进行清空操作。

```
Device->Clear(     0, 0, D3DCLEAR_TARGET|D3DCLEAR_ZBUFFER|D3DCLEAR_STENCIL,
           0xff000000, 1.0f, 0 );
```

注意，我们在第 3 个参数中增加了标记 D3DCLEAR_STENCIL，表明我们要对模板缓存、目标缓存(后台缓存)和深度缓存进行清空操作。第 6 个参数用于指定要将模板缓存清为何值。在本例中，我们将该值设为 0。

💡 **注意**　依据 nVIDIA 的报告 *Creating Reflection and Shadows Using Stencil Buffers*(该报告由 Mark J. Kilgard 起草)，在现代硬件中使用模板缓存可被认为是"没有计算开销的"运算，当然前提是您已经在使用深度缓存了。

8.1.1　模板缓存格式的查询

模板缓存可与深度缓存一同创建。为深度缓存指定格式时，我们可以同时指定模板缓存的格式。实际

上，模板缓存和深度缓存共享同一个离屏的表面缓存，而每个像素的内存段被划分为若干部分，分别与某种特定缓存相对应。例如，考虑如下 3 种深度/模板缓存格式：

- D3DFMT_D24S8　该格式的含义是，已创建了一个 32 位的深度/模板缓存，其中每个像素的 24 位指定给深度缓存，8 位指定给模板缓存。
- D3DFMT_D24X4S4　该格式的含义是，已创建了一个 32 位的深度/模板缓存，其中每个像素的 24 位指定给深度缓存，4 位指定给模板缓存，其余 4 位不使用。
- D3DFMT_D15S1　该格式的含义是，已创建了一个 16 位的深度/模板缓存，其中每个像素的 15 位指定给深度缓存，1 位指定给模板缓存。

注意，一些格式没有为模板缓存分配任何空间。例如，D3DFMT_D32 格式仅创建一个 32 位的深度缓存。

各种图形卡对模板缓存的支持情况都有差别。例如，某些卡可能不支持 8 位模板缓存。

8.1.2　模板测试

如前所述，我们可用模板缓存来阻止对后台缓存中某些特定区域进行绘制。判定是否将某个像素写入后台缓存的决策过程称为模板测试(stencil test)，其表达式如下：

```
(ref & mask) ComparisonOperation (value & mask)
```

假定模板已处于启用状态，则每个像素都需进行模板测试。模板测试需要如下两个操作数。

- 左操作数(LHS = ref & mask)，该值由应用程序定义的模板参考值(ref)和模板掩码(mask)通过按位与运算得到。
- 右操作数(RHS = value & mask)，该值由当前进行测试的像素的模板缓存中的数值(value)与模板掩码(mask)通过按位与运算得到。

模板测试的下一步内容是依据 comparison operation 所指定的比较规则对 LHS 和 RHS 进行比较。上述表达式的运算结果为布尔类型(true 或 false)。如果测试结果为 true，便将该像素写入后台缓存。如果测试结果为 false(失败)，我们将阻止该像素被写入后台缓存。当然，当一个像素不被写入后台缓存时，也不会被写入深度缓存。

8.1.3　模板测试的控制

为了增加灵活性，Direct3D 允许我们在模板测试中对上述变量进行控制。所以，我们可以对模板参考值、模板掩码，以及对比较函数进行设定。虽然我们无法显式设定模板值，但我们确实可以控制哪些值可被写入模板缓存(除模板缓存的清除操作外)。

1. 模板参考值

模板参考值(stencil reference value)ref 的默认值为 0，但我们可用 D3DRS_STENCILREF 绘制状态改变该值。例如，下列代码将模板参考值设为 1。

```
Device->SetRenderState(D3DRS_STENCILREF, 0x1);
```

注意，我们倾向于使用 16 进制数，因为这样可使整数的位排列一目了然，而且进行按位逻辑运算时也比较容易看出结果。

2. 模板掩码

模板掩码(mask)用于屏蔽(隐藏)ref 和 value 变量中的某些位。其默认值为 0xffffffff，表示不屏蔽任何位。我们可借助绘制状态 D3DRS_STENCILMASK 来修改该掩码值。下面的例子屏蔽了高 16 位：

```
Device->SetRenderState(D3DRS_STENCILMASK, 0x0000ffff);
```

💡 **注意**　如果对于"位"和"屏蔽"有些困惑，建议您复习一下有关二进制、十六进制以及位运算的相关知识。

3. 模板值

如前所述，该值是当前待测试像素在模板缓存中的对应值。例如，假设我们正在对第 i 行、第 j 列的像素进行测试，则 value 就是模板缓存中第 i 行、第 j 列的值。我们不能显式地单独设置模板值(stencil value)，但是可以对模板缓存进行清空操作。此外，我们还可以用模板的绘制状态控制将要写入模板缓存的内容。下面我们将介绍与模板相关的绘制状态。

4. 比较运算

我们可通过绘制状态 D3DRS_STENCILFUNC 来设置比较运算(comparison operation)函数。该比较运算函数可取自如下枚举类型 D3DCMPFUNC。

```
typedef enum D3DCMPFUNC {
    D3DCMP_NEVER = 1,
    D3DCMP_LESS = 2,
    D3DCMP_EQUAL = 3,
    D3DCMP_LESSEQUAL = 4,
    D3DCMP_GREATER = 5,
    D3DCMP_NOTEQUAL = 6,
    D3DCMP_GREATEREQUAL = 7,
    D3DCMP_ALWAYS = 8,
    D3DCMP_FORCE_DWORD = 0x7fffffff,
} D3DCMPFUNC, *LPD3DCMPFUNC;
```

- D3DCMP_NEVER　模板测试总是失败，即比较函数总是返回 false。
- D3DCMP_LESS　若 LHS < RHS，则模板测试成功。
- D3DCMP_EQUAL　若 LHS = RHS，则模板测试成功。
- D3DCMP_LESSEQUAL　若 LHS≤RHS，则模板测试成功。
- D3DCMP_GREATER　若 LHS > RHS，则模板测试成功。
- D3DCMP_NOTEQUAL　若 LHS≠RHS，则模板测试成功。

- D3DCMP_GREATEREQUAL 若 LHS≥RHS，则模板测试成功。
- D3DCMP_ALWAYS 模板测试总是成功的，即比较函数总是返回 true。

8.1.4 模板缓存的更新

除了决定一个具体像素是否应被写入后台缓存，我们还可以基于以下 3 种可能的情形定义模板缓存中的值如何进行更新。

- 第 i 行、第 j 列的像素模板测试失败。这种情况下，我们可借助绘制状态 D3DRS_STENCILFAIL 将模板缓存中处于同样位置的项的更新方式定义如下：

```
Device->SetRenderState(D3DRS_STENCILFAIL, StencilOperation);
```

- 第 i 行、第 j 列的像素深度测试失败。这种情况下，我们可借助绘制状态 D3DRS_STENCILZFAIL 将模板缓存中处于同样位置的项的更新方式定义如下：

```
Device->SetRenderState(D3DRS_STENCILZFAIL, StencilOperation);
```

- 第 i 行、第 j 列的像素深度测试和模板测试均成功。此种情况下，我们可借助绘制状态 D3DRS_STENCILPASS 将模板缓存中处于同样位置的项的更新方式定义如下：

```
Device->SetRenderState(D3DRS_STENCILPASS, StencilOperation);
```

其中，StencilOperation 可取以下预定义常量。

- D3DSTENCILOP_KEEP 不更新模板缓存中的值(即，保留当前值)。
- D3DSTENCILOP_ZERO 将模板缓存中的值设为 0。
- D3DSTENCILOP_REPLACE 用模板参考值替代模板缓存中的对应值。
- D3DSTENCILOP_INCRSAT 增加模板缓存中的对应数值，如果超过最大值，取最大值。
- D3DSTENCILOP_DECRSAT 减小模板缓存中的对应数值，如果小于最小值，取最小值。
- D3DSTENCILOP_INVERT 模板缓存中的对应值按位取反。
- D3DSTENCILOP_INCR 增加模板缓存中的对应数值，如果超过最大值，则取 0。
- D3DSTENCILOP_DECR 减小模板缓存中的对应数值，如果小于 0，则取最大值。

8.1.5 模板写掩码

除了前面提到的模板绘制状态，我们还可设置写掩码(write mask)，该值可屏蔽我们将写入模板缓存的任何值的某些位。可用绘制状态 D3DRS_STENCILWRITEMASK 来设定写掩码的值，其默认值为 0xffffffff。下例中对高 16 位实施了屏蔽：

```
Device->SetRenderState(D3DRS_STENCILWRITEMASK, 0x0000ffff);
```

8.2 例程：镜面效果

自然界中的许多表面都像镜子一样，从中我们可看到物体的映像。本节介绍了如何在 3D 应用程序中模拟镜面效果。为简单起见，我们将任务简化为在一个平面上实现镜面效果。例如，一辆擦得很亮的汽车虽然可以反射出其他物体的映像，但车身是一个光滑的曲面，而非平面。我们将在如光亮得大理石地板或挂在墙面上的镜子中绘制物体的映像，也就是说，镜面应位于某个平面中。

要想在程序中实现镜面效果，需要解决两个问题。首先，为了能够正确地绘制物体在镜面中的映像，我们必须了解对于任意平面物体如何成像。其次，必须将某一表面区域“标记”为镜面，接下来我们就可以只绘制处于指定镜面区域中那部分物体的映像了。请参考图 8.1，正是该图首先引入了这个概念。

第一个问题借助向量几何很容易解决。第二个问题我们则希望借助模板缓存来解决。接下来的两节中，将分别讲解这两个问题的解决方案。8.3 节则将二者综合起来，并对本章的第一个例程——镜面效果的相关代码进行回顾。

8.2.1 成像中的数学问题

我们先来说明如何计算一个点 $\mathbf{v} = (v_x, v_y, v_z)$ 相对于任意平面 $\hat{\mathbf{n}} \cdot \mathbf{p} + d = 0$ 所成的像 $\mathbf{v}' = (v'_x, v'_y, v'_z)$。在该问题的整个讨论过程中，请参阅图 8.2。

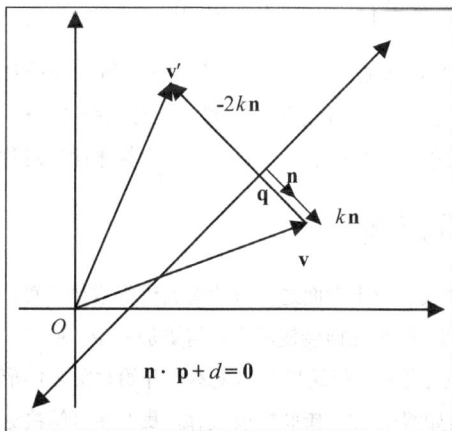

图 8.2 关于任意平面的成像模型。注意，k 是自 $\mathbf{v}$ 到该平面的最短有向距离。在本图中，k 为正。因为 $\mathbf{v}$ 位于平面的正半区

由第 I 部分的“平面”一节，可知 $\mathbf{q} = \mathbf{v} - k\hat{\mathbf{n}}$，其中 k 是自 $\mathbf{v}$ 到该平面的最短有向距离。则 $\mathbf{v}$ 关于平面 $(\hat{\mathbf{n}}, d)$ 的成像由下式给出：

$$\mathbf{v}' = \mathbf{v} - 2k\hat{\mathbf{n}}$$
$$= \mathbf{v} - 2(\hat{\mathbf{n}} \cdot \mathbf{v} + d)\hat{\mathbf{n}}$$
$$= \mathbf{v} - 2[(\hat{\mathbf{n}} \cdot \mathbf{v})\hat{n} + d\hat{\mathbf{n}}]$$

我们可用如下镜像变换矩阵来描述自 $\mathbf{v}$ 到 $\mathbf{v}'$ 的变换:

$$\mathbf{R} = \begin{bmatrix} -2n_x n_x + 1 & -2n_y n_x & -2n_z n_x & 0 \\ -2n_x n_y & -2n_y n_y + 1 & -2n_z n_y & 0 \\ -2n_x n_z & -2n_y n_z & -2n_z n_z + 1 & 0 \\ -2n_x d & -2n_y d & -2n_z d & 1 \end{bmatrix}$$

D3DX 库提供了下列函数用于创建相对于任意平面的镜像变换矩阵(reflection matrix):

```
D3DXMATRIX * D3DXMatrixReflect(
 D3DXMATRIX * pOut;          //The resulting reflection matrix.
 CONST D3DXPLANE * pPlane;   //The plane to reflect about
 );
```

鉴于我们正在讨论镜像变换,首先来介绍表示 3 种其他类型的镜像变换矩阵。这 3 个矩阵分别描述了相对于 3 个标准坐标平面(yz 平面、xz 平面及 xy 平面)所做的镜像变换,分别为:

$$\mathbf{R}_{yz} = \begin{bmatrix} -1 & 0 & 0 & 0 \\ 0 & 1 & 0 & 0 \\ 0 & 0 & 1 & 0 \\ 0 & 0 & 0 & 1 \end{bmatrix}, \quad \mathbf{R}_{xz} = \begin{bmatrix} 1 & 0 & 0 & 0 \\ 0 & -1 & 0 & 0 \\ 0 & 0 & 1 & 0 \\ 0 & 0 & 0 & 1 \end{bmatrix}, \quad \mathbf{R}_{xy} = \begin{bmatrix} 1 & 0 & 0 & 0 \\ 0 & 1 & 0 & 0 \\ 0 & 0 & -1 & 0 \\ 0 & 0 & 0 & 1 \end{bmatrix}$$

为了求得一个点相对于 yz 平面所成的像,我们只需将该点的 x 分量取反即可。类似地,要求得某点相对于 xz 平面所成的像,只需将该点的 y 分量取反。最后,要求得某点相对于 xy 平面所成的像,只需将该点的 z 分量取反。这些镜像变换的结果很容易由每个标准坐标平面的对称性得到。

8.2.2 镜面效果实现概述

实现镜面效果时,一个物体仅当位于镜面之前时才对其进行成像计算。然而,我们不想进行空间测试以判断某物体是否位于镜面之前,因为这样会使问题变得更加复杂。所以,为了简化这个问题,无论物体在何处,我们都计算其成像并进行绘制。但这样会出现本章开始时图 8.1 所示的问题,即物体(本例中为茶壶)的成像绘制到了非镜面区域(如墙壁上)。借助模板缓存,我们便可解决这个问题,因为模板缓存允许我们阻止某些特定区域绘制到后台缓存中。这样,如果茶壶的某部分成像不在镜面区域中,我们就可用模板缓存阻止该部分区域的绘制。下面总结了上述步骤。

(1) 像往常那样绘制整个场景(地板、墙壁、镜面和茶壶)但先不绘制茶壶的映像。注意,本步中尚不需修改模板缓存。

(2) 将模板缓存清为 0。图 8.3 展示了一个后台缓存和此时的模板缓存。

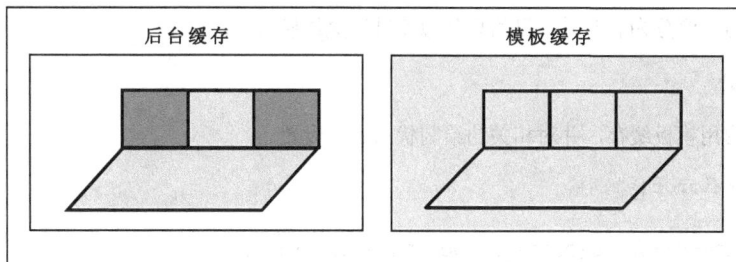

图 8.3　绘制到后台缓存中的场景与清零的模板缓存。模板缓存中的亮灰色表明像素已被清零

(3)　将构成镜面的图元仅绘制到模板缓存中。将模板测试设置为总是成功，并指定如果测试通过，模板缓存值被替换为 1。因为我们仅绘制镜面，故将模板缓存中与镜面对应区域中的像素设为 1，其余像素值都设为 0。图 8.4 展示了更新后的模板缓存。实质上，我们是对模板缓存中对应镜面的像素做了标记。

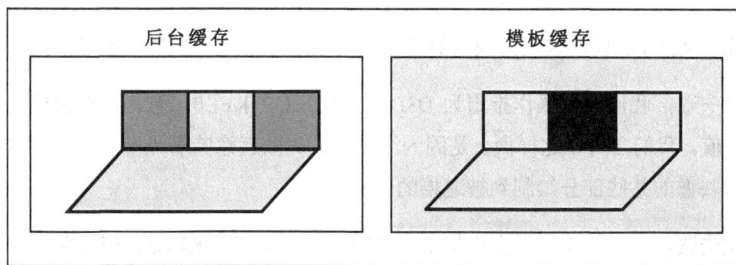

图 8.4　将镜面绘制到模板缓存中，其实是对模板缓存中对应镜面的像素做了标记。
模板缓存中的黑色表示像素值被设为 1

(4)　现在我们将茶壶的映像绘制到后台缓存和模板缓存中。但要注意，如果通过了模板测试，我们将茶壶的映像仅绘制到后台缓存中。这次我们设置为如果模板缓存值为 1，模板测试就一定成功。按照这种方式，茶壶仅被绘制到那个在对应的模板缓存中值为 1 的区域中。由于在模板缓存中，只有对应于镜面区域的部分的模板值为 1，所以茶壶的映像将只绘制到镜面所在的子区域中。

8.2.3　代码解析

与本例程相关的代码在 RenderMirror 函数中，该函数首先将构成镜面的图元绘制到模板缓存中，然后仅当茶壶的映像位于镜面中时，才将该映像绘制出来。我们几乎是逐行来分析 RenderMirror 函数，并讲解发生了什么以及更重要的——为什么。

如果您以 8.2.2 节中的步骤为线索来分析 RenderMirror 函数中的代码，那么请注意，我们将直将从第 (3)步开始，因为第(1)步和第(2)步没有对模板缓存进行任何实质性的处理。还有一点要注意，在这部分讲解中，我们讨论的都是镜面的绘制。

注意，我们将讲解分为五部分，目的只是想使讨论更加模块化。

1．第 I 部分

首先，我们启用模板缓存，并对相关的绘制状态进行设置。

```
void RenderMirror()
{
Device->SetRenderState(D3DRS_STENCILENABLE, true);
Device->SetRenderState(D3DRS_STENCILFUNC, D3DCMP_ALWAYS);
Device->SetRenderState(D3DRS_STENCILREF, 0x1);
Device->SetRenderState(D3DRS_STENCILMASK, 0xffffffff);
Device->SetRenderState(D3DRS_STENCILWRITEMASK,0xffffffff);
Device->SetRenderState(D3DRS_STENCILZFAIL, D3DSTENCILOP_KEEP);
Device->SetRenderState(D3DRS_STENCILFAIL, D3DSTENCILOP_KEEP);
Device->SetRenderState(D3DRS_STENCILPASS, D3DSTENCILOP_REPLACE);
```

上面的代码相当明了。我们将模板比较运算函数设为了 D3DCMP_ALWAYS，意为模板测试总会成功。

如果深度测试失败，我们模板操作指定为 D3DSTENCILOP_KEEP，意为不对模板缓存中的值进行更新，即保留其当前值。我们之所以这样做，是因为深度测试失败就意味着当前测试中的像素被遮挡。而我们也不希望将物体映像的某些部分绘制到被遮挡的像素上。

如果模板测试失败，我们仍将模板操作指定为 D3DSTENCILOP_KEEP。但这并不是必需的，因为我们已经将模板比较运算函数设为 D3DCMP_ALWAYS，所以测试永远都不会失败。但是，在后面我们将对比较运算函数做一点改动，所以最终还是要对模板测试失败时的绘制状态进行设置；我们现在先做好这些工作。

如果深度测试和模板测试均通过了，我们将模板缓存的操作方式设定为 D3DSTENCILOP_REPLACE，意为用模板参考值(0x1)替代模板缓存中的对应值。

2．第 II 部分

接下来的代码段绘制镜面，但是只绘制到模板缓存中。我们可将绘制状态 D3DRS_ZWRITEENABLE 设为 false 阻止对深度缓存中进行写操作。我们可借助融合操作并将源融合因子和目标融合因子分别设为 D3DBLEND_ZERO 和 D3DBLEND_ONE 来阻止对后台缓存的更新。将这些融合因子代入融合方程，可以推知后台缓存没有发生任何变化。

$$FinalPixel = sourePixel \otimes (0,0,0,0) + DestPixel \otimes (1,1,1,1)$$
$$= (0,0,0,0) + DestPixel$$
$$= DestPixel$$

```
    // disable writes to the depth and back buffers
Device->SetRenderState(D3DRS_ZWRITEENABLE, false);
    Device->SetRenderState(D3DRS_ALPHABLENDENABLE, true);
```

```
Device->SetRenderState(D3DRS_SRCBLEND, D3DBLEND_ZERO);
Device->SetRenderState(D3DRS_DESTBLEND, D3DBLEND_ONE);

// draw the mirror to the stencil buffer
Device->SetStreamSource(0, VB, 0, sizeof(Vertex));
Device->SetFVF(Vertex::FVF);
Device->SetMaterial(&MirrorMtrl);
Device->SetTexture(0, MirrorTex);
D3DXMATRIX I;
D3DXMatrixIdentity(&I);
Device->SetTransform(D3DTS_WORLD, &I);
Device->DrawPrimitive(D3DPT_TRIANGLELIST, 18, 2);

// re-enable depth writes
Device->SetRenderState( D3DRS_ZWRITEENABLE, true );
```

3. 第 III 部分

此时，与镜面中可见像素相对应的模板缓存中的像素都被设为了 0x1，即镜面中所要绘制的部分已做了标记。现在我们就来准备绘制茶壶的映像。注意，我们只想在与镜面对应的像素中绘制。由于我们已对模板缓存的那些像素做了标记，现在绘制起来就相当容易了。

接下来我们对以下绘制状态进行设置。

```
Device->SetRenderState(D3DRS_STENCILFUNC, D3DCMP_EQUAL);
Device->SetRenderState(D3DRS_STENCILPASS, D3DSTENCILOP_KEEP);
```

现在我们就设置了一个新的比较操作，然后我们进行模板测试：

```
(ref & mask)            == (value & mask)
(0x1 & 0xffffffff)      == (value & 0xffffffff)
(0x1)            == (value & 0xffffffff)
```

这表明仅当 value = 0x1 时模板测试才会成功。由于 value 仅在模板缓存中对应于该镜面的区域中才为 0x1，所以仅当我们要在那些区域中进行绘制时，模板测试才会成功。这样，茶壶的映像只会被绘制到镜面中，而不会被绘制到其他表面上。

注意，我们将绘制状态 D3DRS_STENCILPASS 设为了 D3DSTENCILOP_KEEP，意为如果测试成功，则保留模板缓存中的值。所以，接下来的绘制过程中，该模板缓存(模板操作方式为 D3DSTENCILOP_KEEP)中的值没有发生变化。我们只是用模板缓存来标记那些对应于镜面区域的像素。

4. 第 IV 部分

RenderMirror 函数中接下来的部分计算了场景中用于为物体的映像进行定位的镜像变换矩阵。

```
// position reflection
D3DXMATRIX W, T, R;
D3DXPLANE plane(0.0f, 0.0f, 1.0f, 0.0f); // xy plane
```

```
D3DXMatrixReflect(&R, &plane);

D3DXMatrixTranslation(&T,
    TeapotPosition.x,
    TeapotPosition.y,
    TeapotPosition.z);

W = T * R;
```

注意，我们首先平移到尚未进行镜像变换的茶壶所在的位置。然后，一旦定位完成，我们相对 *xy* 平面进行镜像变换。变换的顺序由矩阵相乘的顺序决定。

5. 第 V 部分

我们现在基本上已经可以开始绘制茶壶的映像了。但是，如果我们现在就进行绘制，该映像将不会显示出来。原因何在？原来茶壶映像的深度大于镜面的深度，所以构成镜面的图元就遮挡了该映像。为了解决这个问题，我们将深度缓存清空：

```
Device->Clear(0, 0, D3DCLEAR_ZBUFFER, 0, 1.0f, 0);
```

然而此时并非已是万事大吉。如果我们仅对深度缓存进行清空，茶壶的映像将被绘制到镜面之前，这样看起来也有问题。我们想要做的除了清空深度缓存外，还需将茶壶映像与镜面进行融合操作。这样，茶壶映像的视觉效果就会是处于镜"中"。我们可按如下的融合公式将茶壶映像和镜面进行融合：

$$FinalPixel = sourcePixel \otimes destPixel + destPixel \otimes (0,0,0,0)$$
$$= sourcePixel \otimes destPixel$$

由于源像素来自茶壶映像，而目标像素来自镜面，我们可由上述方程看出二者的融合方式。对应的代码为：

```
Device->SetRenderState(D3DRS_SRCBLEND, D3DBLEND_DESTCOLOR);
Device->SetRenderState(D3DRS_DESTBLEND, D3DBLEND_ZERO);
```

现在准备工作已经就绪，我们开始绘制茶壶：

```
Device->SetTransform(D3DTS_WORLD, &W);
Device->SetMaterial(&TeapotMtrl);
Device->SetTexture(0, 0);

Device->SetRenderState(D3DRS_CULLMODE, D3DCULL_CW);
Teapot->DrawSubset(0);
```

前面我们提到，矩阵 **W** 可将茶壶映像正确地绘制到场景中恰当的位置上。注意，我们对背面消隐模式(backface cull mode)进行了修改。我们必须这样做，因为当一个物体在镜面中成像时，其正面和背面将会相互调换，但绕序(winding order)并未发生变化。所以，"新"正面的绕序将使 Direct3D 误认为它们是背面。类似地，"新"背面的绕序会使 Direct3D 误认为它们是正面。所以，为了对此进行修正，我们必须改变背面消隐模式。

最后，我们将融合操作和模板操作禁用，并恢复先前的消隐模式(cull mode)：

```
Device->SetRenderState(D3DRS_ALPHABLENDENABLE, false);
Device->SetRenderState( D3DRS_STENCILENABLE, false);
Device->SetRenderState(D3DRS_CULLMODE, D3DCULL_CCW);
}//end RenderMirror()
```

8.3 例程：Planer Shadows

阴影有助于我们感知场景中光源的位置，并使场景更具真实感。本节中，我们将演示如何实现平面阴影(planer shadows)，即位于平面中的阴影(见图 8.5)。

图 8.5 Planer Shadows 例程的截图。注意观察地板上的阴影

注意，使用这种类型的阴影只是一种权宜之计，虽然该类阴影能够增强场景的真实感，但其效果并不像阴影体(shadow volume)那样好。阴影体是一种较高级的概念，我们觉得在一本导论性的书籍中介绍不是很适宜。然而，值得一提的是，DirectX SDK 中有一个演示了如何运用阴影体的例程。

为了实现平面阴影，我们必须首先找到物体投射到某一平面中的阴影，然后对其进行几何建模，这样就可对其进行绘制了。运用一些 3D 数学知识，这很容易做到。接下来，我们绘制描述阴影的多边形，并使用透明度为 50%的黑色材质。这类阴影的绘制会产生人工雕琢的痕迹，即"二次融合"，这个概念我们在随后的几节中将进行讲解。我们运用模板缓存来防止二次融合的出现。

8.3.1 平行光阴影

图 8.6 展示了在平行光光源照射下某物体投射的阴影。一束来自方向为 L 的平行光光源。且通过顶点

$\mathbf{p}$ 的射线可用方程 $\mathbf{r}(t)=\mathbf{p}+t\mathbf{L}$ 来描述。射线 $\mathbf{r}(t)$ 与平面 $\mathbf{n}\cdot\mathbf{p}+d=0$ 的交点为 $\mathbf{s}$。经过物体各顶点的射线 $\mathbf{r}(t)$ 与平面相交所得的点集定义了阴影的几何形状。交点 $\mathbf{s}$ 可以很容易由平面/射线相交测试求出。

将 $\mathbf{r}(t)$ 代入平面方程 $\mathbf{n}\cdot\mathbf{p}+d=0$，得 $\mathbf{n}\cdot(\mathbf{p}+t\mathbf{L})+d=0$

$$\mathbf{n}\cdot\mathbf{p}+t(\mathbf{n}\cdot\mathbf{L})=-d$$

$$t(\mathbf{n}\cdot\mathbf{L})=-d-\mathbf{n}\cdot\mathbf{p}$$

解出 t
$$t=\frac{-d-\mathbf{n}\cdot\mathbf{p}}{\mathbf{n}\cdot\mathbf{L}}$$

则：

$$\mathbf{s}=\mathbf{p}+\left[\frac{-d-\mathbf{n}\cdot\mathbf{p}}{\mathbf{n}\cdot\mathbf{L}}\right]\mathbf{L}$$

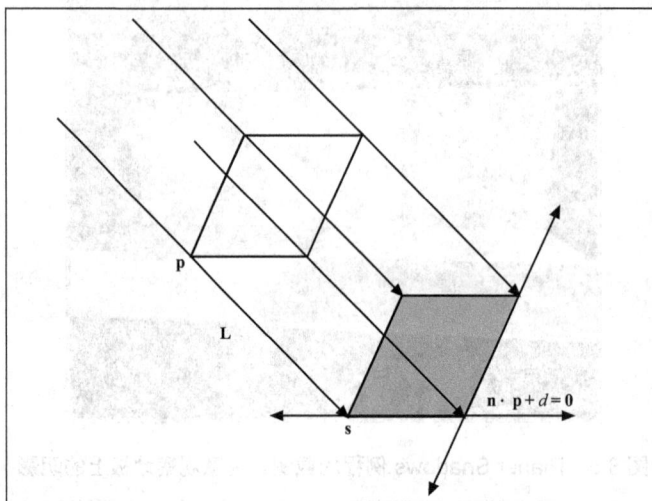

图 8.6 平行光投射的阴影

8.3.2 点光源产生的阴影

图 8.7 展示了在点光源照射下物体所投射的阴影，其中光源的位置用点 $\mathbf{L}$ 来描述。则自该点光源发出的、通过任意顶点 $\mathbf{p}$ 的射线方程为 $\mathbf{r}(t)=\mathbf{p}+t(\mathbf{p}-\mathbf{L})$。射线 $\mathbf{r}(t)$ 与平面 $\mathbf{n}\cdot\mathbf{p}+d=0$ 的交点为 $\mathbf{s}$。物体的各顶点沿着射线 $\mathbf{r}(t)$ 的方向延长并与平面相交所得的点集定义了阴影的几何形状。$\mathbf{s}$ 可用 8.3.1 节中同样的方法(平面/射线相交测试)求出。

注意　对于点光源和平行光光源，$\mathbf{L}$ 具有不同的含义。对于点光源，我们用 $\mathbf{L}$ 来定义该点光源的空间位置。对于平行光光源，我们用 $\mathbf{L}$ 来定义平行光的方向。

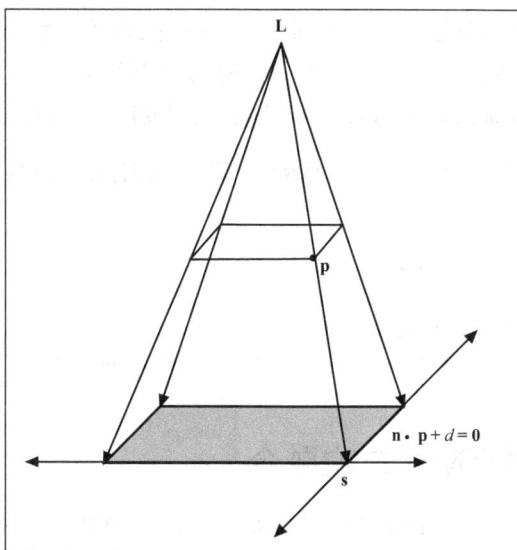

图 8.7　由点光源所投射的阴影

8.3.3　阴影矩阵

从图 8.6 可以看出，由平行光所产生的阴影实质上是物体在平面 $\mathbf{n} \cdot \mathbf{p} + d = 0$ 上沿特定方向的平行投影。类似地，图 8.7 表明，对于点光源，阴影实质上是以光源为视点(viewpoint)时，物体在平面 $\mathbf{n} \cdot \mathbf{p} + d = 0$ 上的透视投影(perspective projection)。

我们可将顶点 $\mathbf{p}$ 到其投影点 $\mathbf{s}$ 的变换用矩阵来描述。而且，使用一些小技巧我们便可用同一个矩阵同时表示正交投影(orthogonal projection)和透视投影。

我们约定，将投影平面的平面方程系数用 4D 向量(n_x, n_y, n_z, d)表示。而将平行光的方向或点光源的位置用 4D 向量 $\mathbf{L}=(L_x, L_y, L_z, L_w)$来表示。$w$ 下标的含义是：

(1)　若 $w = 0$，则 $\mathbf{L}$ 描述了平行光的方向。

(2)　若 $w = 1$，则 $\mathbf{L}$ 描述了点光源的位置。

假定平面的法向量已经规范化，令 $k = (n_x, n_y, n_z, d) \cdot (L_x, L_y, L_z, L_w) = n_x L_x + n_y L_y + d L_w$。

然后我们将顶点 $\mathbf{p}$ 到其投影点 $\mathbf{s}$ 的变换用如下阴影矩阵(shadow matrix)来表示。

$$\mathbf{S} = \begin{bmatrix} n_x L_x + k & n_x L_y & n_x L_z & n_x L_w \\ n_y L_x & n_y L_y + k & n_y L_z & n_y L_w \\ n_y L_x & n_z L_y & n_z L_z + k & n_z L_w \\ d L_x & d L_y & d L_z & d L_w + k \end{bmatrix}$$

这里，我们略去了该矩阵的推导过程，一方面是因为该工作已经有人做过了，另一方面是因为推导过程对我们意义并不是很大。感兴趣的读者可参考 Jim Blinn 编著的 *Corner: A Trip Down the Graphics Pipeline*，该书的第 6 章 "Me and My (Fake) Shadow" 给出了该矩阵的推导过程。

当给定投影平面和描述平行光光源($w = 0$ 时)或点光源($w = 1$ 时)的向量时，可用 D3DX 库提供了的如下函数创建阴影矩阵。

```
D3DXMATRIX * D3DXMatrixShadow(
 D3DXMATRIX * pOut,
    CONST D3DXVECTOR4 * pLight,  // L
    CONST D3DXPLANE * pPlane     //plane to cast shadow to
);
```

8.3.4　使用模板缓存防止二次融合

当我们将物体"压扁"到某一平面来描述其阴影时，有可能出现两个或多个物体重叠在一起的现象。当我们使用一定的透明度(使用融合运算)来绘制这些阴影时，那些出现重叠的区域就会被多次融合，看起来就会偏暗。图 8.8(a)展示了这一现象。

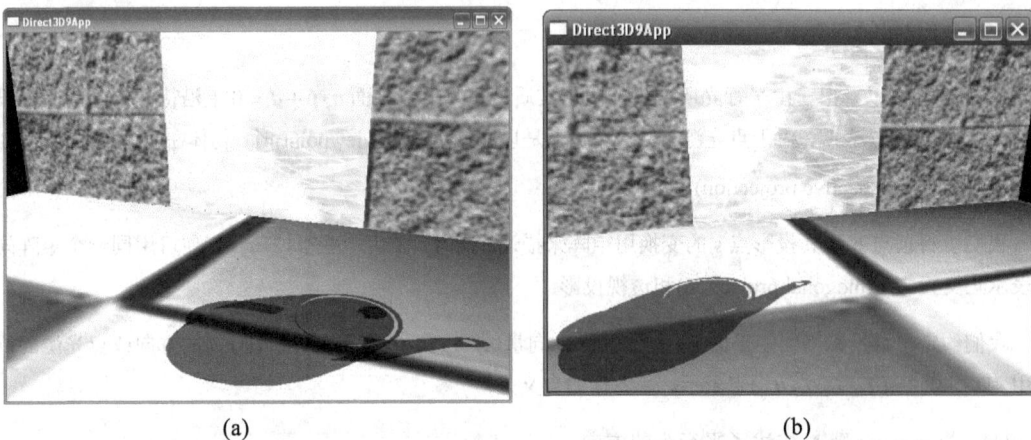

(a)　　　　　　　　　　　　　　　(b)

图 8.8　注意图(a)中阴影的"黑色"区域。该区域对应于"压扁"的茶壶中几个部件的重叠部分。图(b)显示了正确绘制的阴影，该图中没有出现二次融合现象

借助模板缓存，我们可以解决这个问题。我们将模板测试设置为只接受第一次得到绘制的那些像素。即在向后台缓存绘制阴影的像素时，我们对相应的模板缓存值进行标记。然后，如果我们企图将一个像素写入已经被绘制(模板缓存中已被标记的位置)的区域时，模板测试就会失败。这样，我们就防止了重叠像素的写入，并由此避免了二次融合的发生。

8.3.5 代码解析

下面的代码解析取自本书配套文件中的例程 Shadow。与本例程相关的代码位于 RenderShadow 函数中。注意，我们假定模板缓存已经创建好，并已被清零。

首先来设置模板的绘制状态。我们将模板比较函数设为 D3DCMP_EQUAL，将 D3DRS_STENCILREF 绘制状态设为 0x0，这样就指定了如果模板缓存中对应值为 0，阴影就被绘制到后台缓存中。

由于模板缓存已被清零(0x0)，当我们首次将阴影的像素写入时，模板测试结果总是为真；但由于我们已将绘制状态 D3DRS_STENCILPASS 设为 D3DSTENCILOP_INCR，所以如果我们试图对一个已被写入的像素进行写操作，模板测试就会失败。当某像素被首次写入时，该像素的模板值就会增加为 0x1，所以当我们试图再次对该像素进行写操作时，模板测试就会失败。这样，我们就避免了对一个像素多次写入，从而避免了二次融合的发生。

```
void RenderShadow()
{
    Device->SetRenderState(D3DRS_STENCILENABLE,    true);
    Device->SetRenderState(D3DRS_STENCILFUNC,      D3DCMP_EQUAL);
    Device->SetRenderState(D3DRS_STENCILREF,       0x0);
    Device->SetRenderState(D3DRS_STENCILMASK,      0xffffffff);
    Device->SetRenderState(D3DRS_STENCILWRITEMASK, 0xffffffff);
    Device->SetRenderState(D3DRS_STENCILZFAIL,     D3DSTENCILOP_KEEP);
    Device->SetRenderState(D3DRS_STENCILFAIL,      D3DSTENCILOP_KEEP);
    Device->SetRenderState(D3DRS_STENCILPASS,      D3DSTENCILOP_INCR);
```

接下来计算阴影变换并将阴影平移到场景中恰当的位置。

```
//compute the transformation to flatten the teapot into
//a shadow.
D3DXVECTOR4 lightDirection(0.707f, -0.707f, 0.707f, 0.0f);
D3DXPLANE groundPlane(0.0f, -1.0f, 0.0f, 0.0f);

D3DXMATRIX S;
D3DXMatrixShadow(
    &S,
    &lightDirection,
    &groundPlane);

D3DXMATRIX T;
D3DXMatrixTranslation(
    &T,
    TeapotPosition.x,
    TeapotPosition.y,
    TeapotPosition.z);
```

```
D3DXMATRIX W = T * S;
Device->SetTransform(D3DTS_WORLD, &W);
```

最后，设置透明度为 50%的黑色材质，禁用深度缓存，绘制阴影，然后再重新启用深度缓存并禁用
Alpha 融合和模板测试。我们将深度缓存禁用的目的是防止出现深度冲突(z-fighting)，当两个不同的表面
在深度缓存中的深度值相同时便会出现这种现象；由于孰前孰后深度缓存无从知晓，显示时就会出现烦人
的闪烁现象。由于阴影和地板共面，两者之间的深度冲突极有可能出现。因此我们的解决方案是首先绘制
地板，然后禁用深度测试，最后再绘制阴影，这样就保证了阴影被绘制在地板上。

注意 防止深度冲突的另一个方法是使用 Direct3D 深度偏置机制(depth bias mechanism)。详情请参
阅 SDK 文档中与绘制状态 D3DRS_DEPTHBIAS 和 D3DRS_SLOPSCALEDEPTHBIAS 相关
的部分。

```
Device->SetRenderState(D3DRS_ALPHABLENDENABLE, true);
Device->SetRenderState(D3DRS_SRCBLEND, D3DBLEND_SRCALPHA);
Device->SetRenderState(D3DRS_DESTBLEND, D3DBLEND_INVSRCALPHA);

D3DMATERIAL9 mtrl = d3d::InitMtrl(d3d::BLACK, d3d::BLACK,
d3d::BLACK, d3d::BLACK, 0.0f);
mtrl.Diffuse.a = 0.5f; // 50% transparency.

// Disable depth buffer so that z-fighting doesn't occur when we
// render the shadow on top of the floor.
Device->SetRenderState(D3DRS_ZENABLE, false);

Device->SetMaterial(&mtrl);
Device->SetTexture(0, 0);
Teapot->DrawSubset(0);

Device->SetRenderState(D3DRS_ZENABLE, true);
Device->SetRenderState(D3DRS_ALPHABLENDENABLE, false);
Device->SetRenderState(D3DRS_STENCILENABLE,    false);
}//end RenderShadow()
```

8.4 小 结

- 模板缓存和深度缓存共享同一个表面存储区，所以二者是同时创建的。我们可用 D3DFORMAT
  类型指定深度/模板表面的类型。
- 模板用于阻止某些像素的光栅化。由本章内容可以看出，该功能在实现镜面和阴影效果时非常
  有用。

● 我们可以控制模板的运算方式，另外还可以用模板缓存实现一些其他类型的程序，包括：

　◆ 阴影体(Shadow Volume)

　◆ 消融(Dissolving)与淡入淡出(fades)

　◆ 深度复杂性的可视化(Visualizing depth complexity)

　◆ 轮廓图(Outline)和侧影效果(Silhouette)

　◆ 几何实体(solid geometry)的构建

　◆ 修正由共面引起的深度冲突

第 III 部分

Direct3D 的应用

在本部分中，我们将集中讨论如何运用 Direct3D 实现若干 3D 应用程序，并演示一些游戏编程中常用的技术，如地形绘制、粒子系统、拾取以及灵活 3D 摄像机的创建。此外，我们将花些时间深入探讨一下 D3DX 库(尤其是与网格相关的部分)。下面是本部分各章的一个简介。

第 9 章，"字体"　游戏过程中，我们常需要向用户显示一些文本信息。本章讨论了在 Direct3D 中创建和输出文本的 3 种方式。

第 10 章，"网格(1)"　本章全面地分析了 D3DX 网格接口 ID3DXMesh 中的数据成员和方法。

第 11 章，"网格(2)"　本章中，我们将继续研究 D3DX 库提供的与网格相关的接口和函数。我们将学习如何加载 .x 文件并进行绘制。此外，我们还将学习渐进网格接口 ID3DXPMesh。本章还将介绍如何计算一个网格的外接盒和外接球。

第 12 章，"设计一个灵活 Camera 类"　本章中，我们设计并实现了一个灵活的摄像机类——Camera。该类具有 6 个自由度，非常适合实现飞行模拟器和第一人称射击游戏。

第 13 章，"地形绘制基础"　本章介绍了如何创建地形，如何为地形映射纹理，以及如何对地形进行光照处理。而且，我们还演示了如何让摄像机在地形中平稳地"行走"，使我们获得身临其境的感觉。

第 14 章，"粒子系统"　本章中，我们将学习如何模拟由许多行为相似的微小粒子构成的系统。例如，粒子系统可用来模拟雨、雪等自然现象，也可模拟爆炸时发出的火光、喷出的烟雾、火箭的轨迹，甚至枪发射出的子弹。

第 15 章，"拾取"　本章将介绍如何依据用户在屏幕上单击的位置确定对应 3D 空间中有无物体被选中，以及哪些物体被选中。通常 3D 游戏和应用中都需要实现拾取功能，这样用户便可通过鼠标与 3D 世界进行交互。

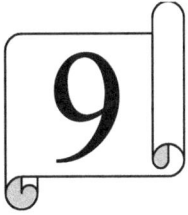

9

字体

游戏中，我们常常要向用户显示一些文本信息。本章将讨论在 Direct3D 中生成和输出文本的 3 种方式。在本书配套的文件中，您可找到每种方式对应的例程。

学习目标

- 了解如何用 ID3DXFont 接口绘制文本
- 了解如何使用 CD3DFont 类绘制文本
- 了解如何计算应用程序每秒所绘制的帧数
- 了解如何用 D3DXCreateText 函数创建并绘制 3D 文本

9.1 ID3DXFont 接口

D3DX 库提供接口 ID3DXFont，该接口用于在 Direct3D 应用程序中绘制文本。该接口内部使用 GDI(图形设备接口)来绘制文本，因此该接口在性能上略有损失。然而正是由于该接口使用了 GDI，所以才能够处理一些复杂的字体和格式。

9.1.1 创建一个 ID3DXFont 接口对象

我们可以用 D3DXCreateFontIndirect 函数来创建一个 ID3DXFont 接口对象。

```
HRESULT D3DXCreateFontIndirect(
LPDIRECT3DDEVICE9 pDevice,      // device to be associated with
                                // the font
CONST D3DXFONT_DESC * pDesc,    //D3DXFONT_DESC structure, describing
// the font
    LPD3DXFONT * ppFont         //return the created font
);
```

下面的代码段演示了如何使用该函数。

```
D3DXFONT_DESC df;
ZeroMemory(& df, sizeof(D3DXFONT_DESC));
df.Height = 25;          // in logical units
df.Width  = 12;          // in logical units
df.Weight = 500;         //boldness, range 0(light) - 1000(bold)
df.MipLevels = D3DX_DEFAULT;
df.Italic = false;
df.CharSet = DEFAULT_CHARSET;
df.OutputPrecision = 0;
df.Quality = 0;
df.PitchAndFamily = 0;
strcpy(df.FaceName, "Times New Roman");  //font style

ID3DXFont * font = 0;
D3DXCreateFontIndirect(Device, & df, & font);
```

您可能已注意到，为了对我们想要创建的字体进行描述，必须先填充 D3DXFONT_DESC 结构。

注意　您也可用 D3DXCreateFont 函数来获取指向 ID3DXFont 接口的指针。

9.1.2　绘制文本

一旦获取了 ID3DXFont 接口的指针，只需调用方法 ID3DXFont::DrawText 即可轻而易举地完成文本的绘制。

```
INT ID3DXFont::DrawText(
 LPD3DXSPRITE pSprite,
     LPCSTR pString,
     INT Count,
     LPRECT pRect,
     DWORD Format,
     D3DCOLOR Color
);
```

- pSprite　指定字符串所属的 ID3DXSprite 对象接口，可设为默认值 0 或 NULL，表示在当前窗口中绘制字符串。
- pString　指向将要绘制的字符串的指针。
- Count　字符串中的字符个数。若该值为-1，则认为参数 pString 指向一个以 NULL 结尾的字符串。ID3DXFont::DrawText 方法将自动对字符个数进行统计。
- pRect　指定字符串绘制的矩形区域的位置。
- Format　指定了字符串在 pRect 指定的矩形区域中的格式化方法，该参数是一系列可选标记的某一个或某种组合，详情请参阅 SDK 文档。

● Color　文本颜色。

例：

```
Font->DrawText(
NULL,                    // render to current window
"Hello, World",          // String to draw
-1,                      // NULL terminated string
& rect,                  // Rectangle to draw
DT_TOP | DT_LEFT,        // Draw in top-left corner of rect
0xff000000);             // Black
```

9.1.3　计算每秒绘制的帧数

本章的例程使用了 ID3DXFont 和 CFont 计算并显示了程序每秒绘制的帧数(Frames Rendered Per Second，FPS)。本节将讲解如何计算 FPS。

首先实例化如下 3 个全局变量。

```
DWORD FrameCnt    = 0;      //The number of frames that have occurred
float TimeElapsed = 0;      // The time that has elapsed so far
float FPS         = 0;      // The frames rendered per second
```

接下来我们每秒计算一次 FPS，从而得到一个较准确的均值。此外，该程序可将每秒得到的 FPS 均值在窗口中的显示保持一秒，保证了在该值改变之前我们有足够的时间对其进行读取。

所以，每当一帧绘制完成，我们对变量 FrameCnt 进行自增，并为变量 TimeElapse 增加自上一帧绘制结束时算起所经过的时间 timeDelta：

```
FrameCnt++;
TimeElapsed += timeDelta;
```

其中，timeDelta 是相邻两帧之间的时间差。

每一秒过后，我们就可用如下公式计算出 FPS：

```
FPS = (float)FrameCnt / TimeElapsed;
```

然后，我们再重设变量 FrameCnt 和 TimeElapse，准备计算下一秒的 FPS 均值。下面将前面几步的代码汇总起来。

```
void CalcFPS(float timeDelta)
{
    FrameCnt++;
    TimeElapsed += timeDelta;
    if(TimeElapsed >= 1.0f)
    {
        FPS = (float)FrameCnt / TimeElapsed;
```

```
        TimeElapsed = 0.0f;
    FrameCnt = 0;
  }
  }
```

9.2　CD3DFont

DirectX SDK 提供了一些有用的实用代码，这些代码位于 DXSDK 根目录下的文件夹 Samples\C++\Common 中(译者注：在当前 DirectX SDK 版本中，该文件夹下的头文件已发生改变，出于尊重原作者的目的，译者在翻译时仍将本节按原貌保留。由于原作者已将该模块中必要的头文件提取出来，所以本节对应的例程仍能顺利编译和运行。译者建议，本着学习的目的，读者最好能仔细研读一下本节的例程。)在这些代码中有一个类 CD3DFont，该类可借助 Direct3D 和映射有纹理的三角形绘制文本。由于 CD3DFont 类绘制文本时使用的是 Direct3D 而非 GDI，所以其绘制的速度比 ID3DXFont 要快得多。但该类也有缺陷，CD3DFont 类不支持 ID3DXFont 所支持的那些复杂的字体和格式。如果您很在意速度，而且简单字体即能满足您的要求，CD3DFont 类便是一个很好的选择。

9.2.1　创建 CD3DFont 类的实例

要想创建 CD3DFont 类的实例，我们只需要像普通 C++对象那样进行实例化即可。下面是该类的构造函数的原型：

```
CD3DFont(const TCHAR * strFontName, DWORD dwHeight, DWORD dwFlags = 0L)
```

- StrFontName　一个以 NULL 结尾的字符串，它指定了字体的名称。
- dwHeight　字体的高度。
- dwFlags　创建标记，可选。该参数可设为 0 或以下标记的组合：　D3DFONT_BOLD、D3DFONT_ITALIC、D3DFONT_ZENABLE。

当我们实例化一个 CD3DFont 类的对象后，必须调用如下方法来对字体进行初始化：

```
Font = new CD3DFont("Times New Roman", 16, 0);
Font->InitDeviceObject(Device);
Font->RestoreDeviceObjects();
```

9.2.2　绘制文本

既然我们已经创建了一个 CD3DFont 对象并对其进行了初始化，现在我们就可绘制一些文本。可用如下函数实现文本的绘制：

```
HRESULT CD3DFont::DrawText(FLOAT x, FLOAT y, DWORD dwColor,
                 const TCHAR * strText, DWORD dwFlags = 0)
```

- x　屏幕坐标系中文本绘制起点的 *x* 坐标。
- y　屏幕坐标系中文本绘制起点的 *y* 坐标。
- dwColor　文本的颜色。
- strText　指向所要绘制文本的指针。
- dwFlags　绘制标记，可选。该参数可设为 0 或下列标记的组合：D3DFONT_CENTERED、
  D3DFONT_TWOSIDED、D3DFONT_FILTERED。

例：

```
Font->DrawText(20, 20, 0xff000000, "Hello World");
```

9.2.3　清理

在删除一个 CD3DFont 类的对象之前，我们必须首先调用一些清理函数，如下面的代码段所示：

```
Font->InvalidateDeviceObjects();
Font->DeleteDeviceObjects();
delete Font;
```

9.3　D3DXCreateText 函数

该函数用于创建文本的 3D 网格。图 9.1 展示了本章例程"D3DXCreateText"所绘制的 3D 文本网格。

图 9.1　用 D3DXCreateText 函数创建的 3D 文本

D3DXCreateText 函数的原型为：

```
HRESULT D3DXCreateText(
```

```
        LPDIRECT3DDEVICE9 pDevice,
        HDC hDC,
        LPCTSTR pText,
        FLOAT Deviation,
        FLOAT Extrusion,
        LPD3DXMESH * ppMesh,
        LPD3DXBUFFER * ppAdjacency,
        LPGLYPHMETRICSFLOAT pGlyphMetrics
);
```

如果调用成功，该函数将返回 D3D_OK。

- pDevice　指向与网格相关的设备。
- hDC　一个设备环境句柄，它包含了我们将用来创建网格的字体的相关信息。
- pText　指向确定所要用于生成文本的字符串的指针。
- Deviation　TrueType 字体轮廓的最大弦偏差(chordal deviation)。该值必须为非负，弦偏差等于原始字体的一个设计单位(design unit)。
- Extrusion　沿 z 轴负方向度量的字体深度。
- ppMesh　返回所创建的网格。
- ppAdjacency　返回所创建的网格的邻接信息(adjacency info)。如果不需要该值，请指定为 NULL。
- pGlyphMetrics　指向 LPGLYPHMETRICSFLOAT 类型结构数组的指针，该结构包含了字形 (glyph)的度量数据(metric data)。如果您不关心字形的度量数据，可将该值设为 0。

下面的例程代码示范了如何使用该函数创建文本的 3D 网格。

```
// Obtain a handle to a device context.
HDC hdc = CreateCompatibleDC( 0 );
HFONT hFont;
HFONT hFontOld;

//Fill out a LOGFONT structure that describes the font's properties.
LOGFONT lf;
ZeroMemory(&lf, sizeof(LOGFONT));

lf.lfHeight       = 25;    // in logical units
lf.lfWidth        = 12;    // in logical units
lf.lfEscapement   = 0;
lf.lfOrientation  = 0;
lf.lfWeight       = 500;   // boldness, range 0(light) - 1000(bold)
lf.lfItalic       = false;
lf.lfUnderline    = false;
lf.lfStrikeOut    = false;
lf.lfCharSet      = DEFAULT_CHARSET;
```

```
lf.lfOutPrecision   = 0;
lf.lfClipPrecision  = 0;
lf.lfQuality        = 0;
lf.lfPitchAndFamily = 0;
strcpy(lf.lfFaceName, "Times New Roman"); // font style

// Create a font and select that font with the device context.
hFont = CreateFontIndirect(&lf);
hFontOld = (HFONT)SelectObject(hdc, hFont);

// Create the text mesh based on the selected font in the HDC.
D3DXCreateText(Device, hdc, "Direct3D",
      0.001f, 0.4f, &Text, 0, 0);

// Reset the old font, and free resources.
SelectObject(hdc, hFontOld);
DeleteObject( hFont );
DeleteDC( hdc );
```

接下来您仅需调用网格的 DrawSubset 方法，就可绘制出 3D 文本网格。

```
Text->DrawSubset(0);
```

9.4 小 结

- 当您需要支持复杂的字体和格式时，可使用 ID3DXFont 接口来绘制文本。该接口内部使用 GDI 绘制文本，相应地在性能上会有一定的损失。
- 借助 CD3DFont 类，可实现简单本文的快速绘制。绘制文本时，由于该类使用映射了纹理的三角形单元以及 Direct3D，所以速度比 ID3DXFont 快许多。
- D3DXCreateText 函数可用来创建文本字符串的 3D 网格。

10

网格 (一)

在前面的章节中，我们通过使用 D3DXCreate*函数已经对 ID3DXMesh 接口有了一些了解。本章中，我们将进一步研究该接口。本章很大程度上是与 ID3DXMesh 接口相关的数据和方法的概览。

注意，ID3DXMesh 接口继承了其父接口 ID3DXBaseMesh 的大部分功能。这一点很重要，因为其他类型的网格接口，如 ID3DXPMesh(渐进网格，progressive mesh)也继承自接口 ID3DXBaseMesh。所以，本章中凡是涉及其他网格类型的主题也都是相关的。

学习目标

- 了解 ID3DXMesh 接口对象的内部数据组织形式
- 了解如何创建 ID3DXMesh 接口的对象
- 了解如何优化 ID3DXMesh 接口的对象
- 了解如何绘制 ID3DXMesh 接口的对象

10.1 几 何 信 息

ID3DXBaseMesh 接口包含有一个顶点缓存(用于存储网格顶点)和一个索引缓存(决定顶点应以何种组合方式构成网格的三角形单元)。我们可用下列方法得到指向这些接口的指针。

```
HRESULT ID3DXMesh::GetVertexBuffer(LPDIRECT3DVERTEXBUFFER9* ppVB);
HRESULT ID3DXMesh::GetIndexBuffer(LPDIRECT3DINDEXBUFFER9* ppIB);
```

下面的例子示范了这些方法如何使用：

```
IDirect3DVertexBuffer9* vb = 0;
Mesh->GetVertexBuffer( &vb );

IDirect3DIndexBuffer9* ib = 0;
Mesh->GetIndexBuffer( &ib );
```

注意　　ID3DXMesh 接口仅支持将索引化的三角形单元列表作为其基本类型(primitive type)。

如果您想锁定这些缓存，然后进行读写操作，可使用如下函数对。注意，这些方法锁定的是整个顶点缓存或索引缓存。

```
HRESULT ID3DXMesh::LockVertexBuffer(DWORD Flags, BYTE** ppData);
HRESULT ID3DXMesh::LockIndexBuffer( DWORD Flags, BYTE** ppData);
```

其中，Flags 参数描述了如何进行锁定。在第 3 章中我们已介绍了锁定标记，当时我们首次介绍了缓存的概念。当该函数返回时，ppData 参返回指向被锁定的内存的指针的地址。

当对被锁定内存完成操作后，请务必调用相应的解锁方法。

```
HRESULT ID3DXMesh::UnlockVertexBuffer();
HRESULT ID3DXMesh::UnlockIndexBuffer();
```

下面是 ID3DXMesh 接口用于获取几何信息的另外一些方法。

- DWORD GetFVF();　返回一个描述了顶点格式的 DWORD 类型值。
- DWORD GetNumVertices();　返回顶点缓存中的顶点个数。
- DWORD GetNumBytesPerVertex();　返回每个顶点所占的字节数。
- DWORD GetNumFaces();　返回网格中(三角形)面片的个数。

10.2　子集和属性缓存

一个网格由一个或多个子集组成。一个子集(subsets)是网格中一组可用相同属性进行绘制的三角形单元。这里的属性是指材质、纹理和绘制状态。图 10.1 说明了如何将表示房屋的网格划分为若干子集。

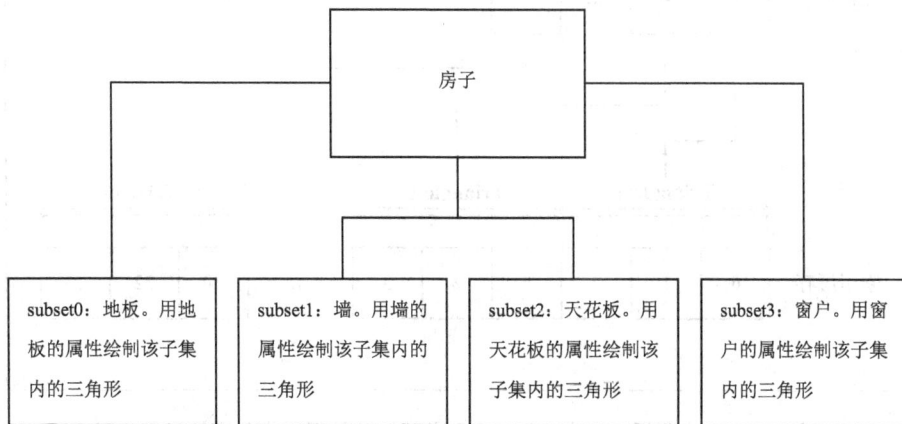

图 10.1　划分为若干子集的房屋

为了区分不同的子集，我们为每个子集指定一个唯一的非负整数值。该值可为 DWORD 类型所能容纳的任何非负整数。例如，在图 10.1 中，我们将不同的子集标记为 0、1、2 和 3。

网格中的每个三角形单元都被赋予了一个属性 ID，该 ID 指定了该三角形单元所属的子集。例如，从图 10.1 可看出，构成地板的那些三角形单元的属性 ID 均为 0，表明这些单元属于子集 0。类似地，构成墙壁的那些三角形单元的属性 ID 均为 1，表明这些单元属于子集 1。

这些三角形单元的属性 ID 被存储在网格的属性缓存(attribute buffer)中，该属性缓存实际上是一个 DWORD 类型的数组。由于每个面片(face，即三角形)在属性缓存中都有对应项，所以属性缓存中元素的个数与网格中面片的个数完全相等。而且属性缓存中的那些项(entries)与在索引缓存中定义的三角形单元是一一对应的；即属性缓存中的第 i 项对应于索引缓存中的第 i 个三角形。三角形单元 i 是由索引缓存中如下 3 个索引定义的。

$$A = i \cdot 3$$

$$B = i \cdot 3 + 1$$

$$C = i \cdot 3 + 2$$

图 10.2 示意了这种对应关系。

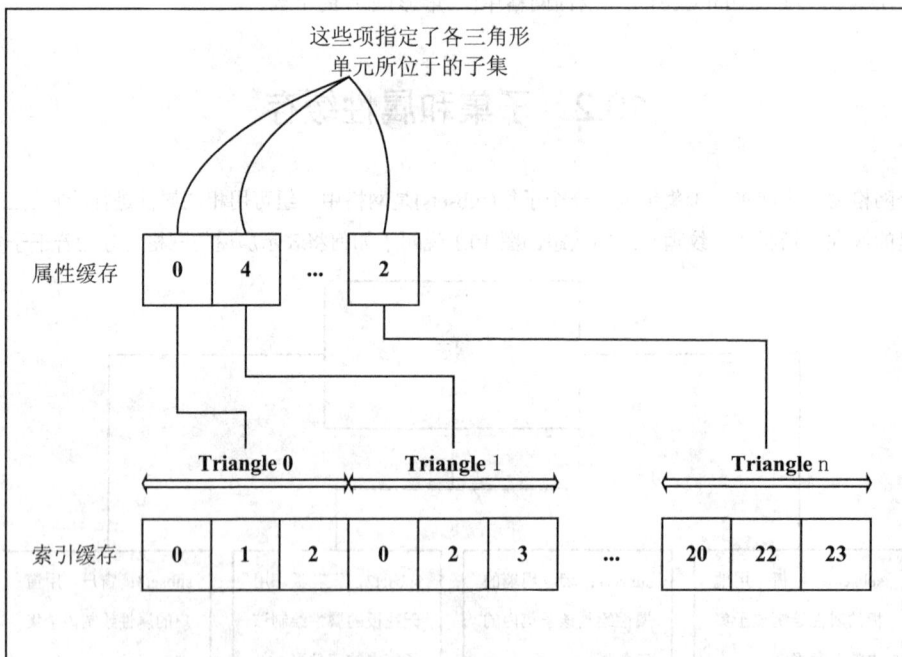

图 10.2 在索引缓存中定义的三角形单元与属性缓存中各项的对应关系

我们可以看到，三角形单元 0 位于子集 0 中，三角形单元 1 位于子集 1 中，三角形单元 n 位于子集 2 中。

要想访问属性缓存，必须首先将其锁定。参见下面的代码段：

```
DWORD* buffer = 0;
Mesh->LockAttributeBuffer ( lockingFlags , &buffer );

//Read or write to attribute buffer ...

Mesh->UnlockAttributeBuffer ();
```

10.3 绘 制

ID3DXMesh 接口提供了方法 DrawSubset(DWORD AttribId)用于绘制由参数 AttribId 指定的子集中的三角形单元。例如，要想绘制子集 0 中的所有三角形单元，可这样做：

```
Mesh->DrawSubset(0);
```

若要绘制整个网格，必须绘制该网格的所有子集。比较方便的做法是，将各子集的属性 ID 依次指定为 0, 1, 2,..., $n-1$，其中 n 为子集的总数，每个子集都有一个对应的材质和纹理数组，这样用索引 i 就可找到与子集 i 相关的材质和纹理。这种指定方式也使我们能够用一个简单的循环完成整个网格的绘制。

```
for(int i = 0; i < numSubsets; i++)
{
    Device->SetMaterial( mtrls[i] );
    Device->SetTexture( 0, textures[i] );
    Mesh->DrawSubset(i);
}
```

10.4 网 格 优 化

为了更高效地绘制一个网格，我们可对该网格中的顶点和索引进行重组。这个重组过程称为网格优化(Optimizing)。我们可借助下面的方法来完成优化。

```
HRESULT ID3DXMesh::OptimizeInplace(
    DWORD Flags,
    CONST DWORD* pAdjacencyIn,
    DWORD* pAdjacencyOut,
    DWORD* pFaceRemap,
    LPD3DXBUFFER* ppVertexRemap
);
```

- Flags 优化选项标记，通知该方法所要实施的优化方案。该参数可取下列选项中的一项或多项。
  - ◆ D3DXMESHOPT_COMPACT 从网格中移除那些无用顶点和索引。
  - ◆ D3DXMESHOPT_ATTSORT 依据属性对各三角形单元进行排序，并生成一个属性表。这样可使 DrawSubset 获得更高的绘制效率(参见 10.5 节)。
  - ◆ D3DXMESHOPT_VERTEXCACHE 提高顶点高速缓存(cache)的命中率(rate of hit)。
  - ◆ D3DXMESHOPT_STRIPORDER 对索引进行重组，以使三角形单元条带(strip)尽可能地长。
  - ◆ D3DXMESHOPT_IGNOREVERTS 仅对索引进行优化，忽略顶点。

注意 标记 D3DXMESHOPT_VERTEXCACHE 和 D3DXMESHOPT_STRIPREORDER 不允许被同时使用。

- pAdjacencyIn 指向未经优化的网格的邻接数组的指针。
- pAdjacencyOut 指向一个 DWORD 类型数组的指针，该数组被填充了经优化后的网格的邻接信息。该数组的维数必须为 ID3DXMesh::GetNumFaces() * 3。如果您不需要该信息，可将该参数赋为 0。
- pFaceRemap 指向一个 DWORD 类型数组的指针，该数组填充了网格面片的重绘信息(remap info)。该数组的维数应为 ID3DXMesh::GetNumFaces()。当对一个网格面实施优化后，其面片在索引缓存中可能发生了移动。该面片重绘信息表明了原始面片所被移动到的新位置，即 pFaceRemap 中的第 i 项保存了表示第 i 个原始面片被移动到哪里的面片索引。如果您不需要该信息，可将该参数赋为 0。
- ppVertexRemap 指向 ID3DXMesh 对象指针的地址，该对象中保存了顶点的重绘信息。该缓存所包含的顶点数应为 ID3DXMesh::GetNumVertices()。当网格面经过优化之后，其顶点在索引缓存中的位置可能发生了变动。顶点重绘信息表明了原始顶点移动到的新位置；即 ppVertexRemap 中的第 i 项保存了表示第 i 个原始顶点被移动到哪里的顶点索引。如果您不需要该值，将该参数赋为 0。

调用示例:

```
// Get the adjacency info of the non-optimized mesh.
DWORD adjacencyInfo[Mesh->GetNumFaces() * 3];
Mesh->GenerateAdjacency(0.0f, adjacencyInfo);

// Array to hold optimized adjacency info.
DWORD optimizedAdjacencyInfo[Mesh->GetNumFaces() * 3];

Mesh->OptimizeInplace(
    D3DXMESHOPT_ATTRSORT |
    D3DXMESHOPT_COMPACT |
    D3DXMESHOPT_VERTEXCACHE,
```

```
adjacencyInfo,
optimizedAdjacencyInfo,
0,
0);
```

与上述方法功能类似的另一个方法是 Optimize，该方法将输出调用了该方法的网格对象优化后的版本，但是调用该方法的那个网格对象本身不会发生改变。

```
HRESULT ID3DXMesh::Optimize(
    DWORD Flags,
    CONST DWORD* pAdjacencyIn,
    DWORD* pAdjacencyOut,
    DWORD* pFaceRemap,
    LPD3DXBUFFER* ppVertexRemap,
    LPD3DXMESH* ppOptMesh     //the optimized mesh to be output
);
```

10.5 属 性 表

如果一个网格对象在优化处理时使用了 **D3DXMESHOPT_ATTRSORT** 标记，则构成该网格的三角形面片就会依据其属性进行排序，这样属于特定子集的三角形面片就会被保存在顶点缓存或索引缓存中的一个连续存储空间内(见图 10.3)。

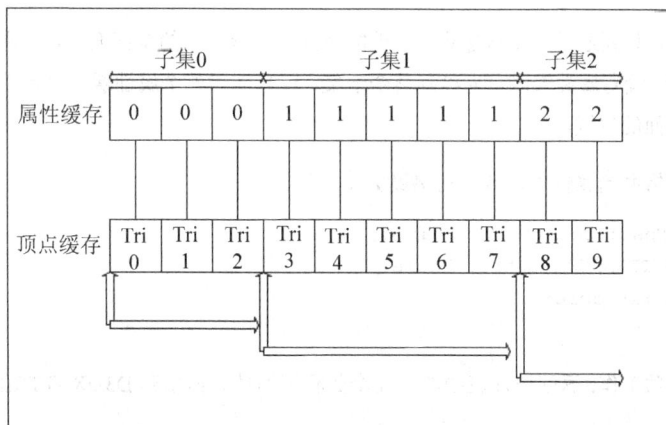

图 10.3 注意，构成网格的面片和属性缓存中的内容都依据属性进行了排序，这样属于特定子集的面片就会被保存在顶点缓存或索引缓存中的一个连续存储空间内。现在我们就可以很容易地标出属于某个子集的三角面片的始末位置。注意，索引缓存中的每个"Tri"存储块都表示组成该三角形单元的 3 个顶点

除了可对面片进行排序外，D3DXMESHOPT_ATTRSORT 优化选项还将创建一个属性表。该属性表是一个 D3DXATTRIBUTERANGE 类型的结构数组。属性表中的每一项都对应于网格的一个子集，并指定了该子集中面片的几何信息被存储在顶点缓存或索引缓存的哪一个存储块中。D3DXATTRIBUTERANGE 结构的定义如下：

```
typedef struct _D3DXATTRIBUTERANGE
{
    DWORD AttribId;
    DWORD FaceStart;
    DWORD FaceCount;
    DWORD VertexStart;
    DWORD VertexCount;
} D3DXATTRIBUTERANGE;
```

- AttribId   子集的 ID。
- FaceStart   一个大小为 FaceStart * 3 的偏移量，表明了属于该子集的三角形单元在索引缓存中的起始位置。
- FaceCount   该子集中面片(三角形单元)的总数。
- VertexStart   一个表明了与子集相关的顶点在顶点缓存中起始位置的偏移量。
- VertexCount   该子集中的顶点总数。

由图 10.3 可很容易看出 D3DXATTRIBUTERANGE 结构中各成员的作用。图 10.3 中网格的属性表中有 3 项，每项与一个子集相对应。

属性表创建之后，只要通过一次快速查找，就能找到属于该子集的全部面片，这样就使子集的绘制可以高效地完成。注意，没有属性表时，为绘制某个子集，就只能对整个属性缓存进行若干次线性查找以确定每个属于该子集的面的位置。

为了访问一个网格面的属性表，我们可借助如下方法：

```
HRESULT ID3DXMesh::GetAttributeTable(
    D3DXATTRIBUTERANGE *pAttribTable,
    DWORD *pAttribTableSize
);
```

该方法完成了两项工作：返回属性表中的属性个数和用属性数据填充 D3DXATTRIBUTERANGE 类型的结构数组。

要想获取属性表中的元素个数，我们可将上述方法的第一个参数取为 0。

```
DWORD numSubsets = 0;
Mesh->GetAttributeTable(0, & numSubsets);
```

一旦得到了属性表中的元素个数，我们就可用属性数据填充 D3DXATTRIBUTERANGE 类型的结构数组。

```
D3DXATTRIBUTERANGE table = new D3DXATTRIBUTERANGE [numSubsets];
Mesh->GetAttributeTable( table, &numSubsets );
```

我们可直接使用方法 **ID3DXMesh::SetAttributeTable** 对属性表进行设置。下面的例子中设定了属性表共有 12 个子集。

```
D3DXATTRIBUTERANGE attributeTable[12];
// ...fill attributeTable array with data
Mesh->SetAttributeTable( attributeTable, 12);
```

10.6　邻　接　信　息

对于某些网格运算(如网格优化)，需要知道对任意给定的三角形面片，哪些面片与其邻接。这些邻接信息(Adjacency Info)都存储在网格的邻接数组(adjacency array)中。

邻接数组的类型为 DWORD，其每一项都包含了一个标识网格中某个三角形面片的索引。例如，第 i 项是指由下列顶点构成的三角形面片。

$$A = i \cdot 3$$

$$B = i \cdot 3 + 1$$

$$C = i \cdot 3 + 2$$

注意，如果邻接数组中某一项等于 ULONG_MAX = 4 294 967 295，则表明网格中某一特定边(edge)没有邻接面片。我们也可将该项赋为-1 来表示此种情形，因为将一个 DWORD 类型的变量赋值为-1 与赋为 ULONG_MAX 等效。之所以会出现这种溢出情况，是由于 DWORD 类型与无符号 32 位整数类型等价。

由于每个三角形面片都有 3 条边，故每个面片最多可有 3 个邻接三角形(见图 10.4)。

所以，邻接数组的维数必须为 **ID3DXBaseMesh::GetNumFaces() * 3**，网格中的每个三角形面片都有 3 个可能的邻接面片。

许多 D3DX 网格创建函数都能够输出邻接信息，但我们也可使用如下方法：

```
HRESULT ID3DXMesh::GenerateAdjacency(
    FLOAT fEpsilon,
    DWORD* pAdjacency
);
```

● fEpsilon　一个很小的正数(epsilon)值，指定了在某种距离度量下，两个点接近到何种程度方可认为这两点为同一点。例如，如果两点间的距离小于该 epsilon 值，我们认为这两点为同一点。

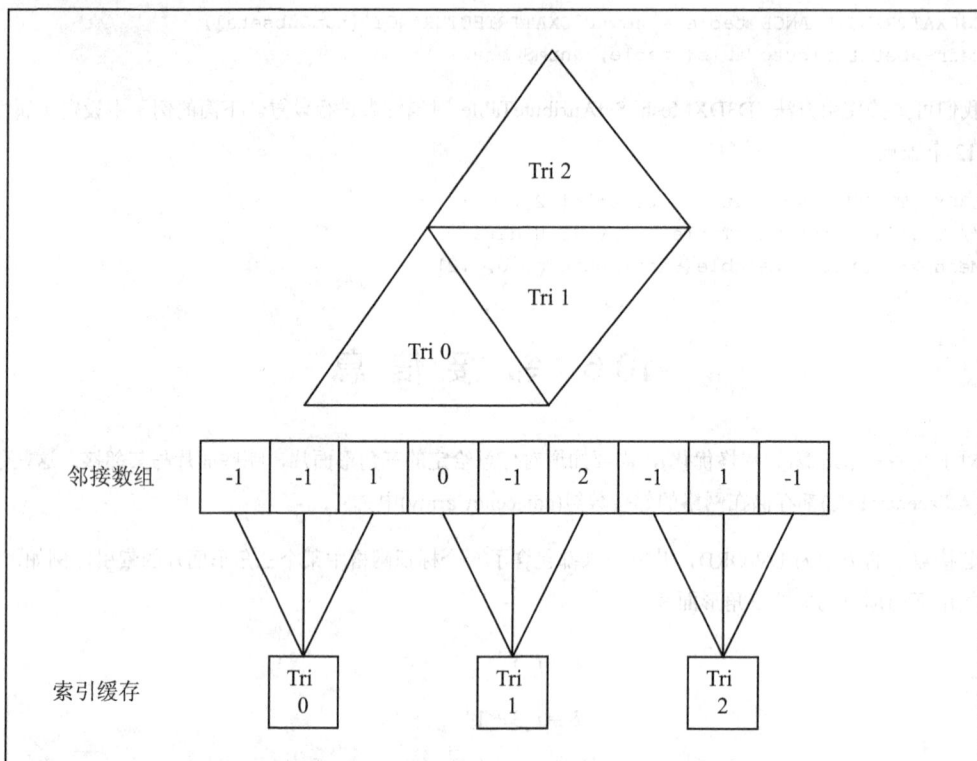

图 10.4 可以看出，每个三角形的邻接数组中都有三项分别表示与之邻接的三角形。例如，Tri 1 有两个邻接三角形(Tri 0 和 Tri 2)。所以对于 Tri 1，其相应的邻接数组中的各项应为 0, 2, -1，表示 Tri 1 与 Tri 0 和 Tri 2 相邻。-1 表明 Tri 1 中的某一边没有邻接三角形

● pAdjacency 指向一个 DWORD 类型的数组的指针，该数组中存储了邻接信息。

例：

```
DWORD adjacencyInfo[Mesh->GetNumFaces() * 3];
Mesh->GenerateAdjacency(0.001f, adjacencyInfo);
```

10.7 克 隆

有时我们需要生成网格数据的一个副本。这时可使用如下方法：

```
HRESULT ID3DXMesh::CloneMeshFVF(
    DWORD Options,
    DWORD FVF,
    LPDIRECT3DDEVICE9 pDevice,
```

```
    LPD3DXMESH *ppCloneMesh
);
```

- Options　创建某网格副本时的创建标记或标记组合。标记选项的完整列表请参阅 SDK 文档
  中 D3DXMESH 枚举类型的相关部分。一些常用的标记如下：
  - ◆ D3DXMESH_32BIT　网格将使用 32 位索引。
  - ◆ D3DXMESH_MANAGED　网格数据将被存储于托管内存池中。
  - ◆ D3DXMESH_WRITEONLY　指定网格数据为只读。
  - ◆ D3DXMESH_DYNAMIC　网格缓存将使用动态内存。
- FVF　所要创建的克隆网格的灵活顶点格式。
- pDevice　与所创建的克隆网格关联的设备指针。
- ppCloneMesh　输出所创建的克隆网格。

注意，该方法允许目标网格(destination mesh)采用与源网格(source mesh)不同的创建选项(creation option)和灵活顶点格式。例如，假定有一个灵活顶点格式为 FVF_XYZ 的网格，我们想要创建该网格的一个副本，但想将其顶点格式指定为 D3DFVF_XYZ|D3DFVF_NORMAL。可以这样做：

```
//assume mesh and device are valid
ID3DXMesh * clone = 0;
Mesh->CloneMeshFVF(
 Mesh->GetOptions(),                //use same options as source mesh
 D3DFVF_XYZ | D3DFVF_NORMAL,        //specify clones FVF
 Device,
 & clone
);
```

10.8　创建网格(D3DXCreateMeshFVF)

到目前为止，我们已经使用 **D3DXCreate*** 系列函数创建了一些网格对象。我们也可使用 **D3DXCreateMeshFVF** 函数创建一个"空"网格对象。这里的"空"网格对象是指我们指定了网格的面片总数和顶点总数，然后由 **D3DXCreateMeshFVF** 函数为顶点缓存、索引缓存和属性缓存分配大小合适的内存。为网格缓存分配好内存后，我们就可手工填入网格的数据(即，我们必须将顶点、索引以及属性分别写入顶点缓存、索引缓存和属性缓存中)。

如前所述，我们用如下函数创建一个空网格。

```
HRESULT WINAPI D3DXCreateMeshFVF(
    DWORD NumFaces,
    DWORD NumVertices,
    DWORD Options,
    DWORD FVF,
```

```
    LPDIRECT3DDEVICE9 pDevice,
    LPD3DXMESH *ppMesh
);
```

- NumFaces 网格将具有的的面片总数。该值必须大于零。
- NumVertices 网格将具有的顶点总数。该值必须大于零。
- Options 创建网格时所使用的创建标记。标记选项的完整列表请参阅 SDK 文档中与枚举类型 D3DXMESH 相关的部分。一些常用的标记如下。
  - ◆ D3DXMESH_32BIT 网格将使用 32 位索引。
  - ◆ D3DXMESH_MANAGED 网格数据将被存储于托管内存池中。
  - ◆ D3DXMESH_WRITEONLY 指定网格数据为只读。
  - ◆ D3DXMESH_DYNAMIC 网格缓存将使用动态内存。
  - ◆ FVF 存储在该网格中的顶点的灵活顶点格式。
  - ◆ pDevice 与该网格相关的设备指针。
  - ◆ ppMesh 所创建的网格对象的指针。

在下一节中将要讨论的例程，给出了如何用该函数创建网格以及手工填入网格数据的具体例子。

另外，您也可用函数 **D3DXCreateMesh** 函数来创建空网格。该函数原型如下：

```
HRESULT D3DXCreateMesh(
    DWORD NumFaces,
    DWORD NumVertices,
    DWORD Options,
    CONST LPD3DVERTEXELEMENT9* pDeclaration,
    LPDIRECT3DDEVICE9 pDevice,
    LPD3DXMESH* ppMesh
);
```

该函数的参数与 **D3DXCreateMeshFVF** 方法类似，只是第 4 个参数不同。在该函数中，我们并未指定 FVF，而是用一个 **D3DVERTEXELEMENT9** 类型的结构数组来描述顶点数据的布局方式。我们在这里略去了对 **D3DVERTEXELEMENT9** 结构的讨论，请读者结合 SDK 文档自行研究。但是，值得一提的是下面与之相关的函数：

```
HRESULT D3DXDeclaratorFromFVF(
    DWORD FVF,                    // input format
    D3DVERTEXELEMENT9 Declaration[MAX_FVF_DECL_SIZE]  //output format
);
```

💡 **注意** 我们将在第 17 章中对 **D3DVERTEXELEMENT9** 结构进行讨论。

该函数在给定 FVF 时，输出一个 **D3DVERTEXELEMENT9** 类型的结构数组。注意，**MAX_FVF_DECL_SIZE** 的定义如下：

```
typedef enum {
  MAX_FVF_DECL_SIZE = 18
} MAX_FVF_DECL_SIZE;
```

10.9　例程：网格的创建与绘制

本章的例程绘制了一个立方体网格(见图 10.5)。

图 10.5　作为一个 ID3DXMesh 接口对象的立方体的创建与绘制

该例程演示了本章中所讨论的大部分函数如何使用，涵盖的主题包括：

- 创建空网格对象。
- 将立方体的面片数据写入网格缓存。
- 指定网格中每个面片所属的子集。
- 生成该网格的邻接信息。
- 优化网格。
- 绘制网格。

注意，在本例程的讨论中，我们略去了与这些主题不相关的代码。在本书的配套文件中，您可找到完整的源代码。该例程的名称为 **D3DCreateMeshFVF**。

此外，为了便于调试和观察网格的构成，我们实现了下列方法，将网格的内部数据输出到文件中。

```
void dumpVertices(std::ofstream& outFile, ID3DXMesh* mesh);
void dumpIndices(std::ofstream& outFile, ID3DXMesh* mesh);
void dumpAttributeBuffer(std::ofstream& outFile, ID3DXMesh* mesh);
void dumpAdjacencyBuffer(std::ofstream& outFile, ID3DXMesh* mesh);
void dumpAttributeTable(std::ofstream& outFile, ID3DXMesh* mesh);
```

这些函数的名字描述了其功能。由于这些函数的实现比较简单，在这里我们不对其进行讨论(参见配套文件中的源代码)。我们在本节的最后将演示 dumpAttributeTable 函数的使用。

现在进入正题,我们首先初始化下列全局变量。

```
ID3DXMesh* Mesh = 0;
const DWORD NumSubsets = 3;
IDirect3DTexture9* Textures[3] = {0, 0, 0};// texture for each subset

std::ofstream OutFile; //used to dump mesh data to file
```

这里,我们对一个指针 Mesh 进行了初始化,该指针将指向以后创建的网格对象。我们还定义了该网格将具有的子集个数为 3 个。在本例中,每个子集都使用了一种不同的纹理。这样,纹理数组中的第 *i* 个索引就与网格中的第 *i* 个子集建立了关联。最后,ofstream 类的对象 OutFile 用于将网格的相关数据写入一个文本文件中。我们可将该对象作为参数传递给 dump* 函数。

本例程的主要工作是在 Setup 函数中完成的。首先创建一个空网格。

```
bool Setup()
{
 HRESULT hr = 0;

 hr = D3DXCreateMeshFVF(
      12,
      24,
      D3DXMESH_MANAGED,
      Vertex::FVF,
      Device,
      &Mesh);
```

这里,我们创建了一个可存储 12 个面片和 24 个顶点的空网格,这些参数足以描述一个立方体。

此时,该网格中尚未写入数据,所以我们需要将描述该立方体的顶点和索引信息分别写入该网格对象的顶点缓存和索引缓存中。锁定顶点缓存和索引缓存,并手工写入这些数据就可很容易的实现这一目标。

```
 // Fill in vertices of a box
 Vertex* v = 0;
 Mesh->LockVertexBuffer(0, (void**)&v);

 // fill in the front face vertex data
 v[0] = Vertex(-1.0f, -1.0f, -1.0f, 0.0f, 0.0f, -1.0f, 0.0f, 0.0f);
 v[1] = Vertex(-1.0f,  1.0f, -1.0f, 0.0f, 0.0f, -1.0f, 0.0f, 1.0f);
 ⋮
 v[22] = Vertex( 1.0f,  1.0f,  1.0f, 1.0f, 0.0f, 0.0f, 1.0f, 1.0f);
 v[23] = Vertex( 1.0f, -1.0f,  1.0f, 1.0f, 0.0f, 0.0f, 1.0f, 0.0f);
```

```
Mesh->UnlockVertexBuffer();

// Define the triangles of the box
WORD* i = 0;
Mesh->LockIndexBuffer(0, (void**)&i);

// fill in the front face index data
i[0] = 0; i[1] = 1; i[2] = 2;
i[3] = 0; i[4] = 2; i[5] = 3;
⋮
// fill in the right face index data
i[30] = 20; i[31] = 21; i[32] = 22;
i[33] = 20; i[34] = 22; i[35] = 23;

Mesh->UnlockIndexBuffer();
```

网格的面片数据写入相应缓存后，我们必须指定每个面片所属的子集。前面的小节中我们讲到的属性缓存存储了网格中每个面片所属的子集。本例中，我们指定索引缓存中的前 4 个面片属于子集 1，接下来 4 个面片属于子集 1，最后 4 个面片属于子集 2。代码表示为：

```
DWORD* attributeBuffer = 0;
Mesh->LockAttributeBuffer(0, &attributeBuffer);

for(int a = 0; a < 4; a++)      //triangles 1-4
    attributeBuffer[a] = 0;     //subset 0

for(int b = 4; b < 8; h++)      //triangles 5-8
    attributeBuffer[b] = 1;     //subset 1

for(int c = 8; c < 12; c++)     //triangles 9-12
    attributeBuffer[c] = 2;     //subset 2

Mesh->UnlockAttributeBuffer();
```

现在我们已创建了一个含有合法数据的网格。至此，我们完全可以开始绘制该网格了，但是我们想先对其进行优化。注意，对于这样一个较简单的立方体网格，对其进行优化基本上不会有什么收效，但尽管如此，我们还是希望借助该例帮助您了解一下如何使用 **ID3DXMesh** 接口的方法。为了对网格进行优化，首先需要计算该网格的邻接信息。

```
std::vector<DWORD> adjacencyBuffer(Mesh->GetNumFaces() * 3);
Mesh->GenerateAdjacency(0.0f, &adjacencyBuffer[0]);
```

然后，我们对网格进行优化，如下所示：

```
hr = Mesh->OptimizeInplace(
```

```
                D3DXMESHOPT_ATTRSORT  |
                D3DXMESHOPT_COMPACT   |
                D3DXMESHOPT_VERTEXCACHE,
                &adjacencyBuffer[0],
                0, 0, 0);
```

至此，网格的设置已全部完成，但绘制之前我们还想提一下 Setup 函数中最后那段代码。这段代码用前面提到的 **dump*** 函数将网格的内部数据输出到文件中。对网格数据的检查将有助于调试和了解该网格的结构。

```
    OutFile.open("Mesh Dump.txt");

    dumpVertices(OutFile, Mesh);
    dumpIndices(OutFile, Mesh);
    dumpAttributeTable(OutFile, Mesh);
    dumpAttributeBuffer(OutFile, Mesh);
    dumpAdjacencyBuffer(OutFile, Mesh);

    OutFile.close();

    ... Texture loading, setting render states, etc., snipped

    Return true;
} //end Setup()
```

例如，**dumpAttributeTable** 函数可将属性表数据写入文件。其实现如下：

```
void dumpAttributeTable(std::ofstream& outFile, ID3DXMesh* mesh)
{
 outFile << "Attribute Table:" << std::endl;
 outFile << "----------------" << std::endl << std::endl;

 // number of entries in the attribute table
 DWORD numEntries = 0;

 mesh->GetAttributeTable(0, &numEntries);

 std::vector<D3DXATTRIBUTERANGE> table(numEntries);

 mesh->GetAttributeTable(&table[0], &numEntries);

 for(int i = 0; i < numEntries; i++)
 {
     outFile << "Entry " << i << std::endl;
     outFile << "-----------" << std::endl;
```

```
        outFile << "Subset ID:    " << table[i].AttribId    << std::endl;
        outFile << "Face Start:   " << table[i].FaceStart    << std::endl;
        outFile << "Face Count:   " << table[i].FaceCount    << std::endl;
        outFile << "Vertex Start: " << table[i].VertexStart  << std::endl;
        outFile << "Vertex Count: " << table[i].VertexCount  << std::endl;
        outFile << std::endl;
    }

    outFile << std::endl << std::endl;
}
```

下面的文本来源于该例程运行时所生成的 Mesh Dump.txt 文件，对应于 dumpAttributeTable 函数所写入的部分。

```
Attribute Table:
----------------
Entry 0
------------
Subset ID:    0
Face Start:   0
Face Count:   4
Vertex Start: 0
Vertex Count: 8
Entry 1
------------
Subset ID:    1
Face Start:   4
Face Count:   4
Vertex Start: 8
Vertex Count: 8
Entry 2
------------
Subset ID:    2
Face Start:   8
Face Count:   4
Vertex Start: 16
Vertex Count: 8
```

从中可以看出，这与我们为网格指定的数据一致(共 3 个子集)，每个子集含有 4 个面片。我们建议您研究一下本例程的输出文件 Mesh Dump.txt。该文件可从本书的配套文件中找到。

最后，我们可用如下代码轻松实现网格的绘制。实质上我们仅是通过循环遍历每个子集，为每个子集设置相关纹理并进行绘制。当我们按照 0, 1, 2, …, $n-1$ 的顺序(其中 n 为子集个数)指定各子集时，子集的遍历就很容易做到。

```
bool Display(float timeDelta)
{
    if( Device )
    {
    // Update: Rotate the cube.
    D3DXMATRIX xRot;
    D3DXMatrixRotationX(&xRot, D3DX_PI * 0.2f);

    static float y = 0.0f;
    D3DXMATRIX yRot;
    D3DXMatrixRotationY(&yRot, y);
    y += timeDelta;

    if( y >= 6.28f )
        y = 0.0f;

    D3DXMATRIX World = xRot * yRot;

    Device->SetTransform(D3DTS_WORLD, &World);

    // Render
    Device->Clear(0, 0, D3DCLEAR_TARGET | D3DCLEAR_ZBUFFER,
                0x00000000, 1.0f, 0);
    Device->BeginScene();

    for(int i = 0; i < NumSubsets; i++)
    {
        Device->SetTexture( 0, Textures[i] );
        Mesh->DrawSubset( i );
    }

    Device->EndScene();
    Device->Present(0, 0, 0, 0);
}
return true;
}
```

10.10　小　　结

- 网格对象包含了顶点缓存、索引缓存和属性缓存。顶点缓存和索引缓存保存了该网格的几何信息(顶点和三角形面片)。属性缓存中的每一项都对应于一个三角形面片，并指定了该面片所属的子集。

- 可使用 OptimizeInplace 方法和 Optimize 方法对网格进行优化。优化的过程就是对网格的几何信息进行重组的过程，这样可使绘制更加高效。优化时如果使用了选项 D3DXMESHOPT_ATTRSORT，将会自动生成一个属性表。借助属性表，只要通过一次快速查找，就能绘制一个完整的子集。

- 网格的邻接信息是一个 DWORD 类型的数组，该数组为网格中的每个三角形面片分配了 3 项，这些项标识了与该三角形邻接的那些三角形。

- 我们可用 D3DXCreateMeshFVF 函数创建一个空网格对象，然后借助相应的锁定方法 (LockVertexBuffer, LockIndexBuffer 和 LockAttributeBuffer)为该网格对象写入合法数据。

11

网格（二）

本章中，我们将继续研究 D3DX 库提供的与网格相关的接口、结构和函数。以上一章为基础，我们现在将研究一些更加有趣的技术，例如从磁盘上加载一个复杂的 3D 模型并将该模型绘制出来，或者利用渐进网格(progressive mesh)接口来控制网格的细节层次(level of detail)。

学习目标

- 了解如何将 X 文件(XFile)中的数据加载到 ID3DXMesh 对象中
- 理解使用渐进网格的优点，以及如何使用渐进网格接口 ID3DXPMesh
- 了解外接体(bounding volume)的作用，以及如何用 D3DX 函数创建外接体

11.1　ID3DXBuffer

上一章中，我们对接口 ID3DXBuffer 只做了轻描淡写的叙述，本章中我们将详细讨论该接口。在 D3DX 库函数的整个使用过程中，我们都遇到了该接口，所以有必要对其进行简短而全面的讨论。

ID3DXBuffer 接口是一种泛型(generic)数据结构，该接口为 D3DX 库所使用，并可将数据存储在一个连续的内存块中。该接口只有两个方法。

- LPVOID GetBufferPointer();　返回指向缓存中数据起始位置的指针。
- DWORD GetBufferSize();　返回缓存的大小，单位为字节。

为了保持该接口的通用性，该接口使用了 void 类型的指针。这就意味着必须由我们来实现被存储的数据类型。例如，D3DXLoadMeshFromX 函数用 ID3DXBuffer 类型的指针返回一个网格对象的邻接信息。由于邻接信息被存储在一个 DWORD 类型的数组中，所以当我们想要使用该接口的邻接信息时，我们必须对该缓存进行强制类型转换。

例：

```
DWORD * info = (DWORD *)adjacencyInfo->GetBufferPointer();
D3DXMATERIAL * mtrls = (D3DXMATRIAL *)mtrlBuffer->GetBufferPointer();
```

由于 ID3DXBuffer 是一个 COM 对象，该接口使用完毕之后必须将其释放，以防内存泄漏。

```
adjacencyInfo->Release();
mtrlBuffer->Release();
```

我们可用如下函数创建一个空的 ID3DXBuffer 对象：

```
HRESULT D3DXCreateBuffer(
    DWORD NumBytes,              // Size of the Buffer
    LPD3DXBUFFER *ppBuffer       // Returns the created buffer
);
```

下面的例子中创建了一个能容纳 4 个整数的缓存：

```
ID3DXBuffer * buffer = 0;
D3DXCreateBuffer(4 * sizeof(int), & buffer);
```

11.2　XFile

到目前为止，我们已经通过使用 D3DXCreate*函数创建了一些简单的几何物体，例如球体、圆柱体、立方体等。如果您试图通过手工指定顶点数据来创建 3D 物体，毫无疑问这将是一个相当枯燥的任务。为了减轻构建 3D 物体这种繁重的工作，人们开发了称为 3D 建模工具(3D modeler)的专业应用程序。这些建模工具允许用户在一种可视化的交互环境中创建复杂而逼真的网格，并配有大量的工具集，这样就大大简化了 3D 建模的过程。例如，用于游戏制作的比较流行的建模工具有 3DS Max(www.discreet.com)，LightWave(www.newtek.com)以及 Maya(www.aliasingwave-front.com)。

当然，这些建模工具能够将网格数据(几何信息、材质、动画以及其他可能的有用数据)导出到文件中。这样，我们可以编写一个文件读取程序来提取网格数据并在我们的 3D 应用程序中使用。这当然是一种可行的方案。但是，还有一种更简便的办法。有一种特殊的网格文件格式称为 XFile 格式(扩展名为.X)。许多 3D 建模工具可以将模型数据导成这种格式，而且也有许多转换程序(Converter)可以将其他较流行的网格文件格式转换为.X 格式。XFile 之所以使用方便，最主要的原因是它是 DirectX 定义的格式，所以该格式得到了 D3DX 库的有力支持。即 D3DX 库提供了对 XFile 格式的文件进行加载和保存的函数。所以在使用这种格式时，我们无需自己编写这类文件的加载和保存程序了。

> **注意**　您可以从 MSDN 网站(http:// msdn.microsoft.com/)下载 DirectX9 SDK 的附加工具——Direct3D Tool 软件包，以获得针对一些流行的 3D 建模工具(如 3DS Max、LightWave 和 Maya)的.X 文件导出工具。

11.2.1　加载 XFile 文件

我们可以使用如下函数加载网格数据并将其存储在 XFile 文件中。注意，该方法创建了一个 ID3DXMesh 对象并将 XFile 中的几何数据加载到该对象中。

```
HRESULT D3DXLoadMeshFromX(
    LPCSTR pFilename,
    DWORD Options,
    LPDIRECT3DDEVICE9 pDevice,
    LPD3DXBUFFER *ppAdjacency,
    LPD3DXBUFFER *ppMaterials,
    LPD3DXBUFFER* ppEffectInstances,
    PDWORD pNumMaterials,
    LPD3DXMESH *ppMesh
);
```

- pFileName　所要加载的 XFile 文件名。
- Options　创建网格时所使用的创建标记。标记选项的完整列表请参阅 SDK 文档中与枚举类型 D3DXMESH 相关的部分。一些常用的标记如下。
  - ◆ D3DXMESH_32BIT　网格将使用 32 位索引。
  - ◆ D3DXMESH_MANAGED　网格数据将被存储于托管内存池中。
  - ◆ D3DXMESH_WRITEONLY　指定网格数据为只读。
  - ◆ D3DXMESH_DYNAMIC　网格缓存将使用动态内存。
- pDevice　与该网格对象相关的设备指针。
- ppAdjacency　返回一个 ID3DXBuffer 对象，该对象包含了一个描述了该网格对象的邻接信息的 DWORD 类型的数组。
- ppMaterials　返回一个 ID3DXBuffer 对象，该对象包含了一个存储了该网格的材质数据的 D3DXMATERIAL 类型的结构数组。我们将在下一节中介绍网格材质。
- ppEffectInstances　返回一个 ID3DXBuffer 对象，该对象包含了一个 D3DXEFFECTIN-STANCE 结构。现在我们可通过将该参数指定为 0 而将其忽略。
- pNumMaterials　返回网格中的材质数目(即由 ppMaterials 输出的 D3DXMATERIAL 数组中元素的个数)。
- ppMesh　返回所创建的并已填充了 XFile 几何数据的 ID3DXMesh 对象。

11.2.2　XFile 材质

D3DXLoadMeshFromX 函数中的第 7 个参数返回了该网格对象所含的材质数目,第 5 个参数返回了一个存储了材质数据的 D3DXMATRIAL 类型的结构数组。D3DXMATERIAL 结构的定义如下:

```
typedef struct D3DXMATERIAL {
D3DMATERIAL9 MatD3D;
    LPSTR pTextureFilename;
} D3DXMATERIAL;
```

该结构较为简单,它包含了 D3DMATERIAL9 结构和一个指向以 NULL 结尾的字符串的指针,该字符串指定了与网格相关的纹理文件名。XFile 文件中并未存储纹理数据,它只包含了纹理图像文件名,该文件名是对包含了实际纹理数据的纹理图像的引用。这样,当用 D3DXLoadMeshFromX 函数加载了一个 XFile 文件后,我们必须根据指定的纹理文件名加载纹理数据。在下一节中,我们将示范如何完成上述操作。

值得一提的是,D3DXLoadMeshFromX 函数载入 XFile 数据后,返回的 D3DXMATERIAL 结构数组中的第 i 项就与第 i 个子集相对应。所以我们将各子集按照 0, 1, 2, …, $n-1$ 的顺序进行标记,其中 n 是子集和材质的总数。这样就可用一个简单的循环对全部子集进行遍历和绘制,从而完成整个网格的绘制。

11.2.3 例程:XFile

我们现在来讲解本章的第一个例程 XFile 中的相关代码。该例程从 bigship1.x 文件(DirectX SDK 根目录下的 Sample\Media\misc 文件夹中)中加载数据。完整的源代码请参阅本书的配套文件。图 11.1 展示了该例程的截图。

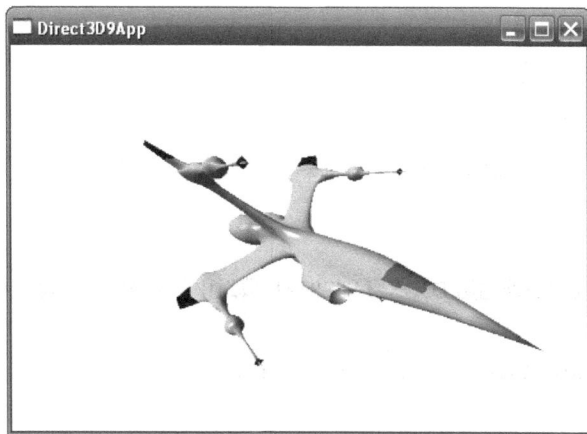

图 11.1 XFile 例程的截图

该例程使用了下列全局变量。

```
ID3DXMesh* Mesh = 0;
std::vector<D3DMATERIAL9> Mtrls(0);
std::vector<IDirect3DTexture9*> Textures(0);
```

这里,我们用一个 ID3DXMesh 对象存储从 XFile 中加载的网格数据。另外我们还用两个向量分别存储该网格的材质和纹理数据。

首先来实现我们的标准 Setup 函数。第一步是加载 XFile 文件。

```
bool Setup()
{
 HRESULT hr = 0;

 //
```

```
// Load the XFile data.
//

ID3DXBuffer* adjBuffer  = 0;
ID3DXBuffer* mtrlBuffer = 0;
DWORD        numMtrls   = 0;

hr = D3DXLoadMeshFromX(
    "bigship1.x",
    D3DXMESH_MANAGED,
    Device,
    &adjBuffer,
    &mtrlBuffer,
    0,
    &numMtrls,
    &Mesh);

if(FAILED(hr))
{
    ::MessageBox(0, "D3DXLoadMeshFromX() - FAILED", 0, 0);
    return false;
}
```

加载 **XFile** 数据后，我们必须遍历 **D3DXMATERIAL** 数组中的元素，并加载该网格所引用的纹理数据。

```
//
// Extract the materials, and load textures.
//

if( mtrlBuffer != 0 && numMtrls != 0 )
{
    D3DXMATERIAL* mtrls = (D3DXMATERIAL*)mtrlBuffer->GetBufferPointer();

    for(int i = 0; i < numMtrls; i++)
    {
        // the MatD3D property doesn't have an ambient value set
        // when its loaded, so set it now:
        mtrls[i].MatD3D.Ambient = mtrls[i].MatD3D.Diffuse;

        // save the ith material
        Mtrls.push_back( mtrls[i].MatD3D );

        // check if the ith material has an associative texture
        if( mtrls[i].pTextureFilename != 0 )
        {
            // yes, load the texture for the ith subset
```

```
            IDirect3DTexture9* tex = 0;
            D3DXCreateTextureFromFile(
                Device,
                mtrls[i].pTextureFilename,
                &tex);

            // save the loaded texture
            Textures.push_back( tex );
        }
        else
        {
            // no texture for the ith subset
            Textures.push_back( 0 );
        }
    }
}
d3d::Release<ID3DXBuffer*>(mtrlBuffer); // done w/ buffer


.
. //Snipped irrelevant code to this chapter(e.q., setting up lights,
. //view and projection matrices, etc.)
.
Return true;
)//end Setup()
```

在 Display 函数中，我们在每一帧图像中对网格做了略微的旋转，以使其呈现旋转的动画效果。由于网格的各子集已按 0, 1, 2, …, $n-1$ 的顺序标记(n 为子集总数)，整个网格的绘制通过一个简单的循环即可轻松完成。

```
bool Display(float timeDelta)
{
 if( Device )
 {
    //
    // Update: Rotate the mesh.
    //

    static float y = 0.0f;
    D3DXMATRIX yRot;
    D3DXMatrixRotationY(&yRot, y);
    y += timeDelta;

    if( y >= 6.28f )
        y = 0.0f;
```

```
D3DXMATRIX World = yRot;

Device->SetTransform(D3DTS_WORLD, &World);

//
// Render
//

Device->Clear(0, 0, D3DCLEAR_TARGET | D3DCLEAR_ZBUFFER,
              0xffffffff, 1.0f, 0);
Device->BeginScene();

for(int i = 0; i < Mtrls.size(); i++)
{
    Device->SetMaterial( &Mtrls[i] );
    Device->SetTexture(0, Textures[i]);
    Mesh->DrawSubset(i);
}

Device->EndScene();
Device->Present(0, 0, 0, 0);
    }
    return true;
}
```

11.2.4　生成顶点法线

XFile 文件中有可能没有存放顶点的法向量。如果出现这种情况，为了使用光照，我们可能需要手工计算每个顶点的法向量。在第 5 章中，我们简要讨论了顶点法向量的计算。但现在既然我们已经了解了 ID3DXMesh 接口及其父接口 ID3DXBaseMesh，我们就可用如下方法来产生任意网格的顶点法向量。

```
HRESULT D3DXComputeNormals(
 LPD3DXBASEMESH pMesh, // Mesh to compute the normals of.
    CONST DWORD * pAdjacency //Input adjacency info.
);
```

该函数通过法向量平均的方法生成顶点的法向量。如果提供了邻接信息，重叠的顶点就会被剔除。如果没有提供邻接信息，则重叠顶点的法向量由该顶点所依附的各面在该点的局部法向量取平均而得到。很重要的一点是，我们传入的参数 pMesh 的顶点格式中必须包含标记 D3DFVF_NORMAL。

注意，如果一个 XFile 文件不含顶点法线数据，则由函数 D3DXLoadMeshFromX 所创建的 ID3DXMesh 网格对象在其顶点格式中将不含 D3DFVF_NORMAL 标记。所以，在使用函数 D3DXComputeNormals 之前，我们必须克隆该网格，并为其指定一个包含了 D3DFVF_NORMAL 标记的顶点格式。下面的例子演示了上述过程：

```
// does the mesh have a D3DFVF_NORMAL in its vertex format?
if ( !(pMesh->GetFVF() & D3DFVF_NORMAL) )
{
    // no, so clone a new mesh and add D3DFVF_NORMAL to its format:
    ID3DXMesh* pTempMesh = 0;
    pMesh->CloneMeshFVF(
        D3DXMESH_MANAGED,
        pMesh->GetFVF() | D3DFVF_NORMAL, // add it here
        Device,
        &pTempMesh );
    // compute the normals:
    D3DXComputeNormals( pTempMesh, 0 );
    pMesh->Release(); // get rid of the old mesh
    pMesh = pTempMesh; // save the new mesh with normals
}
```

11.3　渐进网格

　　渐进网格用 ID3DXPMesh 接口来表示，它允许我们运用一系列的边折叠变换(Edge Collapse Transformations，ECT)对网格进行简化。每次 ECT 都移除一个顶点以及一个或两个面。由于每次 ECT 都是可逆的(其逆运算称为顶点分裂)，我们可对简化过程进行逆转，从而将网格精确恢复到初始状态。当然，这也就意味着我们无法获得比原始网格更丰富的细节。我们只能对网格进行简化及其逆运算。图 11.2 展示了一个在 3 种不同的细节层次(level of detail)下的网格：高、中、低。

图 11.2　以 3 种不同分辨率显示的网格

　　渐进网格的思路与纹理中的多级渐进纹理(mipmap)类似。进行纹理映射时，我们会注意到如果对一个小而远的图元应用高分辨率的纹理实在是一种浪费，因为观察者根本不可能注意到这些细节。对于网格也是同样的道理：一个小而远的网格完全不必像大而近的网格一样使用大量的面片。所以，在满足要求的条件下，我们总是用尽量少的面片来表达一个网格，以节省宝贵的绘制时间。

注意，这里我们暂且不讨论如何实现渐进网格，我们所要介绍的是如何使用 ID3DXPMesh 接口。那些对渐进网格的实现细节感兴趣的读者可在 Hugues Hoppe 的网站(*http://research.microsoft.com/~hoppe*)中找到最早的关于渐进网格的论文。

11.3.1　生成渐进网格

我们可用如下函数创建 ID3DXPMesh 对象。

```
HRESULT D3DXGeneratePMesh(
 LPD3DXMESH pMesh,
     CONST DWORD * pAdjacency,
     CONST D3DXATTRIBUTEWEIGHTS * pVertexAttributeWeights,
     CONST FLOAT * pVertexWeights,
     DWORD MinValue,
     DWORD Options,
 LPD3DXPMESH * ppPMesh
);
```

- pMesh　该输入变量包含了网格数据，渐进网格将根据此网格产生。
- pAdjacency　指向包含了 pMesh 的邻接信息的 DWORD 类型的数组指针。
- pVertexAttributeWeights　指向 D3DXATTRIBUTEWEIGHTS 类型的结构数组的指针，该数组的维数为 pMesh->GetNumVertices()，该数组的第 i 项对应于 pMesh 中的第 i 个顶点，并指定了相应顶点的属性权值。顶点属性权值用于决定在简化过程中顶点被删除的概率。您可为该参数传入 NULL，则每个顶点将被赋予默认的属性权值。要想了解属性权值和结构 D3DXATTRIBUTEWEIGHTS 的更多细节，请参阅 11.3.2 小节。
- pVertexWeights　指向一个 float 类型数组的指针，该数组的维数为 pMesh->GetNumVertices()，该数组的第 i 项对应于 pMesh 中的第 i 个顶点，并指定了相应顶点的权值。一个顶点权值越高，在简化过程中被移除的概率就越小。您可将该参数赋为 NULL，这样每个顶点就会被赋予默认的顶点权值 1.0。
- MinValue　网格中的顶点数或面片数(由下一个参数 Options 决定)可被简化到的下限。请注意，该值只是一种期望值(request)，实际还要依赖于顶点权值或属性权值，所以简化结果可能与该值不一致。
- Options　该参数实际上是 D3DXMESHSIMP 枚举类型的一个成员：
  - D3DXMESHSIMP_VERTEX　指定了前面的参数 MinValue 是指顶点数
  - D3DXMESHSIMP_FACE　指定了前面的参数 MinValue 是指面片数
- ppPMesh　返回所生成的渐进网格。

11.3.2 顶点属性权值

```
typedef struct D3DXATTRIBUTEWEIGHTS {
    FLOAT Position;
    FLOAT Boundary;
    FLOAT Normal;
    FLOAT Diffuse;
    FLOAT Specular;
    FLOAT Texcoord[8];
    FLOAT Tangent;
    FLOAT Binormal;
} D3DXATTRIBUTEWEIGHTS, *LPD3DXATTRIBUTEWEIGHTS;
```

该顶点权值结构允许我们为顶点的每一个可能的分量指定一个权值。如果某个分量的权值被赋为 0.0，则表明该分量无权值。顶点分量的权值越高，在简化过程中该顶点被移除的概率越小。各分量的默认权值为：

```
D3DXATTRIBUTEWEIGHTS AttributeWeights;
AttributeWeights.Position  = 1.0;
AttributeWeights.Boundary  = 1.0;
AttributeWeights.Normal    = 1.0;
AttributeWeights.Diffuse   = 0.0;
AttributeWeights.Specular  = 0.0;
AttributeWeights.Tex[8]    = {0.0, 0.0, 0.0, 0.0, 0.0, 0.0, 0.0, 0.0};
```

除非您的应用程序有充分的理由，一般情况下我们都建议您使用这些默认权值。

11.3.3 ID3DXPMesh 接口方法

ID3DXPMesh 接口继承自 ID3DXBaseMesh 接口。所以前者具有前面所提到 ID3DXMesh 接口的全部功能，此外 ID3DXPMesh 接口还具有以下方法。

- DWORD GetMaxFaces(VOID); 返回渐进网格面片数可被指定的上限。
- DWORD GetMaxVertices(VOID); 返回渐进网格顶点数可被指定的上限。
- DWORD GetMinFaces(VOID); 返回渐进网格面片数可被指定的下限。
- DWORD GetMinVertices(VOID); 返回渐进网格顶点数可被指定的下限。
- HRESULT SetNumFaces(DWORD Faces); 该方法允许我们设置网格的面片数可被简化或细化(complexify)到的个数。例如，假定网格目前有 50 个面片，我们想将其简化到 30 个，可以这样做：

  ```
  pMesh->SetNumFaces(30);
  ```

  注意，调整后的网格面片数可能与期望的面片数不一致。如果 Faces 小于 GetMinFaces()，它将取为 GetMinFaces()。类似地，如果 Faces 大于 GetMaxFaces()，它将取为 GetMaxFaces()。

● HRESULT SetNumVertices(DWORD Vertices); 该方法允许我们设置网格的顶点数可被简化或细化(complexify)到的个数。例如，假定网格目前有 20 个顶点，我们想将其增加细节，将顶点数增加到 40 个，可以这样做：

```
pMesh->SetNumVertices (30);
```

注意，调整后的网格顶点数可能与期望的顶点数不一致。如果 Vertices 小于 GetMinVertices()，它将被截取为 GetMinVertices()。类似地，如果 Vertices 大于 GetMaxVertices()，它将被截取为 GetMaxVertices ()。

● HRESULT TrimByFaces(
      DWORD NewFacesMin,
      DWORD NewFacesMax,
      DWORD * rgiFaceRemap, // Face remap info.
      DWORD * rgiVertRemap //Vertex remap info.
);

该方法允许我们重新设定面片数的最小值(NewFacesMin)和最大值(NewFacesMax)。注意，NewFacesMin 和 NewFacesMax 必须位于区间[GetMinFaces(), GetMaxFaces()]内。

该函数同时也返回了面片和顶点的重绘信息(remap info)。关于重绘信息的更多细节请参阅 10.4 节。

● HRESULT TrimByVertices(
      DWORD NewVerticesMin,
      DWORD NewVerticessMax,
      DWORD * rgiFaceRemap,
      DWORD * rgiVertRemap
);

该方法允许我们重新设定顶点数的最小值(NewVerticesMin)和最大值(NewVerticessMax)。注意，NewVerticesMin 和 NewVerticessMax 必须位于区间[GetMinVertices (), GetMaxVertices ()]内。该函数同时也返回了面片和顶点的重绘信息(remap info)。关于重绘信息的更多细节请参阅 10.4 节。

💡 **注意** SetNumFaces 和 SetNumVertices 方法需要重视，因为这些方法允许我们调整一个网格的 LOD。

11.3.4 例程：Progressive Mesh

本例程 Progressive Mesh 与例程 XFile 类似，唯一的区别是我们所创建和绘制的网格是由 ID3DXPMesh 接口表示的渐进网格。该例程允许用户通过键盘输入以交互方式改变渐进网格的分辨率。您可通过按下 A

键为网格增加面片，按下 S 键则从网格中移除面片。

　　本例程中所使用的全局变量基本上与例程 **XFile** 相同，区别仅仅是增加了一个用于存储渐进网格的变量。

```
ID3DXMesh * SourceMesh = 0;
ID3DXPMesh * PMesh = 0; // progressive mesh
vector<D3DMATERIAL9> Mtrls(0);
vector<IDirect3DTexture9*> Textures(0);
```

　　前面我们提到，为了生成渐进网格，我们必须传入一个"源"网格，该网格包含了我们希望所创建的渐进网格将包含的数据。所以，我们首先将 **XFile** 数据加载到一个 **ID3DXMesh** 对象 SourceMesh 中，然后再生成渐进网格。

```
bool Setup()
{
HRESULT hr = 0;

// ...Load the XFile data.
//
// ... Extracting materials and textures snipped.
```

　　由于这部分代码与例程 **XFile** 完全相同，我们将其略去。只要有了源网格，我们就可按照下面的方式生成渐进网格。

```
//
// Generate the progressive mesh.
//

hr = D3DXGeneratePMesh(
    SourceMesh,
    (DWORD*)adjBuffer->GetBufferPointer(), // adjacency
    0,                     // default vertex attribute weights
    0,                     // default vertex weights
    1,                     // simplify as low as possible
    D3DXMESHSIMP_FACE,     // simplify by face count
    &PMesh);

d3d::Release<ID3DXMesh*>(SourceMesh);      // done w/ source mesh
d3d::Release<ID3DXBuffer*>(adjBuffer);     // done w/ buffer

if(FAILED(hr))
{
    ::MessageBox(0, "D3DXGeneratePMesh() - FAILED", 0, 0);
    return false;
}
```

注意，如果我们想将网格面简化为只有一个面片，则由于顶点/属性权值的存在，这将不可能实现。但是，将期望的面片数指定为 1 可将网格简化至其所能达到的最低分辨率。

至此，渐进网格已经生成，但是如果我们现在就对其进行绘制，它将以最低分辨率显示出来。由于我们想首先以最大分辨率将该网格绘制出来，所以我们这样设置。

```
// set to original detail
DWORD maxFaces = PMesh->GetMaxFaces();
PMesh->SetNumFaces(maxFaces);
```

在 Display 函数中，我们测试 A 键和 S 键是否被按下，并对相应的输入做出响应：

```
bool Display(float timeDelta)
{
 if( Device )
 {
    //
    // Update: Mesh resolution.
    //

    // Get the current number of faces the pmesh has.
    int numFaces = PMesh->GetNumFaces();

    // Add a face, note the SetNumFaces() will  automatically
    // clamp the specified value if it goes out of bounds.
    if( ::GetAsyncKeyState('A') & 0x8000f )
    {
        // Sometimes we must add more than one face to invert
        // an edge collapse transformation because of the internal
        // implementation details of the ID3DXPMesh interface.In
        // other words, adding one face may possibly result in a
        // mesh with the same number of faces as before. Thus to
        // increase the face count we may some times have to add
        // two faces at once
        PMesh->SetNumFaces( numFaces + 1 );
        if( PMesh->GetNumFaces() == numFaces )
            PMesh->SetNumFaces( numFaces + 2 );
    }

    // Remove a face, note the SetNumFaces() will  automatically
    // clamp the specified value if it goes out of bounds.
    if( ::GetAsyncKeyState('S') & 0x8000f )
        PMesh->SetNumFaces( numFaces - 1 );
```

上述代码比较简单，但要注意，增加面片时，有时我们必须增加两个面片以保证 ECT 的逆变换能够顺利进行。

最后，我们按照与 ID3DXMesh 对象同样的方式来绘制 ID3DXPMesh 对象。此外，我们还将网格以黄色材质绘制在物体的线框模型上，从而勾画出了网格中的三角形面片。这样做是为了让您更清楚地看到当我们调整 LOD 时，每个三角形面片是如何被加入和移除的。

```
Device->Clear(0, 0, D3DCLEAR_TARGET | D3DCLEAR_ZBUFFER,
              0xffffffff, 1.0f, 0);
Device->BeginScene();

for(int i = 0; i < Mtrls.size(); i++)
{
    Device->SetMaterial( &Mtrls[i] );
    Device->SetTexture(0, Textures[i]);
    PMesh->DrawSubset(i);

    // draw wireframe outline
    Device->SetMaterial(&d3d::YELLOW_MTRL);
    Device->SetRenderState(D3DRS_FILLMODE, D3DFILL_WIREFRAME);
    PMesh->DrawSubset(i);
    Device->SetRenderState(D3DRS_FILLMODE, D3DFILL_SOLID);
}

Device->EndScene();
Device->Present(0, 0, 0, 0);
}
return true;
}//end Display
```

11.4　外　接　体

有时，我们需要计算一个网格的外接体(bounding volume)。两种常见的外接体是外接球(bounding sphere)和外接体(bounding box)。其他的外接体还有圆柱体(cylinders)、椭球体(ellipsoids)、菱形体(lozenges)以及胶囊状容器(capsule)。图 11.3 展示了一个网格的外接球和外接体。在本节中，我们仅讨论最常使用的外接球和外接体。

外接球或外接体常用于加速可见性检测(visibility test)和碰撞检测(collision test)。例如，如果一个网格的外接体或外接球不可见，我们就可认为该网格不可见。检测外接体的可见性要比检测网格中每个面片的可见性的代价低得多。下面举一个碰撞检测的例子，假定场景中有一个发射物，我们想要确定该发射物是否会击中场景中的某一物体。由于物体是由三角形面片构成的，所以我们需要遍历每个物体的每个面片，并检测发射物(其数学模型为射线)是否会击中某一面片。该方法需要进行大量的射线/三角形相交测试——

场景中每个物体的每个三角形面片都需要进行一次。一种更高效的途径是计算出每个网格(物体)的外接体，然后再对每个物体进行射线/外接体相交测试。如果射线与某一物体的外接体相交，我们就认为该物体被击中。这是一种很好的近似。如果希望提高检测精度，我们可借助外接体快速排除那些显然不可能被击中的物体，然后再对那些极有可能被击中的物体使用更精确的方法来检测。所谓极有可能被击中的物体就是其外接体被击中的那些物体。

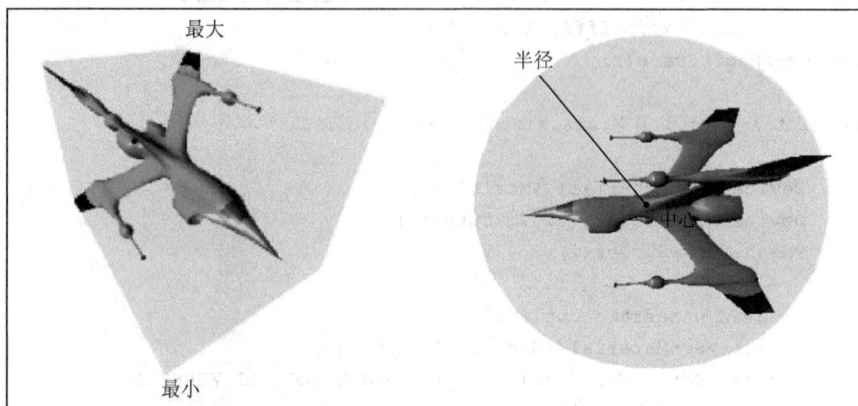

图 11.3　连同其外接球和外接体一起绘制的网格。外接球由其圆心和半径确定。
　　　　外接体由其最小点和最大点确定

D3DX 库提供了一些函数用来计算一个网格的外接球和外接体。这些函数接收一个顶点数组，然后依据这些顶点计算出外接球或外接体。这些函数具有很大的灵活性，可适应多种顶点格式。

```
HRESULT WINAPI D3DXComputeBoundingSphere(
    const D3DXVECTOR3 *pFirstPosition,
    DWORD NumVertices,
    DWORD dwStride,
    D3DXVECTOR3 *pCenter,
    FLOAT *pRadius
);
```

- pFirstPosition　指向顶点数组(该数组的每个元素都描述了对应顶点)中第一个顶点的位置向量的指针。
- NumVertices　该顶点数组中顶点的个数。
- dwStride　每个顶点的大小，单位为字节。该值很重要，因为一种顶点结构可能包含了许多该函数所不需要的附加信息，如法向量和纹理坐标等。这样该函数就需要知道应跳过多少字节才能找到下一个顶点的位置。
- pCenter　返回外接球的球心位置。
- pRadius　返回外接球的半径。

```
HRESULT WINAPI D3DXComputeBoundingBox(
```

```
    const D3DXVECTOR3 *pFirstPosition,
    DWORD NumVertices,
    DWORD dwStride,
    D3DXVECTOR3 *pMin,
    D3DXVECTOR3 *pMax
);
```

该函数的前 3 个参数与 **D3DXComputeBoundingSphere** 函数中的前 3 个参数完全相同。最后两个参数分别用于返回外接体的的最大点和最小点。

11.4.1　一些新的特殊常量

现在我们来介绍两个在本书后续章节中十分有用的两个常量。我们将这两个常量添加在 d3d 命名空间中。

```
namespace d3d
{
...
const float INFINITY = FLT_MAX;
const float EPSILON = 0.001f;
```

常量 INFINITY 用于表示 float 类型所能存储的最大浮点数。由于我们不可能取得一个比 FLT_MAX 更大的 float 类型的数，我们可将该值概念化为无穷大，这样可使表达了无穷大概念的代码更具可读性。常量 EPSILON 是我们定义的一个很小的值，如果某个数小于该值，我们就可认为该数为 0。这样做是很有必要的，因为浮点数运算具有不精确性，一个本应为 0 的数在计算机中表示时可能会出现微小的偏差。这样，就会得出该数与 0 不相等的结果。这样，我们就将判断某个数是否为 0 转化为判断某个数是否小于 EPSILON。下面的函数解释了 EPSILON 如何运用于浮点数的相等测试中。

```
bool Equals(float lhs, float rhs)
{
    // if lhs == rhs, their difference should be zero
    return fabs(lhs - rhs) < EPSILON ? true : false;
}
```

11.4.2　外接体的类型

为了给外接体的使用提供便利，很自然我们可为每种外接体实现一个类。我们将这些类实现在 d3d 命名空间中。

```
struct BoundingBox
{
    BoundingBox();
    bool isPointInside(D3DXVECTOR3& p);
    D3DXVECTOR3 _min;
```

```
      D3DXVECTOR3 _max;
};
struct BoundingSphere
{
      BoundingSphere();
      D3DXVECTOR3 _center;
      float _radius;
};

BoundingBox::BoundingBox()
{
      // infinite small bounding box
      _min.x = FLT_MAX;
      _min.y = FLT_MAX;
      _min.z = FLT_MAX;
      _max.x = -FLT_MAX;
      _max.y = -FLT_MAX;
      _max.z = -FLT_MAX;
}
bool BoundingBox::isPointInside(D3DXVECTOR3& p)
{
      // is the point inside the bounding box?
      if (p.x >= _min.x && p.y >= _min.y && p.z >= _min.z &&
          p.x <= _max.x && p.y <= _max.y && p.z <= _max.z)
      {
          return true;
      }
      else
      {
          return false;
      }
}
BoundingSphere::BoundingSphere()
{
      _radius = 0.0f;
}
```

11.4.3 例程：Bounding Volumes

例程 Bounding Volumes 位于本书配套文件中对应本章的文件夹中，该例程演示了如何使用 D3DXComputeBoundingSphere 和 D3DXComputeBoundingBox。该程序加载了一个 XFile 文件，并计算出物体的外接球和外接体。然后又创建了两个 ID3DXMesh 对象，分别用于对外接球和外接体建模。对应于该 XFile 的网格然后随其外接球或外接体一起被绘制出来(见图 11.4)。用户可通过按下空格键来实现外接球和外接体网格之间的切换显示。

图 11.4　Bounding Volumes 例程的一个截图。注意，由于使用了
Alpha 融合所以外接体呈现出了半透明的效果

　　该例程比较简单，我们把理解代码的任务留给读者。该例程中，笔者实现了两个用于计算某一个特定网格的外接球和外接体的函数，这是本例程的关键部分。

```
bool ComputeBoundingSphere(ID3DXMesh* mesh, d3d::BoundingSphere* sphere)
{
HRESULT hr = 0;

BYTE* v = 0;
mesh->LockVertexBuffer(0, (void**)&v);

hr = D3DXComputeBoundingSphere(
        (D3DXVECTOR3*)v,
        mesh->GetNumVertices(),
        D3DXGetFVFVertexSize(mesh->GetFVF()),
        &sphere->_center,
        &sphere->_radius);

mesh->UnlockVertexBuffer();

if( FAILED(hr) )
    return false;

return true;
}

bool ComputeBoundingBox(
    ID3DXMesh* mesh,       //mesh to compute bounding box for
    d3d::BoundingBox* box)
```

```
{
HRESULT hr = 0;

BYTE* v = 0;
mesh->LockVertexBuffer(0, (void**)&v);

hr = D3DXComputeBoundingBox(
        (D3DXVECTOR3*)v,
        mesh->GetNumVertices(),
        D3DXGetFVFVertexSize(mesh->GetFVF()),
        &box->_min,
        &box->_max);

mesh->UnlockVertexBuffer();

if( FAILED(hr) )
    return false;

    return true;
}
```

11.5 小   结

- 我们可用 3D 建模工具构建复杂的三角网格，并将其导出或转化为 XFile 文件。然后，借助函数 D3DXCreateMeshFromX，我们就可将 XFile 文件中的网格数据加载到一个 ID3DXMesh 对象中并加以使用。

- 由 ID3DXPMesh 接口表示的渐进网格可用来控制网格的细节层次；即，我们可动态调整网格的细节。这非常有用，因为我们经常需要根据网格在场景中的明显程度动态调整其细节。例如，距离观察者较近的网格应绘制出更多的细节，而远离观察者的网格完全可以忽略许多细节。

- 我们可用函数 D3DXComputeBoundingSphere 和 D3DXComputeBoundingBox 分别计算出一个物体的外接球和外接体。外接体十分有用，因为它们对网格的体积进行了逼近，所以可用来加速那些与网格的空间体积相关的运算。

12

设计一个灵活的 Camera 类

到目前为止，我们已经学会了如何用 D3DXMatrixLookAtLH 函数计算出观察矩阵(即取景变换矩阵)。当在某一固定地点固定摄像机方位时，该函数十分有用，但其用户接口对于一个能够根据用户输入做出响应的移动摄像机来说，就显得力不从心。这就促使我们开发自己的解决方案。本章中，我们将介绍如何实现一个 Camera 类，以使我们能够较 D3DXMatrixLookAtLH 函数对摄像机更好地控制，该 Camera 类特别适合于飞行模拟器(flight simulator)以及第一人称视角(first-person perspective)游戏。

学习目标

了解如何实现一个可用于飞行模拟器和第一人称视角游戏的灵活的 Camera 类

12.1 Camera 类的设计

如图 12.1 所示，我们用 4 个摄像机向量：右向量 (right vector)、上向量 (up vector)、观察向量(look vector)以及位置向量(position vector)来定义摄像机相对于世界坐标系的位置和朝向。这些向量实质上为相对世界坐标系描述的摄像机定义了一个局部坐标系。由于右向量、上向量和观察向量定义了摄像机在世界坐标系中的朝向，有时我们也将这三个向量统称为方向向量(orientation vector)。方向向量必须是标准正交(orthonormal)的。如果一个向量集中的向量都彼此正交，且模均为 1，则称该向量是标准正交的。引入这些约束的原因是在后面我们要将这些向量插入到一个矩阵的某些行中，以使该矩阵成为标准正交矩阵(如果一个矩阵的行向量是标准正交的)。前面我们提到，标准正交矩阵的一个重要性质是其逆矩阵与其转置矩阵相等。该性质将在 12.2.1 节中用到。

用上述 4 个向量来描述摄像机，我们就可对摄像机实施如下 6 种变换。

- 绕向量 **right** 的旋转(俯仰，pitch)
- 绕向量 **up** 的旋转(偏航，yaw)
- 绕向量 **look** 的旋转(滚动，roll)

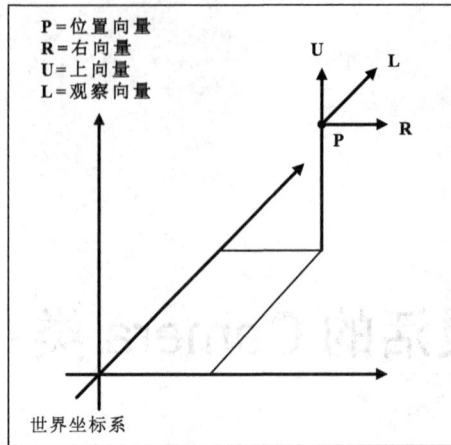

图 12.1　定义了摄像机相对于世界坐标系的位置和方向的摄像机向量

- 沿向量 **right** 方向的扫视(strafe)
- 沿向量 **up** 方向的升降(fly)
- 沿向量 **look** 的平动

通过上述 6 种运算，摄像机可沿 3 个轴平动以及绕 3 个轴转动，即摄像机具有 6 个自由度(degrees of freedom)。下面的 Camera 类的定义反映了上述描述变量和所期望的方法。

```
class Camera
{
public:
    enum CameraType { LANDOBJECT, AIRCRAFT };

    Camera();
    Camera(CameraType cameraType);
    ~Camera();

    void strafe(float units); // left/right
    void fly(float units);    // up/down
    void walk(float units);   // forward/backward

    void pitch(float angle); // rotate on right vector
    void yaw(float angle);   // rotate on up vector
    void roll(float angle);  // rotate on look vector

    void getViewMatrix(D3DXMATRIX* V);
    void setCameraType(CameraType cameraType);
    void getPosition(D3DXVECTOR3* pos);
    void setPosition(D3DXVECTOR3* pos);
```

```
    void getRight(D3DXVECTOR3* right);
    void getUp(D3DXVECTOR3* up);
    void getLook(D3DXVECTOR3* look);
private:
    CameraType _cameraType;
    D3DXVECTOR3 _right;
    D3DXVECTOR3 _up;
    D3DXVECTOR3 _look;
    D3DXVECTOR3 _pos;
};
```

上述类定义中，尚未讨论 CameraType 枚举类型。目前，我们的摄像机支持两种摄像机模型——LANDOBJECT 模型和 AIRCRAFT 模型。AIRCRAFT 模型允许摄像机在空间自由运动，具有 6 个自由度。但是，在某些游戏中(如第一人称射击游戏)，射击者是不可能飞行的。所以我们必须限制射击者只能沿某些特定轴进行移动。如果将摄像机类型指定为 LANDOBJECT，便自动满足了上述约束，您可从下一节的讨论中了解到这一点。

12.2　实 现 细 节

12.2.1　观察矩阵(取景变换矩阵，View Matrix)的计算

现在我们来讲解给定摄像机向量时，如何计算取景变换矩阵。令向量 $\mathbf{p} = (p_x, p_y, p_z)$、$\mathbf{r} = (r_x, r_y, r_z)$、$\mathbf{u} = (u_x, u_y, u_z)$、$\mathbf{d} = (d_x, d_y, d_z)$ 分别表示 **position，right，up** 和 **look** 这 4 个向量。

在第 2 章中我们曾提到，取景变换所解决的问题其实就是世界坐标系中的物体在以摄像机为中心的坐标系中如何进行描述。等价于将世界坐标系中的物体随摄像机一起进行变换，以使摄像机坐标系与世界坐标系完全重合(参见图 12.2)。

所以，我们希望变换矩阵 **V** 能够实现：

- $\mathbf{p}\mathbf{V} = (0, 0, 0)$　矩阵 **V** 将摄像机移至世界坐标系的原点。
- $\mathbf{r}\mathbf{V} = (1, 0, 0)$　矩阵 **V** 将摄像机的 **right** 向量与世界坐标系的 x 轴重合。
- $\mathbf{u}\mathbf{V} = (0, 1, 0)$　矩阵 **V** 将摄像机的 **up** 向量与世界坐标系的 y 轴重合。
- $\mathbf{d}\mathbf{V} = (0, 0, 1)$　矩阵 **V** 使摄像机的 **look** 向量与世界坐标系的 z 轴重合。

这样我们就可将计算这种矩阵的任务分为两步：首先将摄像机平移到世界坐标系的原点；然后通过旋转变换使摄像机各向量与世界坐标系对应各轴重合。

1. 第 1 步：平移

将摄像机的位置向量 **p** 平移到原点可通过将其与向量 **-p** 做向量加法轻松实现，因为 $\mathbf{p} - \mathbf{p} = 0$。所以

我们可用如下矩阵来描述取景变换中的平移变换部分。

$$
\mathbf{T}=\begin{bmatrix} 1 & 0 & 0 & 0 \\ 0 & 1 & 0 & 0 \\ 0 & 0 & 1 & 0 \\ -p_x & -p_y & -p_z & 1 \end{bmatrix}
$$

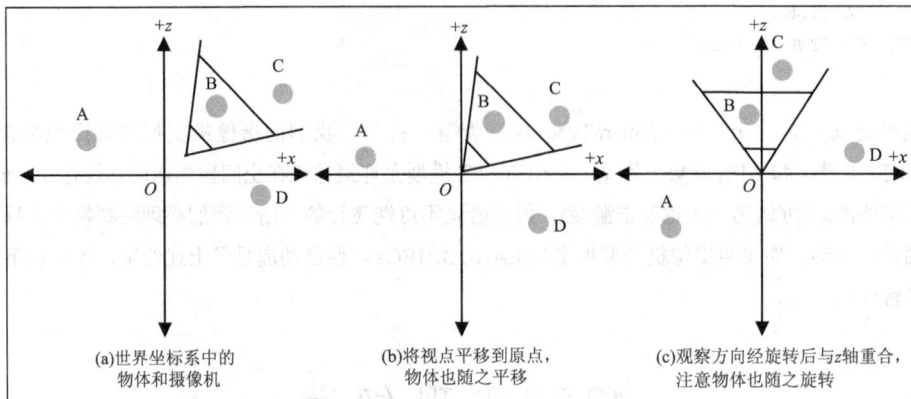

(a)世界坐标系中的
物体和摄像机

(b)将视点平移到原点,
物体也随之平移

(c)观察方向经旋转后与z轴重合,
注意物体也随之旋转

图 12.2　从世界坐标系到观察坐标系的变换。该变换将摄像机变换至坐标系原点并使摄像机光轴沿着 z 轴正方向。注意,空间中的物体应随摄像机一同进行变换,这样摄像机的视场才能保持不变

2. 第 2 步:旋转

要想使摄像机各向量与世界坐标系各轴重合的工作量稍大一些。我们需要一个 3×3 的旋转矩阵 **A** 以使向量 **right**、**up** 和 **look** 分别与世界坐标系的 x, y, z 轴重合。该矩阵需满足如下 3 个方程。

$$
\mathbf{rA}=[r_x,r_y,r_z]\begin{bmatrix} a_{00} & a_{01} & a_{02} \\ a_{10} & a_{11} & a_{12} \\ a_{20} & a_{21} & a_{22} \end{bmatrix}=[1,0,0]
$$

$$
\mathbf{uA}=[u_x,u_y,u_z]\begin{bmatrix} a_{00} & a_{01} & a_{02} \\ a_{10} & a_{11} & a_{12} \\ a_{20} & a_{21} & a_{22} \end{bmatrix}=[0,1,0]
$$

$$
\mathbf{dA}=[d_x,d_y,d_z]\begin{bmatrix} a_{00} & a_{01} & a_{02} \\ a_{10} & a_{11} & a_{12} \\ a_{20} & a_{21} & a_{22} \end{bmatrix}=[0,0,1]
$$

> **注意**　这里我们使用的是 3×3 矩阵,因为我们不需要用齐次坐标来表示旋转。在后面的部分中,我们再将其扩展为 4×4 矩阵。

由于这 3 个方程组都具有相同的系数矩阵 **A**，联立之后我们可立即解出矩阵 **A**。我们可将上述 3 个方程组整合为：

$$\mathbf{BA} = \begin{bmatrix} r_x & r_y & r_z \\ u_x & u_y & u_z \\ d_x & d_y & d_z \end{bmatrix} \begin{bmatrix} a_{00} & a_{01} & a_{02} \\ a_{10} & a_{11} & a_{12} \\ a_{20} & a_{21} & a_{22} \end{bmatrix} = \begin{bmatrix} 1 & 0 & 0 \\ 0 & 1 & 0 \\ 0 & 0 & 1 \end{bmatrix}$$

矩阵 **A** 有多种求解方法，但是我们可以立即看出 **A** 其实是 **B** 的逆矩阵(**BA**=**BB**$^{-1}$=**I**)。由于矩阵 **B** 是标准正交矩阵(其行向量构成了一组标准正交基)，所以其逆矩阵与其转置矩阵相等。所以，使摄像机各轴与世界坐标系各轴重合的变换可用如下矩阵表示。

$$\mathbf{B}^{-1} = \mathbf{B}^{\mathrm{T}} = \mathbf{A} = \begin{bmatrix} r_x & u_x & d_x \\ r_y & u_y & d_y \\ r_z & u_z & d_z \end{bmatrix}$$

3．前两步的整合

最后，将 **A** 扩展为 4×4 矩阵，并将取景变换的前两步整合，得到完整的观察矩阵 **V**。

$$\mathbf{TA} = \begin{bmatrix} 1 & 0 & 0 & 0 \\ 0 & 1 & 0 & 0 \\ 0 & 0 & 1 & 0 \\ -p_x & -p_y & -p_z & 1 \end{bmatrix} \begin{bmatrix} r_x & u_x & d_x & 0 \\ r_y & u_y & d_y & 0 \\ r_z & u_z & d_z & 0 \\ 0 & 0 & 0 & 1 \end{bmatrix} = \begin{bmatrix} r_x & u_x & d_x & 0 \\ r_y & u_y & d_y & 0 \\ r_z & u_z & d_z & 0 \\ -\mathbf{p}\cdot\mathbf{r} & -\mathbf{p}\cdot\mathbf{u} & -\mathbf{p}\cdot\mathbf{d} & 1 \end{bmatrix} = \mathbf{V}$$

在 Camera 类中，我们用 Camera::getViewMatrix 方法来计算观察矩阵。

```
void Camera::getViewMatrix(D3DXMATRIX* V)
{
// Keep camera's axes orthogonal to eachother
D3DXVec3Normalize(&_look, &_look);

D3DXVec3Cross(&_up, &_look, &_right);
D3DXVec3Normalize(&_up, &_up);

D3DXVec3Cross(&_right, &_up, &_look);
D3DXVec3Normalize(&_right, &_right);

// Build the view matrix:
float x = -D3DXVec3Dot(&_right, &_pos);
float y = -D3DXVec3Dot(&_up, &_pos);
float z = -D3DXVec3Dot(&_look, &_pos);

(*V)(0,0) = _right.x;
(*V)(0, 1) = _up.x;
(*V)(0, 2) = _look.x;
```

```
(*V) (0, 3) = 0.0f;

(*V) (1,0) = _right.y;
(*V) (1, 1) = _up.y;
(*V) (1, 2) = _look.y;
(*V) (1, 3) = 0.0f;

(*V) (2,0) = _right.z;
(*V) (2, 1) = _up.z;
(*V) (2, 2) = _look.z;
(*V) (2, 3) = 0.0f;

(*V) (3,0) = x;
(*V) (3, 1) = y;
(*V) (3, 2) = z;
(*V) (3, 3) = 1.0f;
}
```

您可能会对该函数的前面几行代码感到疑惑。在几次旋转变换之后，由于浮点数运算的误差，摄像机的各向量可能不再是标准正交的。所以，每次调用该函数时，我们必须重新根据向量 **look** 计算向量 **up**、**right** 以保证三者相互正交。新的正交向量 **up** 可由 **up** = **look**×**right** 得到；新的正交向量 **right** 可由 **right** = **up**×**look** 计算得到。

12.2.2　绕任意轴的旋转

实现摄像机的旋转方法时，我们应使得能够绕任意轴进行旋转。D3DX 库提供了如下函数恰好具备该功能。

```
D3DXMATRIX *D3DXMatrixRotationAxis(
    D3DXMATRIX *pOut,           // returns rotation matrix
    CONST D3DXVECTOR3 *pV,      // axis to rotate around
    FLOAT Angle                 // angle, in radians, to rotate
);
```

例如，若我们想绕由向量(0.707f, 0.707f, 0.0f)所确定的轴旋转 $\pi/2$，可这样做：

```
D3DXMATRIX R;
D3DXVECTOR3 axis(0.707f, 0.707f, 0.0f);
D3DXMatrixRotationAxis(&R, &axis, D3DX_PI / 2.0f);
```

由函数 **D3DXMatrixRotationAxis** 计算得到的矩阵的推导过程可在 Eric Lengyel 所著的 *Mathematics for 3D Game Programming & Computer Graphics* 一书中找到。

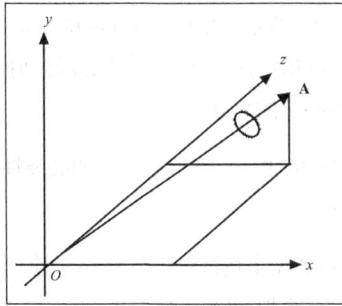

图 12.3 绕由向量 A 确定的任意轴进行旋转

12.2.3 俯仰、偏航和滚动

由于方向向量描述了摄像机在世界坐标系中的朝向，所以当摄像机发生俯仰、偏航或滚动时，我们必须指定方向向量应如何更新。实际上这很容易。请参看图 12.4，图 12.5 和图 12.6，这几个图分别展示了摄像机的俯仰(pitch)、偏航(yaw)和滚动(roll)。

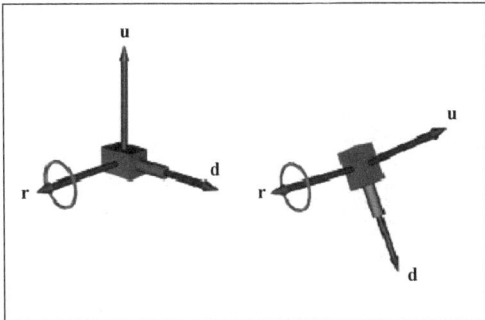

图 12.4 俯仰，即绕摄像机的 **right** 向量旋转

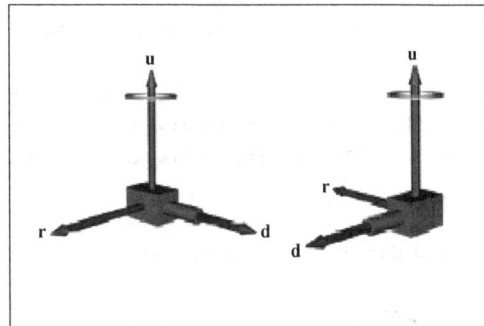

图 12.5 偏航，即绕摄像机的 **up** 向量旋转

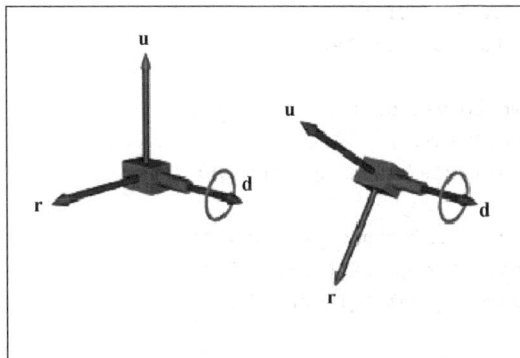

图 12.6 滚动，即绕摄像机的 **look** 向量运动

由图 12.4 可见，摄像机发生俯仰时，我们需要将向量 **up** 和 **look** 绕着向量 **right** 转动指定的角度。类似地，发生偏航时，我们需要将向量 **look** 和 **right** 绕着向量 **up** 转动指定的角度；发生翻滚时，我们需要将向量 **right** 和 **up** 绕着向量 **look** 转动指定的角度。

现在我们能够体会到使用 **D3DXMatrixRotationAxis** 函数的必要性了，因为确定了旋转轴的这 3 个向量在世界坐标系中可能会沿着任意方向。

方法 pitch、yaw 和 roll 的实现也应遵循上述讨论中提到的原则。但是，我们还需要对 LANDOBJECT 类型的摄像机增加一些约束。尤其是当一个地面物体俯仰之后又发生了偏航或滚动，这看起来总有些问题。所以，对于 LANDOBJECT 类型的摄像机，应使其绕世界坐标系的 y 轴旋转而非 yaw 方法中的 **up** 向量，而且我们完全禁止地面物体发生滚动。有一点您必须清楚，我们可以改变 Camera 类来适应应用程序的不同要求。这里我们仅举一个例子。

方法 pitch、yaw 和 roll 的实现如下：

```
void Camera::pitch(float angle)
{
 D3DXMATRIX T;
 D3DXMatrixRotationAxis(&T, &_right, angle);

 // rotate _up and _look around _right vector
 D3DXVec3TransformCoord(&_up,&_up, &T);
 D3DXVec3TransformCoord(&_look,&_look, &T);
}

void Camera::yaw(float angle)
{
 D3DXMATRIX T;

 // rotate around world y (0, 1, 0) always for land object
 if( _cameraType == LANDOBJECT )
    D3DXMatrixRotationY(&T, angle);

 // rotate around own up vector for aircraft
 if( _cameraType == AIRCRAFT )
    D3DXMatrixRotationAxis(&T, &_up, angle);

 // rotate _right and _look around _up or y-axis
 D3DXVec3TransformCoord(&_right,&_right, &T);
 D3DXVec3TransformCoord(&_look,&_look, &T);
}

void Camera::roll(float angle)
{
```

```
// only roll for aircraft type
if( _cameraType == AIRCRAFT )
{
    D3DXMATRIX T;
    D3DXMatrixRotationAxis(&T, &_look, angle);

    // rotate _up and _right around _look vector
    D3DXVec3TransformCoord(&_right,&_right, &T);
    D3DXVec3TransformCoord(&_up,&_up, &T);
}
}
```

12.2.4　行走、扫视和升降

这里的"行走(walking)"是指沿着摄像机的观察方向(即沿着向量 **look** 的方向)的平动。"扫视(strafing)"是指保持观察方向不变，沿向量 **right** 方向从一边平移到另一边。"升降(flying)"是指沿着向量 **up** 方向的平动。为了能够沿这些轴中的任意一个进行平动，我们只需将摄像机当前位置向量和一个与该轴方向相同的向量相加即可(见图 12.7)。

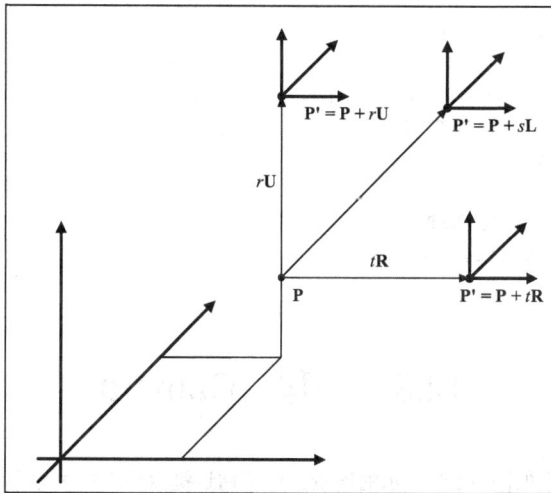

图 12.7　沿摄像机方向向量的平动

像旋转一样，我们也必须给地面物体的运动增加一些约束。例如 LANDOBJECT 类型的摄像机不应在观察方向朝上时沿着其 **up** 向量升降或平动，也不应在一个斜面上进行扫视。所以，我们应将摄像机的运动限制在 xz 平面上。然而，由于 LANDOBJECT 类型的摄像机可以改变其高度(例如爬楼梯或爬山)，我们专门提供了 Camera::setPosition 方法，使您可手工将摄像机指定在一个合适的高度和位置上。

下面的代码实现了行走、扫视和升降。

```
void Camera::walk(float units)
{
 // move only on xz plane for land object
 if( _cameraType == LANDOBJECT )
     _pos += D3DXVECTOR3(_look.x, 0.0f, _look.z) * units;

 if( _cameraType == AIRCRAFT )
     _pos += _look * units;
}

void Camera::strafe(float units)
{
 // move only on xz plane for land object
 if( _cameraType == LANDOBJECT )
     _pos += D3DXVECTOR3(_right.x, 0.0f, _right.z) * units;

 if( _cameraType == AIRCRAFT )
     _pos += _right * units;
}

void Camera::fly(float units)
{
 // move only on y-axis for land object
 if( _cameraType == LANDOBJECT )
     _pos.y += units;

 if( _cameraType == AIRCRAFT )
     _pos += _up * units;
}
```

12.3　例程：Camera

本章的例程创建了一幅如图 12.8 所示的场景。您可通过键盘输入自由地在场景中飞行。该例程对下列按键作出了不同的响应。

- W/S　向前行走或向后行走。
- A/D　向左扫视和向右扫视。
- R/F　升或降。
- Up/Down　俯仰。
- Left/Right　偏航。
- N/M　滚动。

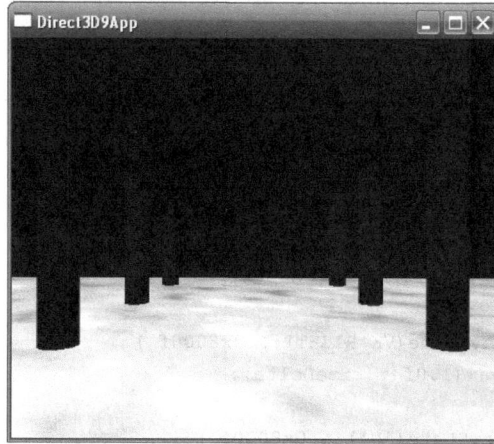

图 12.8　本章例程 Camera 的截图

由于所有的工作都由 Camera 类来完成，所以该例程的实现较为简单。我们在 Display 函数中实现了对键盘输入的响应。注意，我们应将摄像机对象 TheCamera 实例化为一个全局对象。还要注意的是，摄像机的移动是根据时间变化(timeDelta)来进行的。这样我们就不依赖于帧频，以稳定的速度移动摄像机。

```
bool Display(float timeDelta)
{
if( Device )
{
    //
    // Update: Update the camera.
    //

    if( ::GetAsyncKeyState('W') & 0x8000f )
        TheCamera.walk(4.0f * timeDelta);

    if( ::GetAsyncKeyState('S') & 0x8000f )
        TheCamera.walk(-4.0f * timeDelta);

    if( ::GetAsyncKeyState('A') & 0x8000f )
        TheCamera.strafe(-4.0f * timeDelta);

    if( ::GetAsyncKeyState('D') & 0x8000f )
        TheCamera.strafe(4.0f * timeDelta);

    if( ::GetAsyncKeyState('R') & 0x8000f )
        TheCamera.fly(4.0f * timeDelta);

    if( ::GetAsyncKeyState('F') & 0x8000f )
        TheCamera.fly(-4.0f * timeDelta);
```

```
        if( ::GetAsyncKeyState(VK_UP) & 0x8000f )
            TheCamera.pitch(1.0f * timeDelta);

        if( ::GetAsyncKeyState(VK_DOWN) & 0x8000f )
            TheCamera.pitch(-1.0f * timeDelta);

        if( ::GetAsyncKeyState(VK_LEFT) & 0x8000f )
            TheCamera.yaw(-1.0f * timeDelta);

        if( ::GetAsyncKeyState(VK_RIGHT) & 0x8000f )
            TheCamera.yaw(1.0f * timeDelta);

        if( ::GetAsyncKeyState('N') & 0x8000f )
            TheCamera.roll(1.0f * timeDelta);

        if( ::GetAsyncKeyState('M') & 0x8000f )
            TheCamera.roll(-1.0f * timeDelta);

    // Update the view matrix representing the cameras
      // new position/orientation.
    D3DXMATRIX V;
    TheCamera.getViewMatrix(&V);
    Device->SetTransform(D3DTS_VIEW, &V);

    //
    // Render
    //

    Device->Clear(0, 0, D3DCLEAR_TARGET | D3DCLEAR_ZBUFFER, 0x00000000, 1.0f, 0);
    Device->BeginScene();

    d3d::DrawBasicScene(Device, 1.0f);

    Device->EndScene();
    Device->Present(0, 0, 0, 0);
    }
return true;
}
```

注意　我们已在 d3d 命名空间中加入了一个新函数 DrawBasicScene。图 12.8 所示的场景就是由该函数绘制的。我们之所以将该函数放在 d3d 命名空间中，是因为用一个函数专门来设置基本场景能带来很多便利。这样在以后的例程中，我们就可将精力集中于那些当前例程所重点论述的知识点而非与绘制不相关的代码上。该函数的声明位于文件 d3dUtility.h 中，声明如下：

```
//Function references "desert.bmp" internally. This file must
// be in the working directory.
bool DrawBasicScene(
    IDirect3DDevice9* device,      //Pass in 0 for cleanup
    float scale);                  // uniform scale
```

当用一个合法的设备指针首次调用该函数时，该函数在内部对几何体进行了设置。所以我们推荐您在 Setup 函数中首先调用该函数。若要清除该内部几何体，可在 Cleanup 函数中调用该函数，但要将对应设备指针的参数设为 NULL。由于该函数并不能用来实现任何我们所看不到的工作(即仅用来绘制基本场景)，我们把理解该例程代码的工作留给读者。本例程及该函数的定义可在本章配套文件中找到。注意，该函数从图像 desert.bmp 中加载了纹理数据。

12.4 小 结

我们通过维护 4 个向量——**right**、**up**、**look** 和 **position** 来表示摄像机在世界坐标系中的位置和朝向。有了这些描述工具，我们就可轻松地实现具有 6 个自由度的摄像机，这样就为飞行模拟器和第一人称视角游戏提供了一个灵活的摄像机接口。

13

地形绘制基础

地形网格(mesh)其实就是如图 13.1(a)所示的一系列三角形栅格(grid)，但是方格中的每个顶点都被赋予了一个高度值(即高度或海拔)，这样该方格就可通过方格对应高度的平滑过渡来模拟自然地形中山脉到山谷的变化(图 13.1(b))。当然，我们还需要对地形网格应用一些细致的纹理来表现沙滩、绿草如茵的丘陵和雪山(图 13.1(c))。

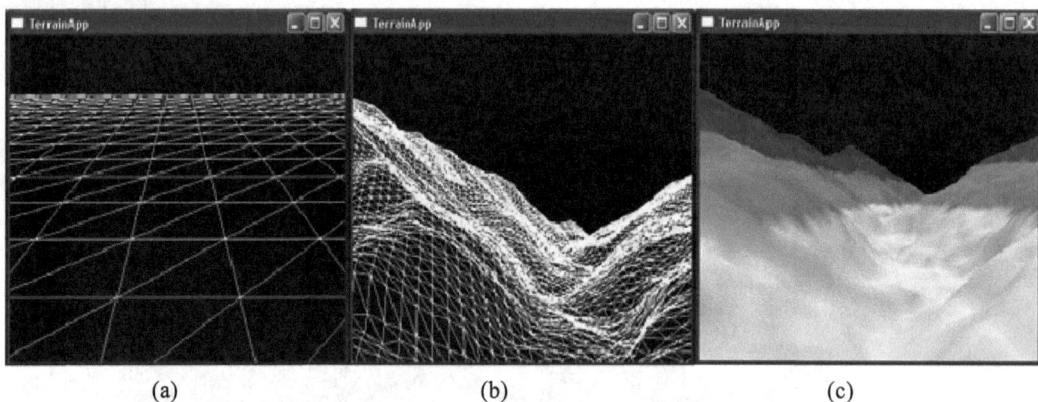

(a)   (b)   (c)

图 13.1　(a)三角形栅格；(b)高度平滑过渡的三角形栅格；
(c)本章例程所创建的有光照和纹理的地形截图

本章将引导您逐步实现一个 Terrain 类。该类使用了一种强力(也称蛮力，brute force)方法。意思是说我们通过一个顶点缓存或索引缓存来保存整个地形的顶点或索引数据，然后进行绘制。对于那些小地形就能满足要求的游戏，借助支持硬件顶点运算功能的现代图形卡就足以应付。但是，对于那些需要庞大地形的游戏，您可能需要做一些细节层次的调整或裁剪工作，因为该地形模型中巨大的数据量会使该强力算法不堪重负。

学习目标

● 　了解如何生成地形的高度信息(height info)，以实现自然地形中由山脉到山谷的平滑过渡

- 理解如何生成地形的顶点和面片数据
- 了解如何对地形映射纹理以及如何进行光照处理
- 了解如何将摄像机安置在地形中，以模拟观察者在该地形中的行走或奔跑

13.1　高　度　图

我们用高度图(heightmap)来描述地形中的丘陵和山谷。高度图其实就是一个数组，该数组的每个元素都指定了地形方格中某一特定顶点的高度值。(另外一种实现方式可能用该数组中的每个元素来指定每个三角形栅格的高度)通常，我们将高度图视为一个矩阵，这样高度图中的元素就与地形栅格中的顶点一一对应。

高度图被保存在磁盘中时，我们通常为其每个元素只分配一个字节的存储空间，这样高度只能在区间[0, 255]内取值。该范围足以反映地形中的高度变化，但在实际应用中，为了匹配 3D 世界的尺度，可能需要对高度值进行比例变换，这样就极可能超出上述区间。例如，如果我们在 3D 世界中的度量单位为英尺，则 0~255 之间的高度值尚不足以表达任何我们感兴趣的目标点的高度。基于上述原因，当将高度数据加载到应用程序中时，我们重新分配一个整型或浮点型数组来存储这些高度值。这样我们就不必拘泥于 0~255 的范围，从而可很好地匹配任何尺度。

高度图有多种可能的图形表示，其中一种是灰度图(grayscale map)。地形中某一点的海拔越高，相应地该点在灰度图中的亮度就越大。图 13.2 展示了一幅灰度图。

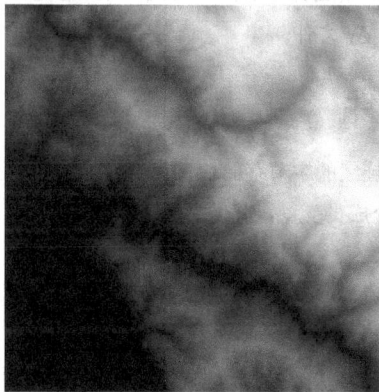

图 13.2　用灰度图表示的高度图

13.1.1　创建高度图

高度图可自编程序来生成，也可用图像编辑软件(如 Adobe Photoshop)来创建。使用图像编辑软件可能是最简捷的方式，因为这类软件往往提供了一种可视化的交互环境，用户可随心所欲地创建自己所需的地

形。此外，您还可利用图像编辑软件提供的一些特殊功能如过滤器(滤波器)等来创建一些有趣的高度图。图 13.3 展示了一幅用 Adobe Photoshop 编辑工具创建的金字塔型高度图。注意，当我们创建这幅图像时，便指定了一幅灰度图。

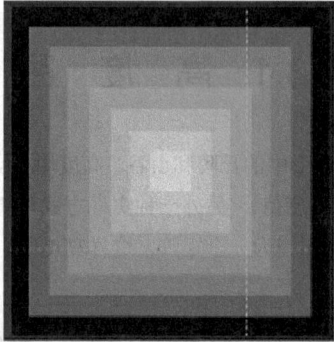

图 13.3 由 Adobe Photoshop 创建的灰度图

一旦完成高度图的创建，我们需要将其保存为 8 位的 RAW 文件。RAW 文件仅连续存储了图像中以字节为单位的每个像素的灰度值。这就使得这类文件的读取操作非常容易。您使用的图像编辑软件可能会询问您是否要为 RAW 文件增加一个文件头，请选择"否"。

> **注意** 高度信息不一定非要用 RAW 格式的文件来存储，您可根据需要选择任意一种格式。RAW 仅仅是我们所使用的图像格式中的一种。本章的例程之所以采用 RAW 格式，是因为许多流行的图像编辑软件都支持将图像导出为该格式，而且这类文件的读取操作十分简单。本章例程中使用的是 8 位的 RAW 文件。

13.1.2 加载 RAW 文件

由于 RAW 文件本质上是一个连续的字节存储块，我们可用如下方法很容易地读取该字节块。注意，变量_heightmap 是 Terrain 类的一个成员变量，其定义如下：

```
std::vector<int> _heightmap;

bool Terrain::readRawFile(std::string fileName)
{
// Restriction: RAW file dimensions must be >= to the
// dimensions of the terrain.  That is a 128x128 RAW file
// can only be used with a terrain constructed with at most
// 128x128 vertices.

// A height for each vertex
std::vector<BYTE> in( _numVertices );
```

```
std::ifstream inFile(fileName.c_str(), std::ios_base::binary);

if( inFile == 0 )
    return false;

inFile.read(
    (char*)&in[0], // buffer
    in.size());// number of bytes to read into buffer

inFile.close();

// copy BYTE vector to int vector
_heightmap.resize( _numVertices );

for(int i = 0; i < in.size(); i++)
    _heightmap[i] = in[i];

return true;
}
```

注意，我们将字节型向量复制到一个整型向量中。这样，我们就可对高度值进行比例变换从而突破 0～255 的限制。

该方法的唯一限制是所要读取的 RAW 文件中包含的字节数至少要与地形中的顶点总数一样多。所以，如果您要从一个 256×256 的 RAW 文件中读取数据，相应地您只能创建一个至多有 256×256 个顶点的地形。

13.1.3　访问和修改高度图

Terrain 类提供了下面两个函数用于访问和修改高度图中的指定项。

```
int Terrain::getHeightmapEntry(int row, int col)
{
 return _heightmap[row * _numVertsPerRow + col];
}

void Terrain::setHeightmapEntry(int row, int col, int value)
{
 _heightmap[row * _numVertsPerRow + col] = value;
}
```

这些方法允许我们通过行和列索引引用高度图中指定的项，这些方法隐藏了如何访问由线性数组表示的矩阵。

13.2 创建地形几何信息

图 13.4 展示了地形的一些属性、术语和我们将要引用的特殊点。我们可通过指定每行和每列的顶点数以及单元间距(cell spacing)来定义地形的尺寸。这些值将作为 Terrain 类的构造函数的传入参数。此外，我们对该类的构造函数还传入了与地形相关的设备指针、一个标识了存储高度图数据的文件的字符串(类型的文件名)以及一个用于对高度图中各元素实施比例变换的高度比例因子(height scale value)。

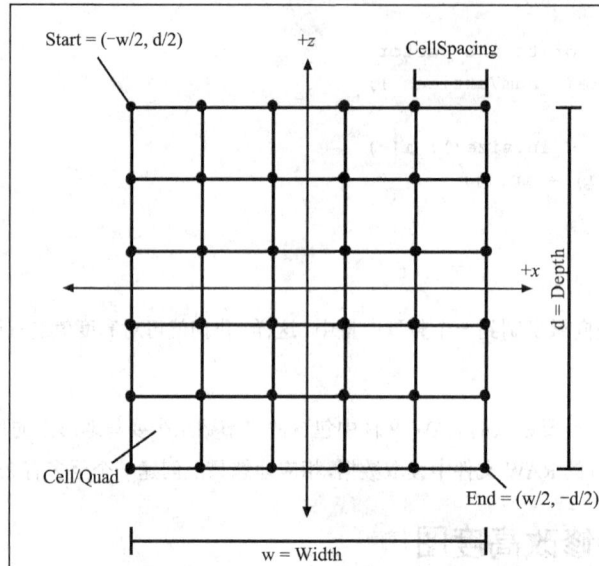

图 13.4　三角形栅格的属性。栅格线上的点代表顶点

```
class Terrain
{
public:
 Terrain(
     IDirect3DDevice9* device,
     std::string heightmapFileName,
     int numVertsPerRow,
     int numVertsPerCol,
     int cellSpacing,    // space between cells
     float heightScale);

 ... methods snipped

 private:
```

```
... device/vertex buffer etc. snipped
int _numVertsPerRow;
int _numVertsPerCol;
int _cellSpacing;

int _numCellsPerRow;
int _numCellsPerCol;
int _width;
int _depth;
int _numVertices;
int _numTriangles;

float _heightScale;
};
```

限于篇幅，这里只列出了 Terrain 类的部分定义，完整的定义请参阅配套文件中的源代码。

我们可由构造函数的传入参数计算出地形的其他变量。

```
_numCellsPerRow   = _numVertsPerRow - 1;
_numCellsPerCol   = _numVertsPerCol - 1;
_width            = _numCellsPerRow * _cellSpacing;
_depth            = _numCellsPerCol * _cellSpacing;
_numVertices      = _numVertsPerRow * _numVertsPerCol;
_numTriangles     = _numCellsPerRow * _numCellsPerCol * 2;
```

该地形的顶点结构定义如下：

```
struct TerrainVertex
{
TerrainVertex(){}
TerrainVertex(float x, float y, float z, float u, float v)
{
    _x = x; _y = y; _z = z; _u = u; _v = v;
}
float _x, _y, _z;
float _u, _v;

static const DWORD FVF;
};
const DWORD Terrain::TerrainVertex::FVF = D3DFVF_XYZ | D3DFVF_TEX1;
```

注意，TerrainVertex 是一个嵌套类(nested class)。之所以这样定义是因为 TerrainVertex 只在 Terrain 类的内部使用。

13.2.1 顶点的计算

在下述讨论中，请参考图 13.4 进行思考。为了计算三角形栅格的各顶点，我们只需自顶点 start 起，逐行生成每个顶点，保持相邻顶点的行列间隔均为单元间距(cell spacing)，直至到达顶点 end 为止。这样就给出了 x 和 z 坐标的定义。但是 y 坐标应怎样定义？其实只要查询所加载的高度图数据结构中的相应项，就可很容易地获知 y 坐标的值。

注意 本例程中开辟了一个很大的顶点缓存用来存储整个地形中的所有顶点，由于硬件的限制，这样做可能会有问题。例如，3D 设备都预设了最大图元数和最大顶点索引值。您可通过检查 D3DCAPS9 结构的 MaxPrimitiveCount 和 MaxVertexIndex 成员变量，来获知您的图形设备为上述值所指定的上限。13.7 节讨论了使用一个顶点缓存时的解决方案。

为了计算纹理坐标，请参考图 13.5，该图给出了一个简单的纹理图像，从中我们可以看出与地形中位于(i, j)的顶点相对应的纹理坐标(u, v)可由下述公式计算得到：

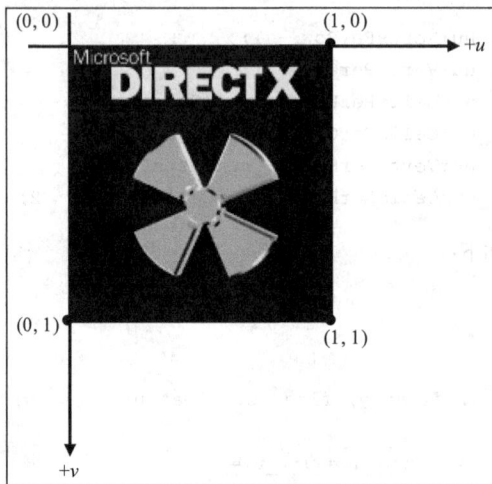

图 13.5 地形中的顶点与纹理顶点的对应关系

$$u = j \cdot uCoordIncrementSize$$
$$v = i \cdot vCoordIncrementSize$$

其中，

$$uCoordIncrementSize = \frac{1}{numCellCols}$$
$$vCoordIncrementSize = \frac{1}{numCellRows}$$

下面是生成各顶点的代码：

```
bool Terrain::computeVertices()
{
 HRESULT hr = 0;

 hr = _device->CreateVertexBuffer(
      _numVertices * sizeof(TerrainVertex),
      D3DUSAGE_WRITEONLY,
      TerrainVertex::FVF,
      D3DPOOL_MANAGED,
      &_vb,
      0);

 if(FAILED(hr))
     return false;

 // coordinates to start generating vertices at
 int startX = -_width / 2;
 int startZ =  _depth / 2;

 // coordinates to end generating vertices at
 int endX =  _width / 2;
 int endZ = -_depth / 2;

 // compute the increment size of the texture coordinates
 // from one vertex to the next.
 float uCoordIncrementSize = 1.0f / (float)_numCellsPerRow;
 float vCoordIncrementSize = 1.0f / (float)_numCellsPerCol;

 TerrainVertex* v = 0;
 _vb->Lock(0, 0, (void**)&v, 0);

 int i = 0;
 for(int z = startZ; z >= endZ; z -= _cellSpacing)
 {
     int j = 0;
     for(int x = startX; x <= endX; x += _cellSpacing)
     {
         // compute the correct index into the vertex buffer and heightmap
         // based on where we are in the nested loop.
         int index = i * _numVertsPerRow + j;

         v[index] = TerrainVertex(
```

```
            (float)x,
            (float)_heightmap[index],
            (float)z,
            (float)j * uCoordIncrementSize,
            (float)i * vCoordIncrementSize);

        j++; // next column
    }
    i++; // next row
}

_vb->Unlock();

return true;
}
```

13.2.2　索引的计算

为计算三角形栅格各顶点的索引，我们只需自图 13.4 的左上角起直至右下角，依次遍历每个方格，并计算构成每个方格的三角面片的顶点索引。

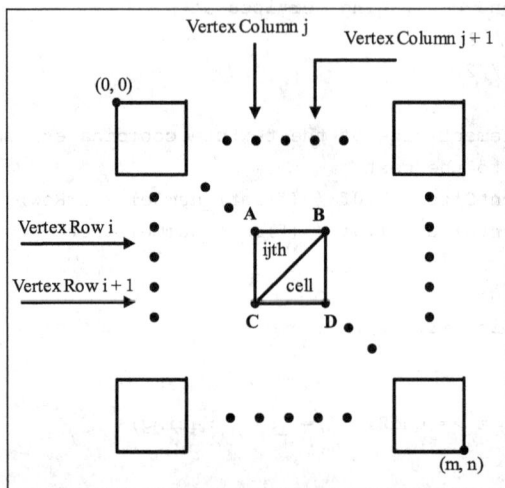

图 13.6　方格的顶点

计算的关键是推导出一个用于求出构成第 i 行、第 j 列的方格的两个面片的顶点索引的通用公式。借助图 13.6，我们可自行推导该公式，我们发现，对于处在 (i, j) 位置的方格，有：

$$\Delta ABC = \{i \cdot numVertsPerRow + j \quad i \cdot numVertsPerRow + j + 1 (i \cdot 1) \cdot numVertsPerRow + j\}$$

$$\Delta CBD = \{(i+1) \cdot numVertsPerRow + j \quad i \cdot numVertsPerRow + j + 1 (i \cdot 1) \cdot numVertsPerRow + j + 1\}$$

借助上述公式，生成索引就变得易如反掌，下面是计算索引的代码：

```
bool Terrain::computeIndices()
{
HRESULT hr = 0;

hr = _device->CreateIndexBuffer(
    _numTriangles * 3 * sizeof(WORD), // 3 indices per triangle
    D3DUSAGE_WRITEONLY,
    D3DFMT_INDEX16,
    D3DPOOL_MANAGED,
    &_ib,
    0);

if(FAILED(hr))
    return false;

WORD* indices = 0;
_ib->Lock(0, 0, (void**)&indices, 0);

// index to start of a group of 6 indices that describe the
// two triangles that make up a quad
int baseIndex = 0;

// loop through and compute the triangles of each quad
for(int i = 0; i < _numCellsPerCol; i++)
{
    for(int j = 0; j < _numCellsPerRow; j++)
    {
        indices[baseIndex]     =  i    * _numVertsPerRow + j;
        indices[baseIndex + 1] =  i    * _numVertsPerRow + j + 1;
        indices[baseIndex + 2] = (i+1) * _numVertsPerRow + j;

        indices[baseIndex + 3] = (i+1) * _numVertsPerRow + j;
        indices[baseIndex + 4] =  i    * _numVertsPerRow + j + 1;
        indices[baseIndex + 5] = (i+1) * _numVertsPerRow + j + 1;

        // next quad
        baseIndex += 6;
    }
}

_ib->Unlock();
```

```
    return true;
    }
```

13.3　纹理映射

Terrain 类为地形提供了两种纹理映射方式。一种容易想到的方式是，加载一个已创建好的纹理文件，然后再应用该纹理数据。下面这个由 Terrain 类实现的方法将纹理数据自文件加载到了_tex 数据成员中，其中_tex 是一个指向 IDirect3DTexture9 接口的指针。绘制地形之前，方法 Terrain::draw 首先在其内部对_tex 进行了设置。

```
bool Terrain::loadTexture(std::string fileName);
```

我们的学习进行到这里时，理解该函数的实现对您来说应该没有什么难度了。其代码如下：

```
bool Terrain::loadTexture(std::string fileName)
{
 HRESULT hr = 0;

 hr = D3DXCreateTextureFromFile(
     _device,
     fileName.c_str(),
     &_tex);

 if(FAILED(hr))
     return false;

 return true;
}
```

一种过程化方法

另外一种对地形进行纹理映射的方法是按顺序逐个计算出纹理内容，即我们首先创建一个"空"纹理，然后再基于一些已定义的参数计算出纹理元的颜色。在本例中，该参数为地形的高度。

下面我们用 Terrain::genTexture 方法来顺序生成纹理数据。该方法首先用方法 D3DXCreateTexture 创建一个空纹理，然后再将顶层纹理(前面提到一个纹理对象可有多级渐进纹理，所以就有许多层纹理)锁定。至此开始遍历每个纹理元并对其上色(color)。上色的依据是坐标方格所对应的近似高度。思路是：地形中海拔较低的部分上色为沙滩色，中等海拔的部分上色为绿色的丘陵颜色，高海拔的部分上色为雪山的颜色。我们用坐标方格中左上角顶点的高度值近似表示该方格的整体高度。

为每个纹理元上色之后，我们还想依据太阳光(用方向光来模拟)到达纹理元对应的坐标方格时的入射角来调整每个纹理元的明暗度。上述运算在函数 Terrain::lightTerrain 中完成，我们将在下一节中讨论该函数的实现细节。

最后，Terrain::genTexture 方法借助 D3DXFilterTexture 函数计算出较低层的多级渐进纹理中的纹理元。生成纹理的代码如下：

```cpp
bool Terrain::genTexture(D3DXVECTOR3* directionToLight)
{
    // Method fills the top surface of a texture procedurally.  Then
    // lights the top surface.  Finally, it fills the other mipmap
    // surfaces based on the top surface data using D3DXFilterTexture.

    HRESULT hr = 0;

    // texel for each quad cell
    int texWidth  = _numCellsPerRow;
    int texHeight = _numCellsPerCol;

    // create an empty texture
    hr = D3DXCreateTexture(
        _device,
        texWidth, texHeight,
        0, // create a complete mipmap chain
        0, // usage
        D3DFMT_X8R8G8B8,// 32 bit XRGB format
        D3DPOOL_MANAGED, &_tex);

    if(FAILED(hr))
        return false;

    D3DSURFACE_DESC textureDesc;
    _tex->GetLevelDesc(0 /*level*/, &textureDesc);

    // make sure we got the requested format because our code
    // that fills the texture is hard coded to a 32 bit pixel depth.
    if( textureDesc.Format != D3DFMT_X8R8G8B8 )
        return false;

    D3DLOCKED_RECT lockedRect;
    _tex->LockRect(0/*lock top surface*/, &lockedRect,
        0 /* lock entire tex*/, 0/*flags*/);

    DWORD* imageData = (DWORD*)lockedRect.pBits;
    for(int i = 0; i < texHeight; i++)
    {
        for(int j = 0; j < texWidth; j++)
```

```
{
    D3DXCOLOR c;

    // get height of upper left vertex of quad.
    float height = (float)getHeightmapEntry(i, j) / _heightScale;

    if( (height) < 42.5f )        c = d3d::BEACH_SAND;
    else if( (height) < 85.0f )   c = d3d::LIGHT_YELLOW_GREEN;
    else if( (height) < 127.5f )  c = d3d::PUREGREEN;
    else if( (height) < 170.0f )  c = d3d::DARK_YELLOW_GREEN;
    else if( (height) < 212.5f )  c = d3d::DARKBROWN;
    else                          c = d3d::WHITE;

    // fill locked data, note we divide the pitch by four because the
    // pitch is given in bytes and there are 4 bytes per DWORD.
    imageData[i * lockedRect.Pitch / 4 + j] = (D3DCOLOR)c;
    }
}


_tex->UnlockRect(0);

if(!lightTerrain(directionToLight))
{
    ::MessageBox(0, "lightTerrain() - FAILED", 0, 0);
    return false;
}

hr = D3DXFilterTexture(
    _tex,
    0, // default palette
    0, // use top level as source level
    D3DX_DEFAULT); // default filter

if(FAILED(hr))
{
    ::MessageBox(0, "D3DXFilterTexture() - FAILED", 0, 0);
    return false;
}

return true;
}
```

注意，颜色常量 BEACH_SAND 等是在文件 d3dUtility.h 中定义的。

13.4　光　　照

Terrain::genTexture 方法中调用了 Terrain::lightTerrain，后者为地形添加光照以增强真实感。由于前面已经计算好了地形纹理的颜色，现在我们只需计算地形中各部分在给定光源照射下应如何进行明暗调整的明暗因子(shade factor)。本节中我们将研究这样一项技术。您可能会疑惑为什么我们不用 Direct3D 来添加光照而是自己手动计算。我们这样做主要是基于下述考虑：

- 手工计算由于无需存储顶点法向量，所以可以节省大量内存。
- 由于地形是静态的，而且光源一般也不发生移动，所以我们可以预先对光照进行计算，这样就节省了 Direct3D 实时照亮地形那部分计算时间。
- 手工计算方式使得我们获得了将相关数学知识付诸实践的机会，并有助于我们加深对基本的光照概念的理解以及熟悉 Direct3D 中的一些函数。

13.4.1　概述

我们在计算地形的明暗时用到的光照技术很基本，也很常用，即漫射光光照(diffusing lighting)。给定一个平行光源，我们用"到达光源的方向(direction to the light)"(该光源发出的平行光的传播方向的反方向)来描述该平行光源。例如，如果一组平行光线自空中沿着方向 lightRaysDirection =(0, −1, 0)向下照射，则到达光源的方向应与 lightRaysDirection 相反，即 directionToLight = (0, 1, 0)。注意，光的方向向量应为单位向量(unit vector)。

注意　虽然指定光的出射方向好像更符合直觉，但指定到达光源的方向更适合漫射光光照的计算。

接下来为地形中的每个坐标方格计算光向量 $\hat{\mathbf{L}}$ 和该方格的面法向量 $\hat{\mathbf{N}}$ 之间的夹角。

由图 13.7 可见，上述夹角越大，坐标方格的朝向偏离光源就越大，其所接收到的光照就越少。反之，上述夹角越小，坐标方格的朝向偏离光源就越小，其所接收到的光照就越多。而且，一旦光向量与面法线的夹角超过 90°，方格表面便接收不到任何光照。

借助光向量和方格的面法向量之间的角度关系，我们可以构造一个位于区间[0, 1]内的明暗因子(shading scalar)，以表示方格表面所接收到的光照量。这样，我们就可用一个接近于 0 的因子值来表示这两个向量的夹角很大。当一种颜色与该因子相乘时，颜色值就趋于 0，从而呈现出较暗的视觉效果。反之，接近于 1 的因子值表示这两个向量夹角很小，所以当一种颜色与该因子相乘时，该颜色基本保持了原来的亮度。

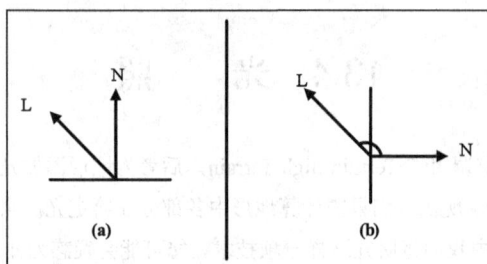

图 13.7 光向量 $\hat{\mathbf{L}}$ 和方格的面法向量 $\hat{\mathbf{N}}$ 之间的夹角决定了该表面应接收的光照。图(a)中，
两向量的夹角小于 90°。图(b)中两向量的夹角大于 90°。注意，此时表面接收
不到任何光照，因为此时光线(方向与 $\hat{\mathbf{L}}$ 相反)照射到了表面的后方

13.4.2 坐标方格的明暗度计算

在本节讨论中，我们将光源的方向用一个单位向量 $\hat{\mathbf{L}}$ 来表示。为了计算向量 $\hat{\mathbf{L}}$ 与方格的法向量 $\hat{\mathbf{N}}$ 之间的夹角，我们首先需要求出 $\hat{\mathbf{N}}$。通过计算向量的叉积就很容易地求出 $\hat{\mathbf{N}}$。但我们必须首先找到与该方格共面的两个非零的互不平行的向量。图 13.8 中展示了两个满足条件的向量 $\mathbf{u}$ 和 $\mathbf{v}$。

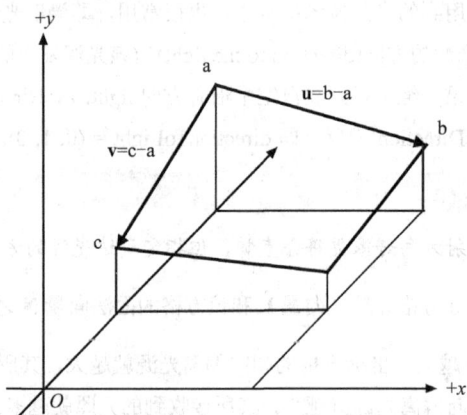

图 13.8 求取与某坐标方格共面的两个向量

$$\mathbf{u} = (cellSpacing, b_y - a_y, 0)$$
$$\mathbf{v} = (0, c_y - a_y, -cellSpacing)$$

只要求出向量 $\mathbf{u}$ 和 $\mathbf{v}$，该方格的法向量 $\mathbf{N}$ 就可由公式 $\mathbf{N} = \mathbf{u} \times \mathbf{v}$ 求得。当然，还必须对向量 $\mathbf{N}$ 进行规范化处理。

$$\hat{\mathbf{N}} = \frac{\mathbf{N}}{\|\mathbf{N}\|}$$

现在来考虑如何求向量 $\hat{\mathbf{L}}$ 和 $\hat{\mathbf{N}}$ 之间的夹角，我们知道 3D 空间中的两个单位向量的点积等于这两个向量之间夹角的余弦。

$$\hat{\mathbf{L}} \cdot \hat{\mathbf{N}} = s$$

标量 s 位于区间[-1, 1]内。由于位于[-1, 0]内的 s 值对应于 $\hat{\mathbf{L}}$ 和 $\hat{\mathbf{N}}$ 之间的夹角大于 90° 的情形，此时方格表面接收不到任何光照。所以当 s 位于[-1, 0]内时，我们应将 s 箝位为 0。

```
float cosine = D3DXVec3Dot(&n, directionToLight);

if(cosine < 0.0f)
    cosine = 0.0f;
```

现在，由于 $\hat{\mathbf{L}}$ 和 $\hat{\mathbf{N}}$ 之间的夹角大于 90°时 s 已做了箝位处理，而且 $\hat{\mathbf{L}}$ 和 $\hat{\mathbf{N}}$ 之间的夹角由 0 变化到 90°时，s 将从 1 变化到 0，所以明暗因子 s 就精确地位于区间[0, 1]内。这样就实现了我们在 13.4.1 节中所期望的目标。

可用 Terrain::computeShade 方法计算某个特定坐标方格的明暗因子。该方法的参数包括了标识坐标方格的行列索引以及平行光的方向。

```
float Terrain::computeShade( int cellRow, int cellCol,
D3DXVECTOR3* directionToLight)
{
// get heights of three vertices on the quad
float heightA = getHeightmapEntry(cellRow,cellCol);
float heightB = getHeightmapEntry(cellRow,cellCol+1);
float heightC = getHeightmapEntry(cellRow+1,cellCol);

// build two vectors on the quad
D3DXVECTOR3 u(_cellSpacing, heightB - heightA, 0.0f);
D3DXVECTOR3 v(0.0f,heightC - heightA, -_cellSpacing);

// find the normal by taking the cross product of two
// vectors on the quad.
D3DXVECTOR3 n;
D3DXVec3Cross(&n, &u, &v);
D3DXVec3Normalize(&n, &n);

float cosine = D3DXVec3Dot(&n, directionToLight);

if(cosine < 0.0f)
    cosine = 0.0f;

return cosine;
}
```

13.4.3 对地形进行着色

一旦我们了解了如何对一个特定的坐标方格进行着色(shading，也称明暗处理)，我们就可对地形中的所有方格着色了。我们只需要遍历每个坐标方格，计算其明暗因子，然后将该方格对应的纹理元的颜色与该因子相乘。下面的代码展示了 Terrain::lightTerrain 函数中最重要的部分。

```
DWORD* imageData = (DWORD*)lockedRect.pBits;
for(int i = 0; i < textureDesc.Height; i++)
{
 for(int j = 0; j < textureDesc.Width; j++)
 {
    // index into texture, note we use the pitch and divide by
    // four since the pitch is given in bytes and there are
    // 4 bytes per DWORD.
    int index = i * lockedRect.Pitch / 4 + j;

    // get current color of quad
    D3DXCOLOR c( imageData[index] );

    // shade current quad
    c *= computeShade(i, j, directionToLight);;

    // save shaded color
    imageData[index] = (D3DCOLOR)c;
 }
}
```

13.5 在地形中"行走"

地形创建好之后，我们还想移动摄像机以模拟我们在场景中的行走过程。即，我们需要依据自身在地形中所处的位置不断调整摄像机的高度(y 坐标)。为了实现这一点，我们首先需要依据给定的 x 和 z 坐标找到我们所处的坐标方格。Terrain::getHeight 函数可以实现该功能；它以摄像机的 x 和 z 坐标为参数，并返回摄像机应处在的高度(海拔)。现在我们来研究一下该函数的实现。

```
float Terrain::getHeight(float x, float z)
{
 // Translate on xz-plane by the transformation that takes
 // the terrain START point to the origin.
 x = ((float)_width / 2.0f) + x;
 z = ((float)_depth / 2.0f) - z;
```

```
// Scale down by the transformation that makes the
// cellspacing equal to one.  This is given by
// 1 / cellspacing since; cellspacing * 1 / cellspacing = 1.
x /= (float)_cellSpacing;
z /= (float)_cellSpacing;
```

首先，我们进行平移变换，将顶点 start 平移至坐标原点。然后，通过缩放因子为单元间隔的负倒数的比例变换将坐标方格的单元间隔归一化。这样，我们就转换到了一个新的参考系中，其中 z 轴方向向"下"。当然，程序代码并没有改变坐标系框架本身，我们只是将 z 轴正方向理解为向下。图 13.9 以图形化的方式展示了该变换过程。

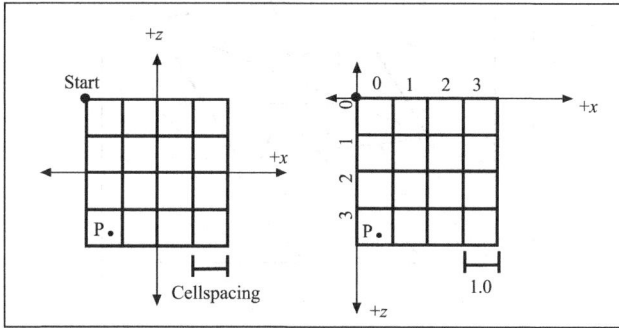

图 13.9　变换(将顶点 start 平移至原点，使单元间距归一化
以及将 z 轴翻转)发生前后的地形坐标方格

可以看出，经过变换的坐标系与矩阵的顺序保持了一致。即左上角为原点，列索引和行索引分别沿着向右方向和向下方向递增。这样，参考图 13.9，由于目前单元间距为 1，我们便可迅速求出当前我们所处的坐标方格的行列索引。

```
float col = ::floorf(x);
float row = ::floorf(z);
```

即，列索引等于 x 坐标的整数部分，行索引等于 z 坐标的的整数部分。这里 floor(t) 函数的功能是求取不小于 t 的最大整数。

既然我们已经知道了当前所处的坐标方格，就可求出构成该方格的 4 个顶点的高度。

```
// get the heights of the quad we're in:
//
  // A   B
  // *---*
  // | / |
  // *---*
  // C   D

float A = getHeightmapEntry(row,  col);
```

```
float B = getHeightmapEntry(row,   col+1);
float C = getHeightmapEntry(row+1, col);
float D = getHeightmapEntry(row+1, col+1);
```

此时，我们当前所处的方格位置以及构成该方格的 4 个顶点的高度均已知。现在我们来求摄像机位于任意的位置(x, z)时，坐标方格单元的高度。初看起来，这个问题有些棘手，因为该方格单元可能沿着多个方向发生倾斜，如图 13.10 所示。

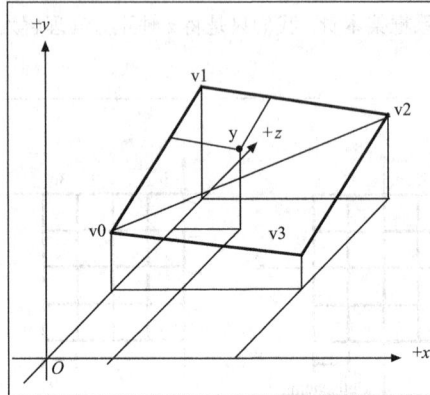

图 13.10　摄像机处在特定位置(x, z)时，坐标方格单元在该点对应的 y 坐标

为了求取该高度，我们首先需要判断摄像机当前处于哪个坐标方格内。注意，记坐标方格都是由两个三角面片的组合来绘制的。为了求出摄像机当前所处的三角形面片，我们需要对当前所处的坐标方格进行变换，使其左上角的顶点与坐标原点重合。

由于 col 和 row 描述了当前坐标方格的左上角顶点的位置，我们必须沿 x 轴平移-col 个单位，并沿 z 轴平移-row 个单位。沿着 x 轴和 z 轴的平移过程用如下代码表示。

```
float dx = x - col;
float dz = z - row;
```

图 13.11 展示了平移变换后的坐标方格单元。

所以，如果 $dz < 1.0 - dx$，我们当前就位于上三角形面片 $\Delta v_0 v_1 v_2$ 中。否则就在下三角形面片 $\Delta v_0 v_2 v_3$ 中(如图 13.10 所示)。

现在我们来说明当摄像机处于上三角面片中时，如何求取该点的高度。对于摄像机位于下三角面片中的情形，计算方法类似，随后将列出对应这两种情形的代码。当摄像机处于上三角面片中时，我们沿着该三角形的 AB、AC 两个边，以向量 $\mathbf{q} = (q_x, A, q_z)$为始端分别构造两个向量 $\mathbf{u} = (cellSpacing, B - A, 0)$，$\mathbf{v} = (0, C - A, -cellSpacing)$，如图 13.12(a)所示。然后我们沿着 $\mathbf{u}$ 轴对 dx 点进行线性插值，然后再沿着 $\mathbf{v}$ 轴对 dy 点进行线性插值。图 13.12(b)展示了该插值过程。给定 x 坐标和 z 坐标，向量$(\mathbf{q} + dx\mathbf{u} + dz\mathbf{v})$的 y 分量就是该点所处的高度值；回忆一下向量加法的几何解释将有助于加深对该问题的理解。

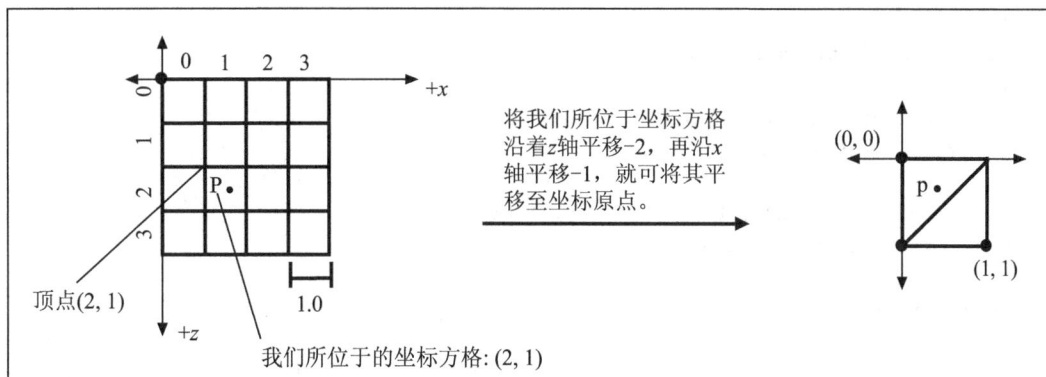

图 13.11 平移变换(将摄像机当前所处的坐标方格单元的左上角平移至
坐标原点)前后，我们当前所处的坐标方格单元

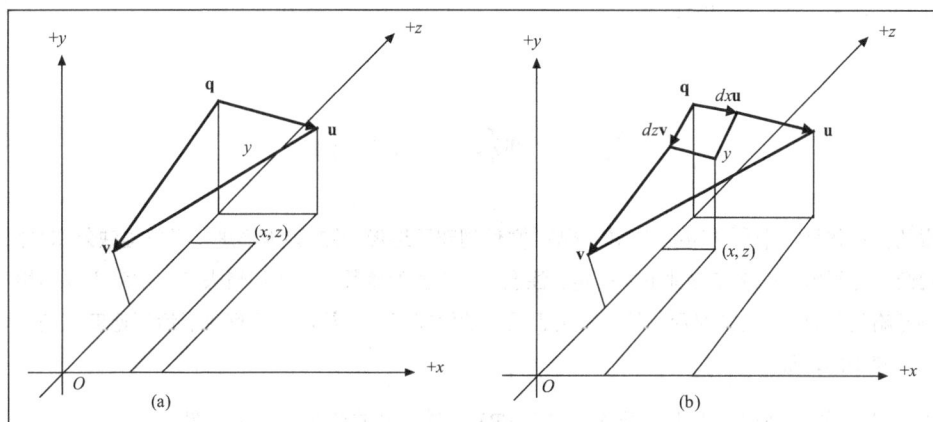

图 13.12 (a)计算位于三角形相邻边但方向相反的两个向量。
(b)指定点的高度可通过沿 u 轴和 v 轴做线性插值得到

注意，由于我们只关心高度的插值，所以我们可以只对 y 分量进行插值而忽略其他分量。这样，指定点的高度就可由公式 $A + dxu_y + dzv_y$ 求出。

所以，Terrain::getHeight 函数的最后一部分代码为：

```
float height = 0.0f;
if(dz < 1.0f - dx)  // upper triangle ABC
{
    float uy = B - A; // A->B
    float vy = C - A; // A->C

    height = A + d3d::Lerp(0.0f, uy, dx) +
d3d::Lerp(0.0f, vy, dz);
```

```
}
else // lower triangle DCB
{
    float uy = C - D; // D->C
    float vy = B - D; // D->B

    height = D + d3d::Lerp(0.0f, uy, 1.0f - dx) +
d3d::Lerp(0.0f, vy, 1.0f - dz);
}
return height;
}
```

其中，Lerp 函数可沿着 1D 直线做线性插值，其实现如下：

```
float d3d::Lerp(float a, float b, float t)
{
return a - (a*t) + (b*t);
}
```

13.6   例程：Terrain

本章的例程依据一个包含高度数据的 RAW 文件创建了地形，并对该地形进行了纹理映射和光照处理。此外，我们还可利用方向键在该地形中行走。注意，在下面的函数中，我们略去了与本章主题不相关的代码。代码省略的部分用(...)来表示。另外，由于显卡的性能存在差异，该例程可能运行速度很慢，您可尝试使用一个较小的地形。

首先，我们增加几个表示地形、摄像机以及 FPS(每秒绘制的帧数)的全局变量。

```
Terrain* TheTerrain = 0;
Camera   TheCamera(Camera::LANDOBJECT);

FPSCounter* FPS = 0;
```

接下来是框架函数。

```
bool Setup()
{
D3DXVECTOR3 lightDirection(0.0f, 1.0f, 0.0f);
TheTerrain = new Terrain(Device, "coastMountain64.raw", 64, 64, 10, 0.5f);
TheTerrain->genTexture(&lightDirection);
...
return true;
}
```

```
void Cleanup()
{
 d3d::Delete<Terrain*>(TheTerrain);
 d3d::Delete<FPSCounter*>(FPS);
}

bool Display(float timeDelta)
{
 if( Device )
 {
     // Update the scene:
     //
     ... [snipped input checking]

     //Walking on the terrain: Adjust camera's height so we
     //are standing 5 units above the cell point we are
     //standing on.
     D3DXVECTOR3 pos;
     TheCamera.getPosition(&pos);
     float height = TheTerrain->getHeight( pos.x, pos.z );
     pos.y = height + 5.0f; // add height because we're standing up
     TheCamera.setPosition(&pos);

     D3DXMATRIX V;
     TheCamera.getViewMatrix(&V);
     Device->SetTransform(D3DTS_VIEW, &V);

     //
     // Draw the scene:
     //

     Device->Clear(0, 0, D3DCLEAR_TARGET | D3DCLEAR_ZBUFFER, 0xff000000, 1.0f, 0);
     Device->BeginScene();

     D3DXMATRIX I;
     D3DXMatrixIdentity(&I);

     if( TheTerrain )
         TheTerrain->draw(&I, false);

     if( FPS )
         FPS->render(0xffffffff, timeDelta);

     Device->EndScene();
     Device->Present(0, 0, 0, 0);
```

```
    }
    return true;
  }
```

13.7 一 些 改 进

  Terrain 类的实现中，全部顶点数据都被加载到了一个巨大的顶点缓存中。如果能将该地形的几何信息分散存储在多个顶点缓存中，无疑对提高度序的速度和可伸缩性(scalability)都大有益处。这就引发了一个问题："多大容量的顶点缓存最合适？"。答案要依据具体的目标硬件而定。所以，还是实践出真知！

  由于将地形几何数据分散存储在若干较小的顶点缓存中很大程度无异于矩阵型数据结构的访问和数据管理，并未引入任何新概念，所以这里我们略去了对其细节的讨论。简言之，基本上您需要将地形分割成若干子矩阵，我们将其称为"存储块"。每个存储块都对应地形中的一个矩形子区域。此外，每个存储块都包含了落在该存储块区域中的地形的那部分几何信息(保存在每个存储块的顶点缓存和索引缓存中)。

  此外，您还可将地形几何信息加载到一个很大的 ID3DXMesh 接口中。然后使用 D3DX 函数 D3DXSplitMesh 将地形网格分割为若干较小的子网格。D3DXSplitMesh 函数的原型如下：

```
void D3DXSplitMesh(
 LPD3DXMESH pMeshIn,
      CONST DWORD * pAdjacencyIn,
      CONST DWORD MaxSize,
      CONST DWORD Options,
      DWORD * pMeshesOut,
      LPD3DXBUFFER * ppMeshArrayOut,
      LPD3DXBUFFER * ppAdjacencyArrayOut,
      LPD3DXBUFFER * ppFaceRemapArrayOut,
      LPD3DXBUFFER * ppVertRemapArrayOut
);
```

  参数 pMeshIn 用于接收源网格，然后该函数可将源网格分割成若干较小的网格。参数 pAdjacency 是一个指向源网格邻接数组的指针。参数 MaxSize 用于指定所分割的网格允许拥有的最大顶点数。Option 标记指定了分割所得的网格的创建选项。参数 pMeshesOut 返回所创建的网格数目，而所创建的网格被保存在参数 ppMeshArrayOut 指向的数组缓存中。最后 3 个参数可选(指定为 NULL 表示忽略这些参数)，并可分别返回邻接数组、面片重绘信息(remap info)以及每个新创建的网格的顶点重绘信息。

13.8　小　　结

- 我们可用具有不同高度的三角形栅格来建立地形的模型，这些高度值可用于描述山脉和山谷的海拔，从而模拟了真实地形。

- 高度图是包含了地形中顶点的高度值的数据集。

- 地形进行纹理映射时，纹理数据既可取自磁盘中的图像，也可取自按过程化方法生成的纹理数据。

- 通过计算每个坐标方格的明暗因子，我们可对地形进行光照处理。明暗因子指定了坐标方格的明暗度。明暗因子由光线到达坐标方格表面时的入射角决定。

- 为了使摄像机能够在地形中"行走"，必须求出我们当前所处的三角面片的位置。然后需要计算出位于该三角面片中相邻两边上但方向相背的两个向量。通过一个平移变换和一个比例变换，使当前摄像机所处的坐标方格归一化并且使该方格的左上角与坐标原点重合，然后依据上一步求得的两个向量沿着 x 方向和 z 方向依次进行线性插值就可求出指定点(在归一化坐标方格中用 x 和 z 坐标表示)的高度。

粒子系统

许多自然现象都包含了大量行为相似的微小粒子(例如飘落的雪花、焰火的火星以及未来武器所发射的"子弹"等)。粒子系统常用来模拟此类现象。

学习目标

- 了解我们赋予粒子的属性以及在 Direct3D 中如何描述一个粒子
- 设计一个包含了一系列属性和方法并具有通用性的灵活粒子系统基类
- 模拟 3 类具体的粒子系统，即雪、爆炸和粒子枪

14.1　粒子和点精灵

粒子(Particle)是一种微小的物体，在数学上通常用点来表示其模型。所以显示粒子时，使用点图元(由 D3DPRIMITIVETYPE 类型的 D3DPT_POINTLIST 枚举常量表示)是一个很好的选择。但是，光栅化时，点图元将被映射为一个单个像素。这样就无法为我们提供很大的灵活性，因为实际应用中我们可能需要各种尺寸的粒子甚至希望能够对这些粒子进行纹理映射。在 Direct3D 8.0 之前，要想摆脱点图元的这个限制，只能是不去使用它。那时，程序员都愿意用广告牌(billboard)技术来显示一个粒子。广告牌就是一个四边形，通过对其自身世界变换矩阵的控制，使其总是面向摄像机。

Direct3D 8.0 引入了一种特别的点图元——点精灵(Point Sprite)，该图元极适合应用于粒子系统中。与普通的点图元不同，点精灵可进行纹理映射且其尺寸可变。点精灵也不同于广告牌，描述点精灵时仅需要一个单点(single point)即可。由于我们只需要存储和处理一个顶点而非 4 个(广告牌要用 4 个顶点描述)，这样就节省了内存和宝贵的运算时间。

14.1.1　结构格式

我们用如下顶点结构来描述粒子的位置和颜色。

```
struct Particle
{
    D3DXVECTOR3 _position;
    D3DCOLOR _color;
    static const DWORD FVF;
};
const DWORD Particle::FVF = D3DFVF_XYZ | D3DFVF_DIFFUSE;
```

该结构仅存储了粒子的位置和颜色信息。您也可根据应用程序的需求来为该结构添加一对纹理坐标。我们将在下一节中讨论如何对点精灵进行纹理映射。

有时我们可能需要为 Particle 结构增加一个浮点类型的变量来表示其尺寸。为了反映该变化，我们必须为灵活顶点格式 FVF 增加 D3DFVF_PSIZE 标记。让每个粒子对象维护其自身的尺寸十分有用，因为这就允许我们单独指定或改变某个粒子的尺寸。但由于大多数图形卡都不支持按照这种方式控制粒子的尺寸，所以我们将不采用这种做法。(可检查结构 D3DCAPS9 种的成员 FVFCaps 中的 D3DFVFCAPS_PSIZE 位来验证。)我们将通过绘制状态来控制粒子的尺寸，您很快将看到。下面是一个顶点结构中含有尺寸成员的例子。

```
struct Particle
{
    D3DXVECTOR3 _position;
D3DCOLOR _color;
float _size;
    static const DWORD FVF;
};
const DWORD Particle::FVF = D3DFVF_XYZ | D3DFVF_DIFFUSE |D3DFVF_PSIZE;
```

请注意，即使硬件不支持 D3DFVFCAPS_PSIZE，借助像素着色器(vertex shader)我们也有可能控制每个粒子的尺寸。关于顶点着色器我们将在本书的第 IV 部分进行讨论。

14.1.2　点精灵的绘制状态

点精灵的行为很大程度上是由绘制状态来控制的。我们来回顾一下这些绘制状态。

- D3DRS_POINTSPRITEENABLE　一个布尔值。默认值为 false。
    - 若指定为 true，则规定整个当前纹理被映射到点精灵上。
    - 若指定为 false，则规定点精灵(如果其顶点结构中含纹理坐标的话)的纹理坐标所指定的纹理元应被映射到点精灵上。
- D3DRS_POINTSCALEENABLE　一个布尔值。默认值为 false。
    - 若指定为 true，则规定点的尺寸将用观察坐标系的单位来度量。观察坐标系的单位是仅用来描述摄像机坐标系中的 3D 点。点精灵的尺寸将依据近大远小的原则进行相应的比例变换。
    - 若指定为 false，则规定点的尺寸将用屏幕坐标系的单位(即像素)来度量。如果您将该绘制状态指定为 false，而且您想将点精灵的尺寸设为 3，则点精灵将变为屏幕上一个 3×3 的像素区域。

```
_device->SetRenderState(D3DRS_POINTSCALEENABLE, true);
```

● D3DRS_POINTSIZE 用于指定点精灵的尺寸。该值可被解释为观察坐标系中的点精灵尺寸，也可被解释为屏幕坐标系中的点精灵尺寸，这主要取决于绘制状态 D3DRS_POINTSCALEENABLE 的设置。下面的代码将点的尺寸设为 2.5 个单位。

```
_device->SetRenderState( D3DRS_POINTSIZE, d3d::FtoDw(2.5f) );
```

d3d::FtoDW 是我们在 d3dUtility.h/cpp 文件中新添加的函数，其功能是将 float 型变量强制转换为 DWORD 类型。我们必须这样做，因为 IDirect3DDevice9::SetRenderState 函数要求传入 DWORD 类型值而非 float 型。

```
DWORD d3d::FtoDw(float f)
{
    return *((DWORD*)&f);
}
```

● D3DRS_POINTSIZE_MIN 指定点精灵可取的最小尺寸。下面的例子将点的尺寸的最小值设为 0.2。

```
_device->SetRenderState(D3DRS_POINTSIZE_MIN, d3d::FtoDw(0.2f));
```

● D3DRS_POINTSIZE_MAX 指定点精灵可取的最大尺寸。下面的例子将点的尺寸的最大值设为了 5.0：

```
_device->SetRenderState(D3DRS_POINTSIZE_MIN, d3d::FtoDw(5.0f));
```

● D3DRS_POINTSCALE_A, D3DRS_POINTSCALE_B, D3DRS_POINTSCALE_C 这 3 个常量控制了点精灵的尺寸如何随距离发生变化，这里的距离是指点精灵到摄像机的距离。

给定距离和这些常量时，Direct3D 使用如下公式计算点精灵的最终尺寸：

$$FinalSize = ViewportHeight \cdot Size \cdot \sqrt{\frac{1}{A + B(D) + C(D^2)}}$$

其中：

● *FinalSize* 计算出距离后，点精灵的最终尺寸。
● *ViewportHeight* 视口(viewport)高度。
● *Size* 对应于由绘制状态 D3DRS_POINT_SIZE 所指定的值。
● *A, B, C* 分别对应于绘制状态 D3DRS_POINTSCALE_A，D3DRS_POINTSCALE_B 和 D3DRS_POINTSCALE_C 所指定的值。
● *D* 在观察坐标系中点精灵到摄像机的距离。由于在观察坐标系中，摄像机位于坐标原点，

所以 $D = \sqrt{x^2 + y^2 + z^2}$ ，其中，(x, y, z)是点精灵在观察坐标系中的位置。

下面的代码对点精灵的距离常量进行了设置，这样点精灵就会随着距离的增大而变小。

```
_device->SetRenderState(D3DRS_POINTSCALE_A, d3d::FtoDw(0.0f));
_device->SetRenderState(D3DRS_POINTSCALE_B, d3d::FtoDw(0.0f));
_device->SetRenderState(D3DRS_POINTSCALE_C, d3d::FtoDw(1.0f));
```

14.1.3 粒子及其属性

一个粒子除了位置和颜色外往往还具有许多其他的属性。例如，粒子可具有一定的速度。但是，绘制粒子时并不需要这些附加属性。所以，我们将用于绘制粒子的数据与粒子的属性分别存储在两个不同的结构中。当我们要创建、销毁或更新粒子时，需要涉及粒子的属性；当我们准备绘制粒子时，可将粒子的位置和颜色信息复制到 Particle 结构中。

粒子的属性与我们所要模拟的粒子系统的特定类型息息相关。但是，我们通过指定一些常用属性可以使这些属性结构变得通用一些。下面是一个包含了一些通用的粒子属性的结构。大多数系统并不需要如此众多的属性，但是有些系统可能还需要附加一些其他属性。

```
struct Attribute
{
    D3DXVECTOR3 _position;
    D3DXVECTOR3 _velocity;
    D3DXVECTOR3 _acceleration;
    float _lifeTime;
    float _age;
    D3DXCOLOR _color;
    D3DXCOLOR _colorFade;
    bool _isAlive;
};
```

- _position   粒子在世界坐标系中的位置。
- _velocity   粒子的速度，度量单位常采用单位/秒。
- _acceleration   粒子的加速度，度量单位为单位/秒^2。
- _lifeTime   粒子的自诞生到消亡所需的时间。例如，我们可能会在一段时间后，杀死一段光束粒子。
- _age   粒子的当前年龄。
- _color   粒子的颜色。
- _colorFade   粒子颜色如何随时间渐弱。
- _isAlive   若为 true，表明粒子处于活动状态，否则表明粒子处于死亡状态。

14.2 粒子系统的组成

粒子系统(Particle System)是众多粒子的集合，并负责对这些粒子进行维护和显示。粒子系统跟踪系统中影响所有粒子状态的全局属性，例如粒子的尺寸、粒子的粒子源、将要映射到粒子的纹理等。按照功能来说，粒子系统主要负责更新(updating)、显示(displaying)、杀死(kill)以及创建(creating)粒子。

虽然不同的粒子系统具有不同的行为，我们仍可归纳并找到一些所有粒子系统都需要的基本属性。我们将这些通用属性封装在一个抽象基类——PSystem 类中，该类将作为我们所要实现的全部具体的粒子系统的父类。让我们先来研究一下该类的特点和功能。

```cpp
class PSystem
{
public:
 PSystem();
 virtual ~PSystem();

 virtual bool init(IDirect3DDevice9* device, char* texFileName);
 virtual void reset();

 // sometimes we don't want to free the memory of a dead particle,
 // but rather respawn it instead.
 virtual void resetParticle(Attribute* attribute) = 0;
 virtual void addParticle();

 virtual void update(float timeDelta) = 0;

 virtual void preRender();
 virtual void render();
 virtual void postRender();

 bool isEmpty();
 bool isDead();

protected:
 virtual void removeDeadParticles();

protected:
 IDirect3DDevice9*      _device;
 D3DXVECTOR3            _origin;
 d3d::BoundingBox       _boundingBox;
 float                  _emitRate;  // rate new particles are added to system
 float                  _size;      // size of particles
```

```
IDirect3DTexture9*         _tex;
IDirect3DVertexBuffer9*    _vb;
std::list<Attribute>       _particles;
int                        _maxParticles; // max allowed particles system can have

//
// Following three data elements used for rendering the p-system efficiently
//

DWORD _vbSize;      // size of vb
DWORD _vbOffset;    // offset in vb to lock
DWORD _vbBatchSize; // number of vertices to lock starting at _vbOffset
};
```

我们选出一部分成员来加以说明。

- _origin 系统的粒子源,所有的粒子都将从系统粒子源产生。
- _boundingBox 如果想限制粒子的活动范围,可使用外接体。例如,假定在一个雪粒子系统中,我们想让雪只落在山峰周围的某个空间体积内时,我们就可定义包含了该体积的外接体,然后只需将那些跃出该外接体的粒子杀死就可以了。
- _emitRate 系统中新粒子的增加率,该值用粒子数/秒来度量。
- _size 系统中所有粒子的尺寸。
- _particles 系统中粒子的属性列表。我们可利用该列表对粒子进行创建、销毁和更新。准备绘制粒子时,我们将该列表中的一部分结点复制到顶点缓存中,然后对粒子进行绘制。然后再复制和绘制另外一批粒子,重复该过程,直至所有的粒子被绘制完毕。当然,这种绘制方法将问题过分简化了。我们将在 14.2.1 小节中讨论绘制过程中的诸多细节。
- _maxParticles 在某个给定时间,系统所允许拥有的最大粒子数。例如,如果粒子的创建速度大于被销毁的速度,随时间的增长,将会有海量的粒子产生。该成员变量可帮助我们避免那种情况的发生。
- _vbSize 在一个给定时间顶点缓存中所存储的顶点个数。该值不依赖于粒子系统中的实际粒子个数。

💡 **注意** 数据成员_vbOffset 和_vbBatchSize 都可用于粒子系统的绘制。我们直到 14.2.1 节中才对其进行讨论。

下面是一些成员函数。

- PSystem/~PSystem 该构造函数将成员变量初始化为默认值,析构函数完成设备接口(顶点缓存、纹理)的释放。
- init 该方法完成一些 Direct3D 设备相关的初始化工作,例如创建顶点缓存以存储点精灵、创建纹理等。顶点缓存的创建过程中包含了一些标记,我们在先前的讨论中尚未提及。

```
hr = device->CreateVertexBuffer(
_vbSize * sizeof(Particle),
D3DUSAGE_DYNAMIC | D3DUSAGE_POINTS | D3DUSAGE_WRITEONLY,
Particle::FVF,
D3DPOOL_DEFAULT, // D3DPOOL_MANAGED can't be used with D3DUSAGE_DYNAMIC
&_vb,
0);
```

注意，这里我们使用了动态缓存。这是因为我们需要在每帧中对粒子进行更新，这就意味着我们需要访问顶点缓存的存储区。前面我们提到静态顶点缓存的访问速度相当慢，所以我们将顶点缓存指定为动态的。

注意，我们使用了标记 D3DUSAGE_POINTS，该标记指定了顶点缓存将用于存储点精灵。

注意，顶点缓存的尺寸已由变量_vbSize 预先定义好，该值与系统中的粒子个数无关。即，_vbSize 基本上不可能与系统中的粒子数相等。这是因为我们绘制粒子系统时往往是分批绘制的，而非一蹴而就。我们将在 14.2.1 小节中讨论绘制过程的细节。

我们使用了默认的内存池而非常用的托管内存池，这是因为动态顶点缓存不允许被放置在托管内存池中。

● 　reset　该方法重新设定系统中每个粒子的属性。

```
void PSystem::reset()
{
    std::list<Attribute>::iterator i;
    for(i = _particles.begin(); i != _particles.end(); i++)
    {
        resetParticle( &(*i) );
    }
}
```

● 　resetParticle　该方法重新设定粒子的属性值。粒子的属性应如何重新设置依赖于特定粒子系统的细节。所以，我们将该方法声明为抽象函数，并强制子类必须实现该函数。

● 　addParticle　该方法为系统增加一个粒子。该方法在将粒子加入列表之前，首先调用 resetParticle 方法对粒子进行初始化。

```
void PSystem::addParticle()
{
    Attribute attribute;
    resetParticle(&attribute);
    _particles.push_back(attribute);
}
```

● 　update　该方法用于对系统中的所有粒子进行更新。由于该方法的实现依赖于特定粒子系统的细节，我们将该方法声明为抽象方法，并强制子类必须实现该方法。

- render　该方法用于显示系统中的所有粒子。该方法的实现相当复杂，我们将在 14.2.1 节中展开一些讨论。

- preRender　用于在绘制之前，对那些必须设置的初始绘制状态进行设置。由于该方法的实现也依赖于具体的系统，我们将其声明为虚函数。该方法的默认实现如下：

```cpp
void PSystem::preRender()
{
    _device->SetRenderState(D3DRS_LIGHTING, false);
    _device->SetRenderState(D3DRS_POINTSPRITEENABLE, true);
    _device->SetRenderState(D3DRS_POINTSCALEENABLE, true);
    _device->SetRenderState(D3DRS_POINTSIZE, d3d::FtoDw(_size));
    _device->SetRenderState(D3DRS_POINTSIZE_MIN, d3d::FtoDw(0.0f));

    // control the size of the particle relative to distance
    _device->SetRenderState(D3DRS_POINTSCALE_A, d3d::FtoDw(0.0f));
    _device->SetRenderState(D3DRS_POINTSCALE_B, d3d::FtoDw(0.0f));
    _device->SetRenderState(D3DRS_POINTSCALE_C, d3d::FtoDw(1.0f));

    // use alpha from texture
    _device->SetTextureStageState(0, D3DTSS_ALPHAARG1, D3DTA_TEXTURE);
    _device->SetTextureStageState(0, D3DTSS_ALPHAOP, D3DTOP_SELECTARG1);

    _device->SetRenderState(D3DRS_ALPHABLENDENABLE, true);
    _device->SetRenderState(D3DRS_SRCBLEND, D3DBLEND_SRCALPHA);
        _device->SetRenderState(D3DRS_DESTBLEND, D3DBLEND_INVSRCALPHA);
}
```

注意，我们启用了 Alpha 融合，这样当前纹理的 Alpha 通道就指定了纹理像素的透明度。我们以此来产生各种效果。一种常用的场合是获取那些像纹理一样的非矩形的粒子。例如，要想获取一个圆形的像“雪球”一样的粒子，我们可使用一个具有 Alpha 通道(黑色背景中有一白色圆)的纯白色纹理。这样，只有白色的圆形会显示出来，矩形的白色纹理就得不到显示。

- postRender　用于存储一个特定粒子系统可能已设置好的任何绘制状态。由于这也依赖于具体的系统，我们将该函数声明为虚函数。其默认实现如下：

```cpp
void PSystem::postRender()
{
    _device->SetRenderState(D3DRS_LIGHTING,          true);
    _device->SetRenderState(D3DRS_POINTSPRITEENABLE, false);
    _device->SetRenderState(D3DRS_POINTSCALEENABLE,  false);
    _device->SetRenderState(D3DRS_ALPHABLENDENABLE,  false);
}
```

- isEmpty　如果当前系统中没有粒子，该函数返回 true。反之返回 false。

- isDead 如果系统中的所有粒子均已死亡，该函数返回 true，反之返回 false。
- removeDeadParticles 对属性列表 _Particle 进行搜索，并从列表中移除任何已死亡的粒子。

```
void PSystem::removeDeadParticles()
{
    std::list<Attribute>::iterator i;

    i = _particles.begin();

    while( i != _particles.end() )
    {
        if( i->_isAlive == false )
        {
            // erase returns the next iterator, so no need to
            // incrememnt to the next one ourselves.
            i = _particles.erase(i);
        }
        else
        {
            i++; // next in list
        }
    }
}
```

注意 该方法通常在子类的 update 方法中被调用，以移除任何已被杀死(标记为已死亡)的粒子。但是，对于某些粒子系统，回收那些处于死亡状态的粒子比销毁它们有更多的优势。在粒子诞生和消亡时，我们不是从列表中为其重新分配内存或回收内存，我们只是对那些处于死亡状态的粒子重新设置，使其变为新粒子。我们在 14.3 节中实现的雪粒子系统就演示了这种技术。

14.2.1 绘制一个粒子系统

由于粒子系统是动态的，我们需要在每帧中更新系统中的粒子。一种直观但是缺乏效率的粒子系统绘制方法是：创建一个足够容纳最大数目个粒子的顶点缓存。

对于每一帧进行的操作如下：

(1) 更新所有粒子。
(2) 将所有处于活动状态的粒子复制到顶点缓存中。
(3) 绘制顶点缓存中的粒子。

该方法是可行的，但效率不是最高的。原因之一是该顶点缓存必须足够大以容纳系统中的所有粒子。

但更重要的原因是，当我们将粒子从列表复制到顶点缓存的这个过程中(步骤 2)，图形卡一直处于空闲状态。例如，假定我们的粒子系统中有 10 000 个粒子，首先我们需要创建一个能够容纳 10 000 个粒子的顶点缓存，其所占用的内存已经相当多了。此外，直到列表中的 10 000 个粒子全部都被复制到顶点缓存并调用函数 DrawPrimitive 为止，图形卡一直在一旁等候而无所事事。该例很好地说明了 CPU 和图形卡没有协同工作的那种情形。

一种更好的方法(即 SDK 中的例程 Point Sprite 所使用的方法)是：创建一个容量合理的顶点缓存(能够容纳 2000 个粒子)。然后我们将该顶点缓存划分为若干片断。例如，我们将每个片断的尺寸指定为可容纳 500 个粒子。然后创建全局变量 $i = 0$，用该变量来跟踪当前片断。

> **注意**　这是一种简化的描述，但是基本上表达了我们的思路。假定总有 500 个粒子来填充顶点缓存中的一个完整片断(segment)，实际上情况往往并非如此，因为我们总是在不停地杀死和创建粒子，所以每帧中处于活动状态的粒子数都在发生变化。例如，假定我们还有 200 个粒子需要复制到顶点缓存并进行绘制，由于 200 个粒子不足以填充一个完整的片断，我们可将这种情形在代码中作为一种特例来处理。这种情形仅会在为当前帧填充最后一个片断时发生，因为如果不是最后一个片断，也就意味着必须至少有 500 个粒子要被移动到下一个片断中。

顶点缓存：可容纳 2000 个粒子			
片段 0: 容纳500个粒子	片段 1: 容纳500个粒子	片段 3: 容纳500个粒子	片段 4: 容纳500个粒子

图 14.1　划分为若干片断的顶点缓存

对每一帧的操作如下。

1) 更新所有粒子。
2) 将全部活动粒子被绘制。
(1) 若顶点缓存未满，则：
① 用标记 D3DLOCK_NOOVERWRITE 锁定片断 i。
② 将 500 个粒子复制到锁定片断 i 中。
(2) 若顶点缓存已满，则：
① 用自顶点缓存的起始位置开始 $i = 0$。
② 将用标记 D3DLOCK_DISCARD 锁定片断 i。
③ 将 500 个粒子复制到锁定片断 i 中。

(3) 绘制片断 i 中的粒子。

(4) 下一片断：i++。

💡 **注意** 前面我们将顶点缓存指定为动态的，所以我们在锁定顶点缓存时，使用了动态锁定标记 D3DLOCK_NOOVERWRITE 和 D3DLOCK_DISCARD。这些标记允许我们对顶点缓存中尚未被绘制的部分进行锁定，这样做丝毫不影响顶点缓存中其余部分的绘制。例如，假定我们要绘制片断 0 中的粒子，通过使用标记 D3DLOCK_NOOVERWRITE，当我们绘制片断 0 中的粒子时，可对片断 1 锁定并填充。这就避免了可能出现的绘制中断情况。

该方法效率更高。首先，我们减少了顶点缓存的容量。其次，CPU 和图形卡现在可以协同工作。我们向顶点缓存复制(CPU 来做)一小批粒子，然后再对该批粒子进行绘制(图形卡来做)。接下来我们再为顶点缓存复制下一批粒子，然后对其进行绘制。该过程一直持续到全部粒子都被绘制完毕。从中可看出，在填充顶点缓存的过程中，图形卡不再处于空闲状态。

现在我们将精力转移到该绘制方案的实现上。为了给采用该方案的粒子系统的绘制提供便利，我们需要使用 PSystem 类的下述成员变量。

- **_vbSize** 在某一给定时间点，顶点缓存中所存储的粒子数。该值不依赖于实际粒子系统中的顶点数。
- **_vbOffset** 该变量为自顶点缓存首地址算起的偏移量，标识了下一批粒子将从顶点缓存的何处开始复制。例如，如果第一批粒子存储在顶点缓存的 0～499 项，则下一批粒子在顶点缓存中开始复制的偏移量将为 500。
- **_vbBatchSize** 每批粒子的数目。

现在我们列出该绘制方法的实现代码。

```
void PSystem::render()
{
 if( !_particles.empty() )
 {
     // set render states
     preRender();

     _device->SetTexture(0, _tex);
     _device->SetFVF(Particle::FVF);
     _device->SetStreamSource(0, _vb, 0, sizeof(Particle));

     // start at beginning if we're at the end of the vb
     if(_vbOffset >= _vbSize)
```

```
        _vbOffset = 0;

Particle* v = 0;

_vb->Lock(
    _vbOffset    * sizeof( Particle ),
    _vbBatchSize * sizeof( Particle ),
    (void**)&v,
    _vbOffset ? D3DLOCK_NOOVERWRITE : D3DLOCK_DISCARD);

DWORD numParticlesInBatch = 0;

//
// Until all particles have been rendered.
//
std::list<Attribute>::iterator i;
for(i = _particles.begin(); i != _particles.end(); i++)
{
    if( i->_isAlive )
    {
        //
        // Copy a batch of the living particles to the
        // next vertex buffer segment
        //
        v->_position = i->_position;
        v->_color    = (D3DCOLOR)i->_color;
        v++; // next element;

        numParticlesInBatch++; //increase batch counter

        // if this batch full?
        if(numParticlesInBatch == _vbBatchSize)
        {
            //
            // Draw the last batch of particles that was
            // copied to the vertex buffer.
            //
            _vb->Unlock();

            _device->DrawPrimitive(
                D3DPT_POINTLIST,
                _vbOffset,
                _vbBatchSize);

            //
```

```
                        // While that batch is drawing, start filling the
                        // next batch with particles.
                        //

                        // move the offset to the start of the next batch
                        _vbOffset += _vbBatchSize;

                        // don't offset into memory thats outside the vb's range.
                        // If we're at the end, start at the beginning.
                        if(_vbOffset >= _vbSize)
                            _vbOffset = 0;

                        _vb->Lock(
                            _vbOffset    * sizeof( Particle ),
                            _vbBatchSize * sizeof( Particle ),
                            (void**)&v,
                            _vbOffset ? D3DLOCK_NOOVERWRITE : D3DLOCK_DISCARD);

                        numParticlesInBatch = 0; // reset for new batch
                    }
                }
            }

    _vb->Unlock();

    // its possible that the LAST batch being filled never
    // got rendered because the condition
    // (numParticlesInBatch == _vbBatchSize) would not have
    // been satisfied.  We draw the last partially filled batch now.

    if( numParticlesInBatch )
    {
        _device->DrawPrimitive(
            D3DPT_POINTLIST,
            _vbOffset,
            numParticlesInBatch);
    }

    // next block
    _vbOffset += _vbBatchSize;

    //
    // reset render states
    //
```

```
        postRender();
    } //end if
} // end render
```

14.2.2　随机性

系统中的粒子都具有某种随机性(Randomness)。例如，如果想模拟雪，我们不希望所有的雪花都精确地按照同一种方式飘落。我们希望雪花的飘落方式能够求同存异。为了方便实现粒子系统所需的随机功能，我们在 d3dUtility.h/cpp 文件中加入了两个函数。

第一个函数返回一个位于区间[lowBound, highBound]内的随机浮点数。

```
float d3d::GetRandomFloat(float lowBound, float highBound)
{
 if( lowBound >= highBound ) // bad input
     return lowBound;

 // get random float in [0, 1] interval
 float f = (rand() % 10000) * 0.0001f;

 // return float in [lowBound, highBound] interval.
 return (f * (highBound - lowBound)) + lowBound;
}
```

第二个函数输出一个被限制在由最小点 min 和最大点 max 确定的外接体中的随机向量。

```
void d3d::GetRandomVector(
  D3DXVECTOR3* out,
  D3DXVECTOR3* min,
  D3DXVECTOR3* max)
{
 out->x = GetRandomFloat(min->x, max->x);
 out->y = GetRandomFloat(min->y, max->y);
 out->z = GetRandomFloat(min->z, max->z);
}
```

注意　　不要忘记用函数 srand()播下随机数发生器的种子。

14.3　具体的粒子系统

现在，我们由 PSystem 类派生出几个具体的粒子系统。为了突出一些关键技术，这些系统设计得都比较简单，并没有用到 PSystem 类所提供的全部功能。我们分别实现了雪、焰火和粒子枪系统。这些系统的名称非常清楚地表明了所要模拟的对象。雪系统模拟的是飘落的雪花。焰火系统模拟的是类似焰火的爆炸过程。粒子枪系统的粒子源位于摄像机所在的位置，出射(按下键盘中的某一个键后)方向沿着摄像机的观察方向，这看起来好像是我们在发射"粒子炮弹"，可作为游戏中枪炮系统的基础。

💡 **注意**　同以前一样，完整的工程源代码请参见本书配套文件。

14.3.1　例程：Snow System

本例程实现了一个雪粒子系统，运行效果如图 14.2 所示。

图 14.2　Snow 例程的截图

Snow 系统的类定义如下：

```
class Snow : public PSystem
{
public:
 Snow(d3d::BoundingBox* boundingBox, int numParticles);
 void resetParticle(Attribute* attribute);
 void update(float timeDelta);
};
```

💡 **注意**　您可以看到正是由于 Snow 类的父类做了大量幕后工作，而使 Snow 系统的接口变得如此简单。实际上，本节中我们所实现的 3 个粒子系统都具有很简单的接口，而且相对易于实现。

该类的构造函数接收一个指向外接体结构的指针以及该系统将具有的粒子数。该外接体描述了雪花将降落的空间范围。那些飘出该外接体的雪花粒子将被杀死并经重新设置后变为新的雪花粒子。这样，处于活动状态的雪花粒子数就维持了一种动态平衡。该构造函数的实现如下：

```
Snow::Snow(d3d::BoundingBox* boundingBox, int numParticles)
{
 _boundingBox     = *boundingBox;
 _size            = 0.25f;
```

```
_vbSize           = 2048;
_vbOffset         = 0;
_vbBatchSize      = 512;

for(int i = 0; i < numParticles; i++)
    addParticle();
}
```

注意，在该构造函数中，我们指定了顶点缓存的容量、尺寸以及起始偏移量。

resetParticle 方法在指定的外接体内创建了具有随机 x 和 z 坐标的雪花粒子，并将粒子的 y 坐标设为外接体的高度值。然后再赋予雪花一定的速度，使雪花向下飘落时稍稍偏向左边。最后将雪花上色为白色。

```
void Snow::resetParticle(Attribute* attribute)
{
attribute->_isAlive = true;

// get random x, z coordinate for the position of the snow flake.
d3d::GetRandomVector(
    &attribute->_position,
    &_boundingBox._min,
    &_boundingBox._max);

// no randomness for height (y-coordinate).  Snow flake
// always starts at the top of bounding box.
attribute->_position.y = _boundingBox._max.y;

// snow flakes fall downwards and slightly to the left
attribute->_velocity.x = d3d::GetRandomFloat(0.0f, 1.0f) * -3.0f;
attribute->_velocity.y = d3d::GetRandomFloat(0.0f, 1.0f) * -10.0f;
attribute->_velocity.z = 0.0f;

// white snow flake
attribute->_color = d3d::WHITE;
}
```

update 函数对粒子的位置进行了更新，然后测试粒子是否超出外接体的范围。如果超出范围，则将其重设为新粒子。

```
void Snow::update(float timeDelta)
{
std::list<Attribute>::iterator i;
for(i = _particles.begin(); i != _particles.end(); i++)
{
    i->_position += i->_velocity * timeDelta;
```

```
        // is the point outside bounds?
        if( _boundingBox.isPointInside( i->_position ) == false )
        {
            // nope so kill it, but we want to recycle dead
            // particles, so respawn it instead.
            resetParticle( &(*i) );
        }
    }
}
```

14.3.2　例程：Firework

本例程实现了一个焰火粒子系统，运行效果如图 14.3 所示。

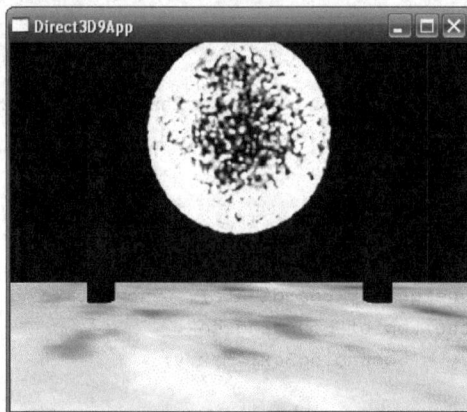

图 14.3　例程 Firework 的截图

Firework 系统的类定义如下：

```
class Firework : public PSystem
{
public:
 Firework(D3DXVECTOR3* origin, int numParticles);
 void resetParticle(Attribute* attribute);
 void update(float timeDelta);
 void preRender();
 void postRender();
};
```

该构造函数接收一个指向系统粒子源位置的指针以及该系统将具有的粒子数。本例中，粒子源就是焰火爆炸的位置。

resetParticle 方法在系统的粒子源对粒子进行了初始化，并在一个球体中创建了一个随机向量。

Firework 系统中的每个粒子都被赋予了一种随机颜色。最后，我们将粒子的生命期定为 2 秒。

```cpp
void Firework::resetParticle(Attribute* attribute)
{
 attribute->_isAlive  = true;
 attribute->_position = _origin;

 D3DXVECTOR3 min = D3DXVECTOR3(-1.0f, -1.0f, -1.0f);
 D3DXVECTOR3 max = D3DXVECTOR3( 1.0f,  1.0f,  1.0f);

 d3d::GetRandomVector(
     &attribute->_velocity,
     &min,
     &max);

 // normalize to make spherical
 D3DXVec3Normalize(
     &attribute->_velocity,
     &attribute->_velocity);

 attribute->_velocity *= 100.0f;

 attribute->_color = D3DXCOLOR(
     d3d::GetRandomFloat(0.0f, 1.0f),
     d3d::GetRandomFloat(0.0f, 1.0f),
     d3d::GetRandomFloat(0.0f, 1.0f),
     1.0f);

 attribute->_age      = 0.0f;
 attribute->_lifeTime = 2.0f; // lives for 2 seconds
}
```

update 方法对每个粒子的位置进行了更新，并杀死那些年龄超过了生命期的粒子。注意，该系统并不移除那些死亡的粒子。我们之所以这样做，是因为如果我们想创建一个新的焰火，则只需对那些死亡的粒子重新设置。这就避免了粒子频繁地创建和销毁。

```cpp
void Firework::update(float timeDelta)
{
 std::list<Attribute>::iterator i;

 for(i = _particles.begin(); i != _particles.end(); i++)
 {
     // only update living particles
     if( i->_isAlive )
     {
         i->_position += i->_velocity * timeDelta;
```

```
            i->_age += timeDelta;

            if(i->_age > i->_lifeTime) // kill
                i->_isAlive = false;
        }
    }
}
```

该 Firework 系统在绘制时使用了不同的融合因子。而且，它禁止对深度缓存进行写操作。我们只需重
载虚函数 PSystem::preRender 和 PSystem::postRender，即可很容易地改变融合因子和写状态。这两个重载
函数的实现如下：

```
void Firework::preRender()
{
 PSystem::preRender();

 _device->SetRenderState(D3DRS_SRCBLEND, D3DBLEND_ONE);
    _device->SetRenderState(D3DRS_DESTBLEND, D3DBLEND_ONE);

 // read, but don't write particles to z-buffer
 _device->SetRenderState(D3DRS_ZWRITEENABLE, false);
}

void Firework::postRender()
{
 PSystem::postRender();

 _device->SetRenderState(D3DRS_ZWRITEENABLE, true);
}
```

注意，上述两个方法都调用了基类 PSystem 中的相应版本。以这种方式，我们就做到了在对该 Firework
系统进行细微改动的同时，仍然重用了父类的部分功能。

14.3.3　例程：Particle Gun

本例程实现了一个粒子枪系统，运行效果如图 14.4 所示。

Particle Gun 系统的类定义如下：

```
class ParticleGun : public PSystem
{
public:
 ParticleGun(Camera* camera);
 void resetParticle(Attribute* attribute);
 void update(float timeDelta);
```

```
private:
 Camera* _camera;
};
```

该构造函数接收一个指向摄像机对象的指针。这是因为系统无论何时创建新粒子都需要知道当前摄像机的位置和方向。

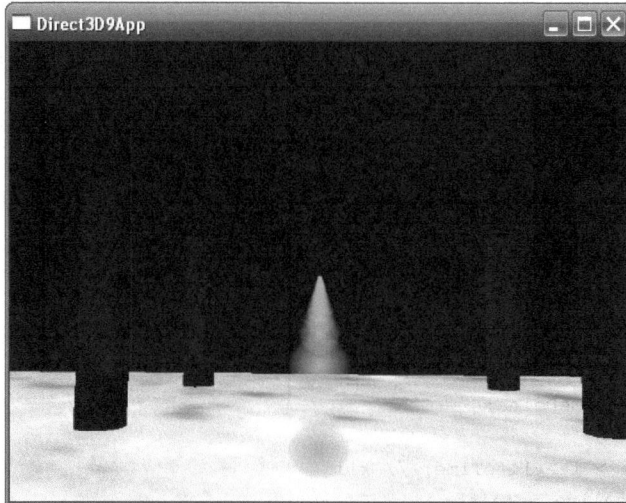

图 14.4　例程 Particle Gun 的截图

resetParticle 方法将粒子设置在与摄像机所在的位置，并将粒子的速度向量取为摄像机的观察方向乘以 100。

```
void ParticleGun::resetParticle(Attribute* attribute)
{
 attribute->_isAlive = true;

 D3DXVECTOR3 cameraPos;
 _camera->getPosition(&cameraPos);

 D3DXVECTOR3 cameraDir;
 _camera->getLook(&cameraDir);

 // change to camera position
 attribute->_position = cameraPos;
 attribute->_position.y -= 1.0f; // slightly below camera
                    // so its like we're carrying a gun

 // travels in the direction the camera is looking
 attribute->_velocity = cameraDir * 100.0f;
```

```
// green
attribute->_color = D3DXCOLOR(0.0f, 1.0f, 0.0f, 1.0f);

attribute->_age      = 0.0f;
attribute->_lifeTime = 1.0f; // lives for 1 seconds
}
```

update 方法对粒子的位置进行更新，并杀死了那些超过生命期的粒子。然后，我们搜索粒子列表，移除所有处于死亡状态的粒子。

```
void ParticleGun::update(float timeDelta)
{
 std::list<Attribute>::iterator i;

 for(i = _particles.begin(); i != _particles.end(); i++)
 {
     i->_position += i->_velocity * timeDelta;

     i->_age += timeDelta;

     if(i->_age > i->_lifeTime) // kill
         i->_isAlive = false;
 }
 removeDeadParticles();
}
```

14.4　小　　结

- 点精灵是一种灵活而方便的显示粒子的方式。它们的尺寸可调，还能进行纹理映射。更重要的是，我们只用一个单个顶点就能描述点精灵。
- 粒子系统维护了一个粒子集，并负责粒子的创建、销毁、更新和显示。
- 除本章介绍的 3 个粒子系统外，您还可实现烟雾、火箭轨迹、喷泉、火焰、光照、爆炸和雨等系统。

15

拾取

　　假设用户在屏幕上单击，击中的位置为点 **s** = (x, y)。由图 15.1 可以看出，用户选中了茶壶。但是，仅给出点 **s**，应用程序还无法立即判断出茶壶是否被选中。所以，针对这类问题，我们需要采用一项称为"拾取(Picking)"的技术。

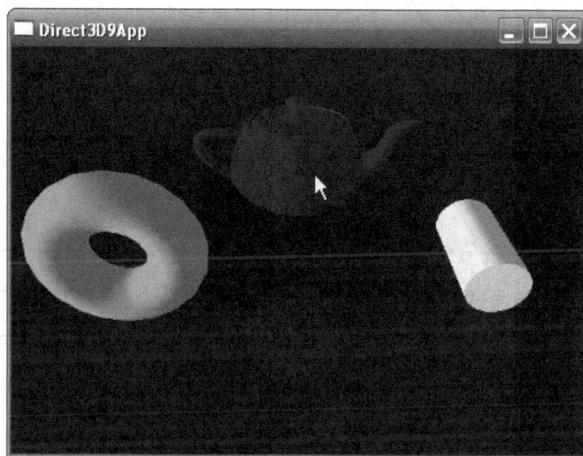

图 15.1　用户拾取了茶壶

　　我们知道，茶壶和屏幕点 **s** 之间的一种联系是茶壶被投影到了一个包含了 **s** 的区域中。更准确地说，茶壶被投影到了投影窗口中一个包含点 **p**(点 **p** 位于投影窗口中)的区域中，其中点 **p** 对应于屏幕中的点 **s**。由于该问题与 3D 物体及其投影有关，从图 15.2 中我们可略见端倪。

　　在图 15.2 中，我们看到，如果自坐标原点发出一条拾取射线(picking ray)，该射线将与那些其投影包围了点 **p** 的物体(即茶壶)相交。所以，一旦计算出了拾取射线，我们就可对场景中的每个物体进行遍历，并逐个测试射线是否与其相交。与射线相交的物体即为用户所拾取的物体。本例中仍为茶壶。

　　上面的例子是针对茶壶和点 **s** 来说的。通常，我们可在屏幕上的任意位置单击。单击之后，计算出拾取射线,然后再对场景中的每个物体进行遍历,并检测其是否与该射线相交。与射线相交的物体即为用户所拾取的物体。但是,射线也有可能不与任何物体相交。例如,在图 15.1 中,如果用户没有拾取这 5 个物体中的任意一个,而是单击了白色的背景中的某一点,拾取射线就不会与该场景中的任何物体相交。所以,我们可作如下结论:如果拾取射线不与场景中的任意物体相交,则用户便没有拾取到任何物体,而是选中了屏幕中的背景或一些我们并不感兴趣的东西。

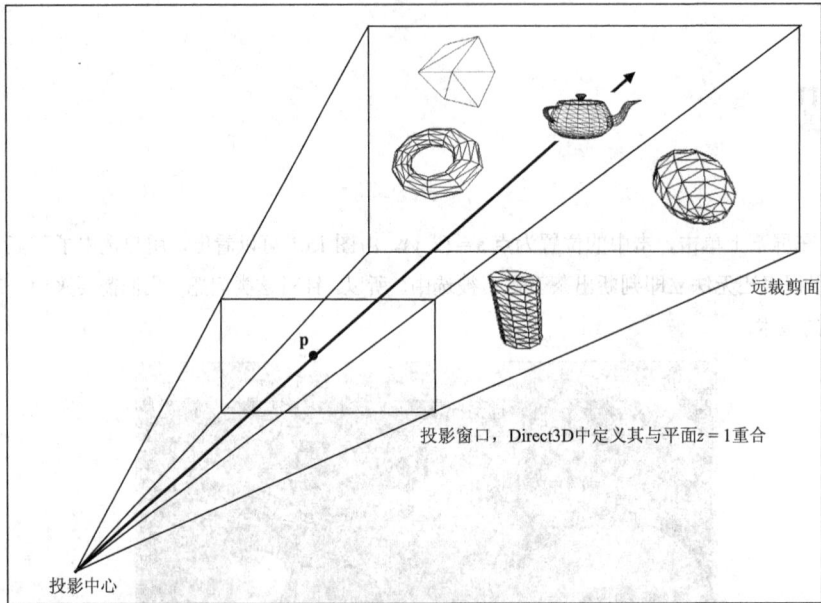

图 15.2　一条通过点 p 的射线将与那些其投影包含点 p 的物体相交。
注意,投影窗口中的点 p 与屏幕上鼠标单击的点 s 相对应

拾取技术在许多游戏和 3D 程序中都得到了广泛的应用。例如,玩家经常需要通过单击鼠标与场景中各种各样的物体进行交互。玩家可以通过单击敌人而向其开火,也可以单击某些道具将其捡起。为了使游戏程序能做出正确的响应,就需要知道被拾取的物体(是敌人还是道具?)以及它在 3D 空间中的位置(子弹应向何方发射或玩家为捡起道具应向何方移动?)。拾取技术就是专门用来解决这类问题的。

学习目标

了解如何实现拾取算法并理解其原理。我们将拾取分解为以下 4 个步骤:

- 给定所单击的屏幕点 s,求出它在投影窗口中的对应点 p。
- 计算拾取射线。即自坐标原点发出且通过点 p 的那条射线。
- 将拾取射线和物体模型变换至同一坐标系中。
- 进行物体/射线的相交判断。相交的物体即为用户所拾取的屏幕对象。

15.1 屏幕到投影窗口的变换

第一步需要将屏幕点到投影窗口中。视口变换(viewport transformation)矩阵为：

$$\begin{bmatrix} \dfrac{Width}{2} & 0 & 0 & 0 \\ 0 & -\dfrac{Height}{2} & 0 & 0 \\ 0 & 0 & MaxZ - MinZ & 0 \\ X + \dfrac{Width}{2} & Y + \dfrac{Height}{2} & MinZ & 1 \end{bmatrix}$$

对投影窗口中的点 $\mathbf{p} = (p_x, p_y, p_z)$ 实施视口变换，就得到了屏幕点 $\mathbf{s} = (s_x, s_y)$：

$$s_x = p_x \left(\frac{Width}{2} \right) + X + \frac{Width}{2}$$

$$s_y = p_y \left(\frac{Height}{2} \right) + Y + \frac{Height}{2}$$

前面我们提到，拾取变换之后，z 坐标并不作为 2D 图像的一部分进行存储，而是被保存在深度缓存中。

在前面的实例中，已知的是屏幕点 $\mathbf{s}$，我们需要求出点 $\mathbf{p}$ 的位置。解上述方程组，得：

$$p_x = \frac{2s_x - 2X - Width}{Width}$$

$$p_y = \frac{-2s_y + 2Y + Height}{Height}$$

假定视口的 X 和 Y 成员都为 0(一般情况下均如此)，这样我们就进一步得到：

$$p_x = \frac{2 \cdot s_x}{Width} - 1$$

$$p_y = \frac{2 \cdot s_y}{Height} + 1$$

$$p_z = 1$$

按照定义，投影窗口与平面 $z = 1$ 重合，所以，$p_z = 1$。

但是，至此我们还有一些工作要做。由于投影矩阵已对投影窗口中的点进行了比例变换以模拟不同的视场，即呈现出近大远小的效果。为了反求出缩放之前该点的位置，我们必须对该点做一次比例变换的逆运算。设 $\mathbf{P}$ 为投影矩阵，由于项 $\mathbf{P}_{00}$ 和 $\mathbf{P}_{11}$ 是该变换矩阵中对应于 x 和 y 坐标的比例系数，所以有：

$$p_x = \left(\frac{2x}{viewporWidth} - 1 \right)\left(\frac{1}{\mathbf{P}_{00}} \right)$$

$$p_y = \left(\frac{2y}{viewporHeight} + 1 \right)\left(\frac{1}{\mathbf{P}_{11}} \right)$$

$$p_z = 1$$

15.2 拾取射线的计算

前面我们提到射线可用参数方程 $\mathbf{p}(t) = \mathbf{p}_0 + t\mathbf{u}$ 来表示，其中 $\mathbf{p}_0$ 是射线的起点，它描述了射线的位置，$\mathbf{u}$ 是一个描述了射线方向的向量。

由图 15.2 可看出，射线的起点与坐标原点重合，所以 $\mathbf{p}_0 = (0, 0, 0)$。如果射线经过了投影窗口中的 $\mathbf{p}$ 点，则方向向量 $\mathbf{u}$ 由下式给出：

$$\mathbf{u} = \mathbf{p} - \mathbf{p}_0 = (p_x, p_y, 1) - (0, 0, 0) = \mathbf{p}$$

下面的函数用于在给定屏幕坐标系中选定点的 x 和 y 坐标的条件下，计算观察坐标系中的拾取射线。

```
d3d::Ray CalcPickingRay(int x, int y)
{
 float px = 0.0f;
 float py = 0.0f;

 D3DVIEWPORT9 vp;
 Device->GetViewport(&vp);

 D3DXMATRIX proj;
 Device->GetTransform(D3DTS_PROJECTION, &proj);

 px = ((( 2.0f*x) / vp.Width)  - 1.0f) / proj(0, 0);
 py = (((-2.0f*y) / vp.Height) + 1.0f) / proj(1, 1);

 d3d::Ray ray;
 ray._origin    = D3DXVECTOR3(0.0f, 0.0f, 0.0f);
 ray._direction = D3DXVECTOR3(px, py, 1.0f);

 return ray;
}
```

其中 Ray 结构的定义如下：

```
struct Ray
{
 D3DXVECTOR3 _origin;
 D3DXVECTOR3 _direction;
};
```

我们需要在 d3dUtility.h 文件的 d3d 命名空间中增加 Ray 的定义。

15.3　对射线进行变换

在上一节中我们计算所得的拾取射线是在观察坐标系中描述的。为了进行射线/物体相交测试，射线和物体必须位于同一坐标系。我们并不打算将所有的物体都变换至观察坐标系中，这是因为将射线变换至世界坐标系甚至某个物体的局部坐标系往往更容易。

借助变换矩阵对其起点 p_0 和方向 u 分别进行变换，就实现了射线 $p(t) = p_0 + tu$ 的变换。注意，起点是按照点来变换的，而方向是按照向量来变换的。本章的例程中实现了如下函数用于对射线进行变换。

```
void TransformRay(d3d::Ray* ray, D3DXMATRIX* T)
{
 // transform the ray's origin, w = 1.
 D3DXVec3TransformCoord(
     &ray->_origin,
     &ray->_origin,
     T);

 // transform the ray's direction, w = 0.
 D3DXVec3TransformNormal(
     &ray->_direction,
     &ray->_direction,
     T);

 // normalize the direction
 D3DXVec3Normalize(&ray->_direction, &ray->_direction);
}
```

函数 D3DXVec3TransformCoord 和 D3DXVec3TransformNormal 均以 3D 向量作为其参数，但要注意，使用 D3DXVec3TransformCoord 函数时，向量参数第 4 个分量应理解为 $w = 1$。而使用 D3DXVec3TransformNormal 时，向量参数的第 4 个分量应理解为 $w = 0$。所以，我们用 D3DXVec3TransformCoord 来实现点的变换，而用 D3DXVec3TransformNormal 实现向量的变换。

15.4　射线/物体相交判定

当我们将拾取射线和物体变换至同一坐标系后，就可以进行相交测试了。由于我们是用三角形网格来表示物体的，容易想到的一种方法是对场景中的每个物体依次遍历其三角形单元列表，同时进行射线与当前面片的相交测试。如果某面片与射线相交，则射线一定命中该面片所属的物体。

但是，对场景中的每个面进行相交测试无疑会花费大量的计算时间。一种更快(虽然不是太精确)的方法是用外接球去近似表示每个物体，然后进行射线/外接球的相交测试，如果某一外接球与射线相交，则称外接球所对应的那个物体被拾取。

💡 **注意**　拾取射线可能会与多个物体相交。但只有距离摄像机最近的那个物体被拾取，因为距离摄像机较近的物体遮挡了位于其后的物体。

给定一个球体的圆心点 **c** 和半径 r，我们可用如下隐式方程(implicit equation)来测试点 **p** 是否在球面上。

$$\|\mathbf{p} - \mathbf{c}\| - r = 0$$

其中，如果 **p** 满足上述方程，则称 **p** 在球面上。如图 15.3 所示。

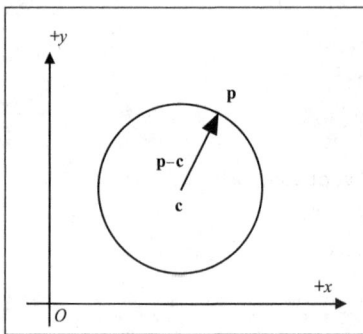

图 15.3　如果 **p** 位于球面上，则向量(**p** − **c**)的长度，记为 $\|\mathbf{p} - \mathbf{c}\|$，与球半径相等。
注意，在本图中，我们用圆来表示球，但用到的思想是不受空间维数制约的

为了判定一个球体与射线 $\mathbf{p}(t) = \mathbf{p}_0 + t\mathbf{u}$ 是否相交，我们可将射线的参数方程代入隐式的球面方程中，并解出满足球面方程的参数 t，这样就可求出对应交点的那个参数 t。

将射线参数方程代入球面方程，得：

$$\|\mathbf{p}(t) - \mathbf{c}\| - r = 0$$
$$\|\mathbf{p}_0 + t\mathbf{u} - \mathbf{c}\| - r = 0$$

由此我们可导出一个二次方程(quadratic equation)：

$$At^2 + Bt + C = 0$$

其中，$A = \mathbf{u} \cdot \mathbf{u}$，$B = 2(\mathbf{u} \cdot (\mathbf{p_0} - \mathbf{c}))$，$C = (\mathbf{p_0} - \mathbf{c}) \cdot (\mathbf{p_0} - \mathbf{c}) - r^2$。若 $\mathbf{u}$ 是单位向量，则 A 为 1。

假定 $\mathbf{u}$ 为单位向量，则可解出 t_0 和 t_1：

$$t_0 = \frac{-B + \sqrt{B^2 - 4AC}}{2A}, \quad t_1 = \frac{-B - \sqrt{B^2 - 4AC}}{2A}$$

图 15.4 展示了 t_0 和 t_1 可能的几种结果，并且标识了这些结果的几何意义。

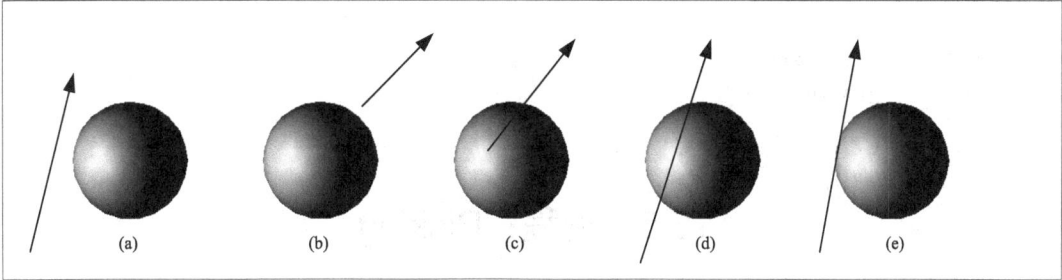

图 15.4　(a)射线未经过球体。t_0 和 t_1 都将为复数。(b)射线位于球体前方。t_0 和 t_1 都将为负实数。(c)射线的起始点位于球体内。t_0 和 t_1 为异号的实数。(d)射线与球体相交。t_0 和 t_1 均为正实数。(e)射线与球体相切，此时 t_0 和 t_1 相等且为正实数

如果射线与球体相交，则如下函数返回 true，否则返回 false。

```
bool RaySphereIntTest(d3d::Ray* ray, d3d::BoundingSphere* sphere)
{
D3DXVECTOR3 v = ray->_origin - sphere->_center;

float b = 2.0f * D3DXVec3Dot(&ray->_direction, &v);
float c = D3DXVec3Dot(&v, &v) - (sphere->_radius * sphere->_radius);

// find the discriminant
float discriminant = (b * b) - (4.0f * c);

// test for imaginary number
if( discriminant < 0.0f )
    return false;

discriminant = sqrtf(discriminant);

float s0 = (-b + discriminant) / 2.0f;
float s1 = (-b - discriminant) / 2.0f;

// if a solution is >= 0, then we intersected the sphere
```

```
if( s0 >= 0.0f || s1 >= 0.0f )
    return true;

return false;
}
```

虽然前面我们已经看到了 BoundingSphere 结构，但为了方便读者阅读，我们再次将其定义列出来。

```
struct BoundingSphere
{
BoundingSphere();

D3DXVECTOR3 _center;
float       _radius;
};
```

15.5 例程：Picking

图 15.5 展示了本章例程的一个截图。程序运行后，茶壶将在屏幕中做圆周运动，您可尝试对其单击。如果您击中了该茶壶的外接球，就会弹出一个对话框提示"Hit"。我们可通过检测鼠标消息 WM_LBUTTONDOWN 来处理鼠标单击事件。

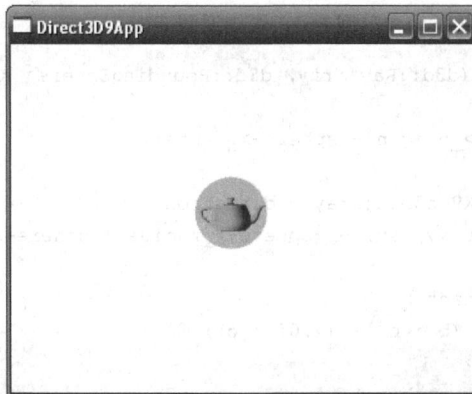

图 15.5 本章示例的截图

```
case WM_LBUTTONDOWN:

// compute the ray in view space given the clicked screen point
d3d::Ray ray = CalcPickingRay(LOWORD(lParam), HIWORD(lParam));

// transform the ray to world space
D3DXMATRIX view;
```

```
Device->GetTransform(D3DTS_VIEW, &view);

D3DXMATRIX viewInverse;
D3DXMatrixInverse(&viewInverse, 0, &view);

TransformRay(&ray, &viewInverse);

// test for a hit
if( RaySphereIntTest(&ray, &BSphere) )
    ::MessageBox(0, "Hit!", "HIT", 0);

break;
```

15.6 小   结

- 拾取是一项根据用户在屏幕上单击的位置(3D 物体在屏幕上的投影)来确定用户是否选中以及选中了哪个 3D 物体的技术。
- 如果一条射线的起点与观察坐标系的原点重合，且经过用户所单击的屏幕点，则该射线即对应一条拾取射线。
- 要判断射线与某物体是否相交，可测试射线是否与构成物体的某一面片相交或射线是否与该物体的外接体(如外接球)相交。

第 IV 部分

着色器和效果

到目前为止，通过更改设备状态的配置，如变换、光照、纹理，以及绘制状态等，我们得到了期望的效果。虽然设备支持的各种配置方案为我们提供了一定的灵活性，但我们依然要受那些预定义的固定运算(由此得名"固定功能流水线"(fixed function pipeline))限制。

本部分的主题是顶点着色器(vertex shader)和像素着色器(pixel shader)，这两种着色器可用我们自行定制的程序——着色器(shader)去取代固定功能流水线中的相应功能模块(section)。着色器是完全可编程(programmable)的，这样我们就能够实现那些在固定功能流水线中没有实现的技术。有了着色器，我们可自由支配的技术种类就得到了极大的丰富。绘制流水线中的可编程模块通常是指可编程流水线(programmable pipeline)。下面是本部分各章内容的概述。

第 16 章，"高级着色语言(HLSL)入门" 本章主要探讨了高级着色语言(High-Level Shading Language，HLSL)，我们将用该语言来编写顶点着色器和像素着色器程序。

第 17 章，"顶点着色器入门" 本章介绍了顶点着色器以及在 Direct3D 中如何创建和使用顶点着色器，并通过对一种卡通风格(cartoon style)着色技术的解析，诠释了顶点着色器的内涵。

第 18 章，"像素着色器入门" 本章介绍了像素着色器以及在 Direct3D 中如何创建和使用像素着色器。本章的最后，将演示如何用像素着色器实现多重纹理(multitexturing)。

第 19 章，"效果框架(Effect Framework)" 本章中我们将讨论 Direct3D 效果框架。本章介绍了效果框架的用途、效果文件的语法和结构、创建效果文件(effect file)，以及如何在 Direct3D 应用程序中运用效果文件。

16

高级着色语言(HLSL)入门

本章中，我们将介绍高级着色语言(High-Level Shading Language，HLSL)。在接下来的 3 章中，我们将用 HLSL 编写顶点着色器和像素着色器程序。简要地说，顶点着色器和像素着色器就是我们自行编写的一些规模较小的定制程序(custom programs)，这些定制程序可取代固定功能流水线中某一功能模块，并可在图形卡的 GPU(Graphics Processing Unit，图形处理单元)中执行。通过这种功能替换，我们便在实现各种图形效果时获得了巨大的灵活性。也就是说，我们不再受制于那些预定义的"固定"运算。

编写着色器程序时需要采用某种语言。在 DirectX 8.x 系列版本中，着色器程序是用底层的汇编语言来编写的。幸运的是，现在我们不必再用汇编语言来编写着色器程序了，因为 DirectX 9 提供了一种专门用来编写着色器程序的高级着色语言——HLSL。编写着色器程序时，使用 HLSL 之于汇编语言的优势如同编写常规应用程序时，高级语言(如 C++)之于汇编语言那样明显，即：

- 提高了生产力。使用高级语言编写程序时较之低级语言更快捷、更容易。
- 增强了可读性。使用高级语言编写的程序可读性很好，这也就意味着高级语言更易于调试和维护。
- 编译器所生成的汇编代码往往都比手工编写的汇编代码更高效。
- 借助 HLSL 编译器，我们可将着色器代码编译为任何可用的着色器版本。要想移植用汇编语言编写的着色器程序，只能手工进行。
- HLSL 的语法与 C 和 C++很相似，这样就大大缩短了学习曲线。

还有一点要注意，如果您的图形卡不支持顶点着色器和像素着色器，在运行着色器例程时，请务必切换至 REF 设备。使用 REF 设备也就意味着该着色器例程的运行速度将会很慢，但显示的结果一定是正确的，这样我们仍可验证代码的正确性。

💡 **注意** 顶点着色器可用软件顶点运算(software vertex processing)方式来模拟，即在创建设备时，将设备行为标记设定为 D3DCREATE_SOFTWARE_VERTEXPROCESSING。

学习目标

- 了解如何编写和编译 HLSL 着色器程序
- 理解应用程序与着色器程序之间如何进行数据通信
- 熟悉 HLSL 的语法、类型及其常用内置函数

16.1 HLSL 着色器程序的编制

HLSL 着色器程序可以一个长字符串的形式出现在应用程序的源文件中。但更方便也更模块化的做法是将着色器代码与应用程序代码分离。基于上述考虑，我们可在记事本中编写着色器代码并将其保存为常规的 ASCII 文本文件。接下来就可以使用函数 D3DXCompileShaderFromFile(参见 16.2.2 小节)对着色器文件进行编译了。

下面向您介绍一个用 HLSL 编写的顶点着色器程序，该程序是在记事本中编辑的，并保存在文本文件"Transform.txt"中。完整的工程源代码请参阅本书的配套文件。该顶点着色器程序对顶点实施了取景变换(view transformation)和投影变换(projection transformation)，并将顶点的漫反射颜色分量设为蓝色。

> **注意** 本例程以顶点着色器为例，您目前尚不必担心对顶点着色器的功用缺乏了解，因为下一章中我们将专门对其进行讨论。现在，我们的目标是让您尽快熟悉 HLSL 程序的语法和格式。

```
//////////////////////////////////////////////////////////////////////
//
// File: transform.txt
//
// Author: Frank Luna (C) All Rights Reserved
//
// System: AMD Athlon 1800+ XP, 512 DDR, Geforce 3, Windows XP, MSVC++ 7.0
//
// Desc: Vertex shader that transforms a vertex by the view and
//       projection transformation, and sets the vertex color to blue.
//
//////////////////////////////////////////////////////////////////////

//
// Globals
//

// Global variable to store a combined view and projection
// transformation matrix.  We initialize this variable
// from the application.
```

```
matrix ViewProjMatrix;

// Initialize a global blue color vector.
vector Blue = {0.0f, 0.0f, 1.0f, 1.0f};

//
// Structures
//

// Input structure describes the vertex that is input
// into the shader.  Here the input vertex contains
// a position component only.
struct VS_INPUT
{
    vector position : POSITION;
};

// Output structure describes the vertex that is
// output from the shader.  Here the output
// vertex contains a position and color component.
struct VS_OUTPUT
{
    vector position : POSITION;
    vector diffuse  : COLOR;
};

//
// Main Entry Point, observe the main function
// receives a copy of the input vertex through
// its parameter and returns a copy of the output
// vertex it computes.
//

VS_OUTPUT Main(VS_INPUT input)
{
    // zero out members of output
    VS_OUTPUT output = (VS_OUTPUT)0;

    // transform to view space and project
    output.position = mul(input.position, ViewProjMatrix);

    // set vertex diffuse color to blue
    output.diffuse = Blue;

    return output;
}
```

16.1.1　全局变量

首先我们来实例化两个全局变量。

```
matrix ViewProjMatrix;
vector Blue = {0.0f, 0.0f, 1.0f, 1.0f};
```

第一个变量——ViewProjMatrix，是一个 matrix 类型的实例。该类型是 HLSL 中的内置类型，表示维数 4×4 的矩阵。该变量存储了取景变换矩阵和投影变换矩阵的乘积，这样它就同时描述了两种变换。所以，我们只需进行一次向量-矩阵乘法就可实现上述两种变换。注意，在着色器源代码中您是找不到这些变量的初始化代码的。这是因为这些变量的初始化应在应用程序源代码中进行而非着色器程序代码中。应用程序与着色器程序之间经常需要进行数据通信，通信的方式和细节我们将在 16.2.1 节中进行探讨。

第二个变量——Blue，是 HLSL 内置类型 vector 的一个实例，该类型表示一个 4D 向量。我们只是将其视为 RGBA 颜色向量，并将其初始化为蓝色。

16.1.2　输入和输出结构

声明了全局变量之后，我们定义了两个特殊结构，称为输入和输出结构。对于顶点着色器，这些结构分别定义了该着色器的输入和输出的顶点数据(即输入输出顶点的结构)。

```
struct VS_INPUT
{
    vector position : POSITION;
};

struct VS_OUTPUT
{
    vector position : POSITION;
    vector diffuse  : COLOR;
};
```

> **注意**　像素着色器的输入和输出结构定义了像素的数据格式。

在本例中，顶点着色器的输入顶点包含了一个位置分量。而顶点着色器的输出顶点中不但包含了位置分量，还包含了颜色分量。

上面出现的很特别的冒号(colon)语法(syntax)表达了一种语义(semantic)，用来指定变量的用途。这与顶点结构中的灵活顶点格式(FVF)非常相似。例如，VS_INPUT 结构中有如下成员：

```
vector position : POSITION;
```

语法 ": POSITION" 的意思是说向量 position 用于描述输入顶点的位置信息。再举一个例子，在结构 VS_OUTPUT 中有:

```
vector diffuse  : COLOR;
```

其中，": COLOR" 的意思是说向量 diffuse 用于描述输出顶点的颜色信息。在接下来的关于顶点着色器和像素着色器的两章内容中，我们将接触到更多语义层次的用法标识符(usage identifier)。

💡 **注意** 从底层观点看，语义语法建立了着色器中的变量与硬件寄存器之间的联系。即输入变量总是与输入寄存器相联系的，而输出变量总是与输出寄存器相联系的。例如，VS_INPUT 结构的成员 position 将被连接到一个特定的顶点输入位置寄存器(vertex input position register)。类似地，VS_OUTPUT 结构中的 diffuse 成员将被连接到一个特定的顶点输出颜色寄存器(vertex output color register)中。

16.1.3　入口函数

像 C++程序一样，每个 HLSL 程序也应该有一个入口点。在上面的着色器例程中，入口函数(Entry Point Function)为 Main。但是，该名称并非强制性的。在遵循函数命名规则的前提下，着色器的入口函数的命名可自由选择。入口函数必须有一个可接收输入结构的参数，该参数将用于把输入顶点传给着色器，而且入口函数必须返回一个输出结构的实例，用来将经过处理的顶点自着色器输出。

```
VS_OUTPUT Main(VS_INPUT input)
{
```

💡 **注意** 实际上，输入和输出结构的使用并非是强制性的。例如，有时您会遇到类似下面的用法，该用法在像素着色器程序中尤为常见。

```
float4 Main(in float2 base : TEXCOORD0,
            in float2 spot : TEXCOORD1,
            in float2 text : TEXCOORD2) : COLOR
{
...
}
```

这些参数被输入到着色器中。在该例中，我们输入了 3 个纹理坐标。着色器将返回一个单个颜色作为输出，这是通过在函数签名后加上 ": COLOR" 从语义层面表示的。该定义等价于:

```
struct INPUT
{
    float2 base : TEXCOORD0;
    float2 spot : TEXCOORD1;
    float2 text : TEXCOORD2;
```

```
};

struct OUTPUT
{
    float4 c : COLOR;
};

OUTPUT Main(INPUT input)
{
...
}
```

入口函数主要负责依据输入顶点计算输出顶点。本例中，着色器要完成的任务仅仅是将顶点变换到观察坐标系继而变换至投影坐标系中，将顶点漫反射颜色设为蓝色，最后将经过上述运算的顶点返回。首先，我们对一个 VS_OUTPUT 结构进行了实例化，并将该实例的各成员设为 0。

```
VS_OUTPUT output = (VS_OUTPUT)0; // zero out all members
```

然后，该着色器借助函数 mul 将输入顶点的位置向量与变量 ViewProjMatrix 相乘，从而实现顶点位置的变换，其中 mul 是 HLSL 的内置函数，它既可进行向量-矩阵乘法，也可进行矩阵-矩阵乘法。我们将经过变换的向量保存在输出结构实例的位置向量成员中：

```
// transform and project
output.position = mul(input.position, ViewProjMatrix);
```

接下来，我们将 output 的漫射光颜色成员设为 Blue。

```
// set vertex diffuse color to blue
output.diffuse = Blue;
```

最后，返回输出顶点：

```
return output;
}
```

16.2　HLSL 着色器程序的编译

16.2.1　常量表

每个着色器都用常量表来存储其变量。为了使应用程序能够访问着色器的常量表(Constant Table)，D3DX 库提供了接口 ID3DXConstantTable。借助该接口，我们可在应用程序源代码中对着色器源代码中的变量进行设置。

现在我们选取 ID3DXConstantTable 接口所实现的部分函数进行讲解,完整的函数列表请参阅 Direct3D 文档。

1. 获取常量的句柄

为了从应用程序的源代码中对着色器程序中的某个变量进行设置,我们需要用某种方式来引用该变量。D3DXHANDLE 类型的句柄恰合此意。当给定着色器中我们期望引用的那个变量的名称时,下面的函数将返回一个引用了该变量的 D3DXHANDLE 类型的句柄(Handle)。

```
D3DXHANDLE ID3DXConstantTable::GetConstantByName(
    D3DXHANDLE hConstant,    // scope of constant
    LPCSTR pName             // name of constant
);
```

- hConstant　一个 D3DXHANDLE 类型的句柄,标识了那个包含了我们希望获取其句柄的变量的父结构。例如,如果我们希望得到某个特定结构实例(instance)的一个单个数据成员的句柄,可为该参数传入该结构实例的句柄。如果想要获取指向顶级(top-level)变量的句柄,应将该参数指定为 0。
- pName　我们希望获取其句柄的那个着色器源代码中的变量的名称。

例如,如果期望引用的着色器中的变量名称为 ViewProjMatrix,且该变量为顶级参数,我们可这样实现引用:

```
// Get a handle to the ViewProjMatrix variable in the shader.
D3DXHANDLE h0;
h0 = ConstTable->GetConstantByName(0, "ViewProjMatrix");
```

2. 常量的设置

一旦应用程序获取了着色器代码中希望被引用的那个变量的 D3DXHANDLE 类型的句柄,我们就可在应用程序中使用方法 ID3DXConstantTable::SetXXX 对该变量进行设置,其中 XXX 表示被设置变量的类型名称,实际调用时只要用类型名将其替换即可。例如,如果我们希望设置的变量为一个 vector 类型的数组,该方法将对应 SetVectorArray。

方法 ID3DXConstantTable::SetXXX 的通用签名如下:

```
HRESULT ID3DXConstantTable::SetXXX(
    LPDIRECT3DDEVICE9 pDevice,
    D3DXHANDLE        hConstant,
    XXX        value
);
```

- pDevice　与常量表相关的设备指针。
- hConstant　我们想要设置的那个变量的句柄。

- value　指定了我们引用的那个着色器中的变量应被赋为何值，其中 **XXX** 应替换为该变量的类型名。对于某些类型(bool, int, float)，我们传入的是该值的一个副本，而对另外一些类型(向量、矩阵、结构体)，我们传入的是指向该值(value)的指针。

如果要对数组进行设置，SetXXX 方法还应增加一个参数，以接收该数组的维数。例如，用于设置一个 4D 向量的数组的方法原型为：

```
HRESULT ID3DXConstantTable::SetVectorArray(
    LPDIRECT3DDEVICE9 pDevice,      // associated device
    D3DXHANDLE hConstant,           // handle to shader variable
    CONST D3DXVECTOR4* pVector,     // pointer to array
    UINT Count                      // number of elements in array
);
```

下面的列表描述了那些可用接口 **ID3DXConstantTable** 进行设置的类型。假定我们已经拥有了一个合法的设备指针(Device)以及所要设置的变量的句柄。

- **SetBool**　用于设置一个布尔值。调用实例：

```
bool b = true;
ConstTable->SetBool(Device, handle, b);
```

- **SetBoolArray**　用于设置布尔数组。调用实例：

```
bool b[3] = {true, false, true};
ConstTable->SetBoolArray(Device, handle, b, 3);
```

- **SetFloat**　用于设置一个浮点数。调用实例：

```
float f = 3.14f;
ConstTable->SetFloat(Device, handle, f);
```

- **SetFloatArray**　用于设置一个浮点数数组。调用实例：

```
float f[2] = {1.0f, 2.0f};
ConstTable->SetFloatArray(Device, handle, f, 2);
```

- **SetInt**　用于设置一个整数。调用实例：

```
int x = 4;
ConstTable->SetInt(Device, handle, x);
```

- **SetIntArray**　用于设置一个整型数数组。调用实例：

```
int x[4] = {1, 2, 3, 4};
ConstTable->SetIntArray(Device, handle, x, 4);
```

- **SetMatrix**　用于设置一个 4×4 矩阵。调用实例：

```
D3DXMATRIX M(…);
```

```
ConstTable->SetMatrix(Device, handle, &M);
```

- **SetMatrixArray**　用于设置一个 4×4 的矩阵数组。调用实例：

```
D3DXMATRIX M[4];

// ...Initialize matrices

ConstTable->SetMatrixArray(Device, handle, M, 4);
```

- **SetMatrixPointerArray**　用于设置一个 4×4 矩阵的指针数组。调用实例：

```
D3DXMATRIX* M[4];

// ...Allocate and initialize matrix pointers

ConstTable->SetMatrixPointerArray(Device, handle, M, 4);
```

- **SetMatrixTranspose**　用于设置一个 4×4 的转置矩阵。调用实例：

```
D3DXMATRIX M(…);
D3DXMatrixTranspose(&M, &M);
ConstTable->SetMatrixTranspose(Device, handle, &M);
```

- **SetMatrixTransposeArray**　用于设置一个 4×4 的转置矩阵数组。调用实例：

```
D3DXMATRIX M[4];

// ...Initialize matrices and transpose them.

ConstTable->SetMatrixTransposeArray(Device, handle, M, 4);
```

- **SetMatrixTransposePointerArray**　用于设置 4×4 的转置矩阵的指针数组。调用实例：

```
D3DXMATRIX* M[4];

// ...Allocate,initialize matrix pointers and transpose them.

ConstTable->SetMatrixTransposePointerArray(Device, handle, M, 4);
```

- **SetVector**　用于设置一个 **D3DXVECTOR4** 类型的变量。调用实例：

```
D3DXVECTOR4 v(1.0f, 2.0f, 3.0f, 4.0f);
ConstTable->SetVector(Device, handle, &v);
```

- **SetVectorArray**　用于设置向量数组类型的变量。调用实例：

```
D3DXVECTOR4 v[3];

// ...Initialize vectors
```

```
ConstTable->SetVectorArray(Device, handle, v, 3);
```

● **SetValue** 用于设置大小任意的类型，例如结构体。在下面的调用实例中，我们用该函数对一个 D3DXMATRIX 类型的变量进行了设置：

```
D3DXMATRIX M(…);
ConstTable->SetValue(Device, handle, (void*)&M, sizeof(M));
```

3. 设置常量的默认值

下面的方法仅是将常量设为其默认值，即那些在变量声明时被赋予的初值。该方法在应用程序的设置过程中，应调用一次。

```
HRESULT ID3DXConstantTable::SetDefaults(
    LPDIRECT3DDEVICE9 pDevice
);
```

● **pDevice** 与常量表相关的设备指针。

16.2.2 HLSL 着色器程序的编译

我们可用如下函数对保存在文本文件中的着色器程序进行编译。

```
HRESULT D3DXCompileShaderFromFile(
    LPCSTR                 pSrcFile,
    CONST D3DXMACRO*       pDefines,
    LPD3DXINCLUDE          pInclude,
    LPCSTR                 pFunctionName,
    LPCSTR                 pTarget,
    DWORD                  Flags,
    LPD3DXBUFFER*          ppShader,
    LPD3DXBUFFER*          ppErrorMsgs,
    LPD3DXCONSTANTTABLE*   ppConstantTable
);
```

● **pSrcFile** 我们想要进行编译的、保存了着色器源代码的那个文本文件的名称。

● **pDefines** 该参数可选，本书中我们将该参数设为 NULL。

● **pInclude** 指向 ID3DXInterface 接口的指针。应用程序应实现该接口，以重载默认的 include 行为(include behavior)。通常，默认的 include 行为已足够满足要求，我们将该参数指定为 NULL 而将其忽略。

● **pFunctionName** 一个指定了着色器入口函数名称的字符串。例如，如果着色器的入口函数为 Main，该参数应赋为"Main"。

● **pTarget** 指定了要将 HLSL 源代码编译成的着色器版本，该参数为一字符串。合法的顶点着色器版本有：vs_1_1, vs_2_0, vs_2_sw。合法的像素着色器版本有：ps_1_1, ps_1_2, ps_1_3, ps_1_4, ps_2_0, ps_2_sw。例如，如果我们想将顶点着色器编译为 2.0 版本，则需要将该参数指定为 vs_2_0。

注意　这种能够编译为不同着色器版本的能力是 HLSL 与汇编语言相比的一个主要优势。借助 HLSL，我们几乎可以即时地将一个着色器移植到不同版本中，而您所要做的仅仅是指定编译目标后重新执行编译。而如果编写着色器程序时使用了汇编语言，您只能手工进行移植。

- Flags　可选的编译选项。若该参数设为 0，表示不使用任何选项。合法的选项包括：
    - D3DXSHADER_DEBUG　指示编译器写入调试信息。
    - D3DXSHADER_SKIPVALIDATION　指示编译器不要进行任何代码验证。仅当您正在使用一个已确定可用的着色器时，该参数才被使用。
    - D3DXSHADER_SKIPOPTIMIZATION　指示编译器不要对代码做任何优化。实际上，仅在调试时该选项有用，因为调试时您不希望编译器对代码做任何改动。
- ppShader　返回一个指向接口 ID3DXBuffer 的指针，该接口包含了编译后的着色器代码。然后，编译后的着色器代码就可作为另一个函数的参数来创建实际的顶点着色器或像素着色器。
- ppErrorMsgs　返回一个指向接口 ID3DXBuffer 的指针，该接口包含了一个存储了错误代码和消息的字符串。
- ppConstantTable　返回一个指向接口 ID3DXConstantTable 的指针，该接口包含了该着色器的常量表数据。

下面是函数 **D3DXCompileShaderFromFile** 的一个调用实例。

```
//
// Compile shader
//

ID3DXConstantTable* TransformConstantTable = 0;
ID3DXBuffer* shader      = 0;
ID3DXBuffer* errorBuffer = 0;

hr = D3DXCompileShaderFromFile(
    "transform.txt",       // shader filename
    0,
    0,
    "Main",                // entry point function name
    "vs_2_0",              // shader version to compile to
    D3DXSHADER_DEBUG,      // debug compile
    &shader,
    &errorBuffer,
```

```
            &TransformConstantTable);

// output any error messages
if( errorBuffer )
{
    ::MessageBox(0, (char*)errorBuffer->GetBufferPointer(), 0, 0);
    d3d::Release<ID3DXBuffer*>(errorBuffer);
}

if (FAILED (hr))
{
    ::MessageBox(0, "D3DXCreateEffectFromFile() - FAILED", 0, 0);
    return false;
}
```

16.3　变量类型

💡 **注意**　除了下面小节所描述的类型外，HLSL 还有一些内置的对象类型(如纹理对象等)。然而由于这些对象类型主要用于效果框架中，我们将在第 19 章对这些类型进行讨论。

16.3.1　标量类型

HLSL 支持下列标量类型(scalar type)。

- bool　布尔值。注意，HLSL 提供了关键词 true 和 false。
- int　32 位的有符号整数。
- half　16 位的浮点数。
- float　32 位的浮点数。
- double　64 位的浮点数。

💡 **注意**　有些平台可能不支持 int，half 和 double。如果遇到这种情况，这些类型将用 float 来模拟。

16.3.2　向量类型

HLSL 具有下列内置向量类型(vector type)。

- vector　一个 4D 向量，其中每个元素的类型都是 float。
- vector<T, n>　一个 n 维向量，其中每个元素的类型均为标量类型 T。维数 n 必须介于 1～4 之间。下面是一个二维 double 型向量的例子。

```
vector<double, 2> vec2;
```

我们可通过数组下标语法来访问向量的每个元素。例如，要想对向量 **vec** 中的第 *i* 个元素进行设置，可这样做：

```
vec[i] = 2.0f;
```

此外，借助一些已定义的分量名 *x, y, z, w, r, g, b, a*，我们还可像访问结构体中成员那样访问向量 **vec** 中的分量。

```
vec.x = vec.r = 1.0f;
vec.y = vec.g = 2.0f;
vec.z = vec.b = 3.0f;
vec.w = vec.a = 4.0f;
```

这些名称 *r、g、b、a* 与 *x、y、z、w* 一样，分别精确地指向了同一分量。当用向量表示颜色时，我们更倾向于使用 RGBA 表示法，因为这将有助于强调该向量代表了某种颜色的事实。

我们还可使用其他预定义类型来分别表示 2D 向量、3D 向量和 4D 向量：

```
float2 vec2;
float3 vec3;
float4 vec4;
```

下面考虑另外一个问题，给定向量 $\mathbf{u} = (u_x, u_y, u_z, u_w)$，假定我们要将向量 **u** 的各分量复制到向量 **v** 中，使得 $\mathbf{v} = (u_x, u_y, u_z, u_w)$。最直接的做法是将 **u** 的各元素逐个复制到 **v** 对应的元素中。但是，HLSL 提供了一种特殊的语法——"替换调配(swizzles)"来专门用来完成这类不关心顺序的复制操作。

```
vector u = {l.0f, 2.0f, 3.0f, 4.0f};
vector v = {0.0f, 0.0f, 5.0f, 6.0f};

v = u.xyyw; // v = {1.0f, 2.0f, 2.0f, 4.0f}
```

对向量进行复制操作时，我们不一定非要对每个分量进行复制(即，可有选择地复制)。例如，我们可仅复制 *x* 和 *y* 分量，如下列代码段所示：

```
vector u = {1.0f, 2.0f, 3.0f, 4.0f};
vector v = {0.0f, 0.0f, 5.0f, 6.0f};

v.xy = u; // v = {l.0f, 2.0f, 5.0f, 6.0f}
```

16.3.3　矩阵类型

HLSL 具有下列内置矩阵类型(matrix type)。

● **matrix**　表示一个 4×4 矩阵，该矩阵中每个元素的类型均为 float。

- matrix<T, m, n>　表示一个 $m×n$ 矩阵，其中的每个元素都为标量类型 T。该矩阵的维数 m 和 n 必须介于 1～4 之间。例如，要表示一个 2×2 的整型矩阵，可写作：

```
matrix<int, 2, 2> m2x2;
```

我们还可用如下语法来定义一个 $m×n$ 矩阵，其中 m 和 n 必须介于 1～4 之间。

```
floatmxn matmxn;
```

下面是一个实例：

```
float2x2 mat2x2;
float3x3 mat3x3;
float4x4 mat4x4;
float2x4 mat2x4;
```

💡 **注意**　矩阵类型可以不是 float 类型，我们也可使用其他类型。例如如果我们想定义整型矩阵，可以写作：

```
int2x2 i2x2;
int2x2 i3x3;
int2x2 i2x4;
```

我们可用数组的双下标语法来访问矩阵的各项(entry，元素)。例如，要对矩阵 M 中第 i 行、第 j 列的项进行设置，可以这样：

```
M[i][j] = value;
```

此外，我们还可以像访问结构体中的成员那样访问矩阵 M 中的项。HLSL 已定义了下列项名称。

下标从 1 开始的情形：

```
M._11 = M._12 = M._13 = M._14 = 0.0f;
M._21 = M._22 = M._23 = M._24 = 0.0f;
M._31 = M._32 = M._33 = M._34 = 0.0f;
M._41 = M._42 = M._43 = M._44 = 0.0f;
```

下标从 0 开始的情形：

```
M._m00 = M._m01 = M._m02 = M._m03 = 0.0f;
M._m10 = M._m11 = M._m12 = M._m13 = 0.0f;
M._m20 = M._m21 = M._m22 = M._m23 = 0.0f;
M._m30 = M._m31 = M._m32 = M._m33 = 0.0f;
```

有时，我们想要引用矩阵中某一特定行。我们可通过数组单下标语法来实现。例如，要想引用矩阵 M 的第 i 行，可以这样做：

```
vector ithRow = M[i]; // get the ith row vector in M
```

注意　我们可用如下两种语法来对 HLSL 中的变量进行初始化:

```
vector u = {0.6f, 0.3f, 1.0f, 1.0f};
vector v = {1.0f, 5.0f, 0.2f, 1.0f};
```

我们也可采用与上述语法等价的构造函数的语法:

```
vector u = vector(0.6f, 0.3f, 1.0f, 1.0f);
vector v = vector(1.0f, 5.0f, 0.2f, 1.0f);
```

再举一些其他的例子:

```
float2x2 f2x2 = float2x2(1.0f, 2.0f, 3.0f, 4.0f);
int2x2 m = {1, 2, 3, 4};
int n = int(5);
int a = {5};
float3 x = float3(0, 0, 0);
```

16.3.4　数组

我们可用与 C++类似的语法声明一个特定类型的数组。例如:

```
float  M[4][4];
half   p[4];
vector v[12];
```

16.3.5　结构体

HLSL 中的结构体定义方法与 C++完全相同。但是,HLSL 中的结构体不允许有成员函数。下面是一个 HLSL 中结构体的例子。

```
struct MyStruct
{
    Matrix   T;
    vector   n;
    float    f;
    int      x;
    bool     b;
};
MyStruct s; // instantiate
s.f = 5.0f; // member access
```

16.3.6　关键字 typedef

HLSL 的 typedef 关键字与 C++中的功能完全一样。例如,我们可用如下语法为类型 vector<float, 3> 赋予另一个名称 point:

```
typedef vector<float, 3> point;
```

这样就不必写成:

```
vector<float, 3> myPoint;
```

而是写成:

```
point myPoint;
```

下面的例子演示了如何对常量类型和数组类型运用关键字 typedef。

```
typedef const float CFLOAT;
typedef float point2[2];
```

16.3.7   变量的前缀

下列关键字可作为变量声明的前缀。

- static   如果全局变量在声明时使用了关键字 static，就意味着这个变量在该着色器程序外不可见。这个全局变量是该着色器程序的局部变量。如果一个局部变量在声明时使用了关键字 static，则该变量与 C++中的局部变量具有完全相同的行为。即，包含该局部变量的函数在首次被调用时，该变量仅初始化一次，而且在该函数的所有调用过程中，该变量都对自身当前值进行维护(每次该函数调用结束时，该变量仍然保留了调用过程中的状态，直至主程序的生命期结束)。如果在函数中没有对该变量进行初始化，该变量将自动初始化为 0。

  ```
  static int x = 5;
  ```

- uniform   如果变量声明时使用了关键字 uniform，表明该变量将在该着色器之外进行初始化。例如，在 C++应用程序中对该变量进行初始化，然后再作为输入传给该着色器。

- extern   如果变量声明时使用了关键字 extern，表明该变量可在该着色器程序之外进行访问，例如可由 C++程序对其进行访问。只有全局变量可以使用关键字 extern。非静态的全局变量在默认状态下都是 extern 类型的。

- shared   如果变量声明时使用了关键字 shared，则提示效果框架(参见第 19 章)该变量可在多个效果之间共享。只有全局变量方可使用该关键字进行声明。

- volatile   如果变量声明时使用了关键字 volatile，则提示效果框架该变量将经常被修改。只有全局变量方可使用该关键字进行声明。

- const   HLSL 中的 const 关键字与 C++中的含义完全相同。即，如果一个变量在声明时使用了 const 关键字，该变量即为一常量，而且在程序运行时不可被修改。

  ```
  const float pi = 3.14f;
  ```

16.4 关键字、语句及类型转换

16.4.1 关键字

下面列出 HLSL 所定义的全部关键字以供读者参考。

asm	bool	compile	const	decl	do
double	else	extern	false	float	for
half	if	in	inline	inout	int
matrix	out	pass	pixelShader return	sampler	
shared	static	string	struct	technique	texture
true	typedef	uniform	vector	vertexShader	void
volatile	while				

下面列出的标识符都是保留字且未被使用，将来可能会成为关键字。

auto	break	case	catch	char	class
const_cast	continue	default	delete	dynamic_cast	enum
explicit	friend	goto	long	mutable	namespace
new	operator	private	protected	public	register
reinterpret_cast	short	signed	sizeof	static_cast	switch
template	this	throw	try	typename	union
unsigned	using	virtual			

16.4.2 基本程序流程

HLSL 支持许多与 C++类似的语句，如选择、循环和一般的顺序流程。这些语句的语法与 C++极为相似。

return 语句：

```
return (expression);
```

if 和 if…else 语句：

```
if( condition )
{
    statement(s);
}

if( condition )
{
    statement(s);
}
else
{
    statement(s);
}
```

for 语句：

```
for(initial; condition; increment)
{
    statement(s);
}
```

while 语句：

```
while( condition )
{
    statement(s);
}
```

do…while 语句：

```
do
{
    statement(s);
}while( condition );
```

16.4.3 类型转换

HLSL 支持一种灵活的类型转换机制。HLSL 中的类型转换语法与 C 语言的完全相同。例如，如果要将 float 类型转换为 matrix 类型，可以这样做：

```
float f = 5.0f;
matrix m = (matrix)f;
```

对于本书的各例程中所出现的各种类型转换，您仅从语法就可推断出其含义。但是，如果您想对

DirectX 所支持的各种类型转换获得全面细致的了解，请参阅 DirectX SDK 文档。与类型相关的内容在文档中的位置为：DirectX Graphics\Direct3D 9\HLSL Shader References\Variable Declaration Syntax。

16.5 运 算 符

HLSL 支持许多与 C++类似的运算符。除了下面提到的几点例外，这些运算符的使用方法与 C++完全相同。下面列出了 HLSL 所支持的运算符：

```
[]         .          >          <          <=         >=
!=         ==         !          &&         ||         ?:
+          +=         -          -=         *          *=
/          /=         %          %=         ++         --
=          ()         ,
```

虽然这些运算符的行为与 C++中的非常相似，但仍有一些差别。首先，取模运算符%适用于整型和浮点型数据。使用取模运算符时，左操作数和右操作数必须同号(即左右操作数必须同为正或同为负)。

其次需要注意，许多 HLSL 运算都是在变量的分量级(component basis)上进行的。这是由于向量和矩阵都是 HLSL 的内置类型，而这些类型都由若干分量组成。由于有了能够在分量级上进行运算的运算符，如向量/矩阵加法、向量/矩阵减法、向量/矩阵的相等测试等运算就可使用与标量类型相同的运算符来进行了。下面给出了几个例子。

注意 这些运算符的行为与标量运算符相似(即，与 C++运算符通常情况下的运算方式类似)。

```
vector u = {1.0f, 0.0f, -3.0f, 1.0f};
vector v = {-4.0f, 2.0f, 1.0f, 0.0f};

// adds corresponding components
vector sum = u + v; // sum = (-3.0f, 2.0f, -2.0f, 1.0f)
```

向量自增也就是每个分量进行自增：

```
// before increment : sum = (-3.0f, 2.0f, -2.0f, 1.0f)

sum++; //after increment: sum = (-2.0f, 3.0f, -1.0f, 2.0f)
```

向量的逐分量(component-wise)相乘：

```
vector u = {1.0f, 0.0f, -3.0f, 1.0f};
vector v = {-4.0f, 2.0f, 1.0f, 0.0f};

// multiply corresponding components
vector sum = u * v; // product = (-4.0f, 0.0f, -3.0f, 0.0f)
```

比较运算符也是在分量上操作的，并将返回一个 bool 型的向量或矩阵(其每个分量的类型均为 bool 型)。返回的"bool"向量包含了两个分量的比较结果。例如：

```
vector u = { 1.0f, 0.0f, -3.0f, 1.0f};
vector v = {-4.0f, 0.0f, 1.0f, 1.0f};

vector b = (u == v); // b = (false, true, false, true)
```

最后，我们来讨论双目运算中的变量类型提升(variable promotion)。

- 对于双目运算，如果左操作数与右操作数的维数不同，则维数较小的操作数得到提升(类型转换)，使得其维数与原先维数较大的操作数相同。例如，如果 x 的类型为 float，y 的类型为 float3，则在表达式$(x + y)$中，x 将被提升为 float3 类型，所以该表达式的值也是 float3 类型的。这种提升是按照已定义的类型转换规则进行的。在这个例子中，我们是将标量转换为向量；所以，x 被提升为 float3 类型后，$x = (x, x, x)$，标量到向量的转换就是这样定义。注意，如果某种类型转换没有定义，则相应的类型提升也就找不到依据而无法进行。例如，由于 float2 类型到 float3 类型的转换没有定义，所以我们无法将 float2 类型提升为 float3 类型。
- 对于双目运算，如果左右操作数类型不同，则具有较低类型的操作数得到提升(类型转换)，使得其类型精度与原先具有较高类型精度的操作数相同。例如，如果 x 是 int 类型变量，而 y 是 half 类型变量，则在表达式$(x + y)$中，变量 x 被提升为 half 类型，所以该表达式的结果也将是一个 half 类型的值。

16.6　用户自定义函数

HLSL 中的函数具有下列性质：

- 函数使用与 C++类似的语法
- 参数总是按值传递的
- 不支持递归
- 函数总是内联的(inline)

HLSL 还额外增加了一些专门在函数中使用的关键字。例如，请观察如下用 HLSL 编写的函数：

```
bool foo(in   const   bool b,     // input bool
         out  int      r1,        // output int
         inout  float   r2)       // input/output float
{
    if( b ) // test input value
    {
```

```
        r1 = 5; // output a value through r1
    }
    else
    {
        r1 = 1; // output a value through r1
    }

    // since r2 is inout we can use it as an input
    // value and also output a value through it
    r2 = r2 * r2 * r2;

    return true;
}
```

除了关键字 in，out 和 inout 外，这个函数几乎与 C++函数完全相同。

● 　in　　指定在该函数执行之前，必须对该形参传入实参的副本。函数声明中形参可以不显式指定 in，因为默认状态下每个形参都是 in 类型的。例如，下面的两个函数完全等价。

```
float square(in float x)
{
    return x * x;
}
```

　　不显式指定 in：

```
float square(float x)
{
    return x * x;
}
```

● 　out　　指定当函数返回时，形参的值将复制给实参。这样我们就可将形参作为返回值。关键字 out 是很必要的，因为 HLSL 不支持引用或指针。注意，如果一个形参是 out 类型的，则在函数开始执行时，实参值将不被复制到形参中。即 out 类型的参数仅用于输出数据，不可用作输入。

```
void square(in float x, out float y)
{
        y = x * x;
}
```

　　在该函数中，我们通过乘法计算出输入参数 x 的平方，并用输出参数 y 返回该结果。

● 　inout　　表示一个参数同时兼有 in 和 out 类型参数的特点。即如果您希望一个参数即可作为输入又可作为输出，可指定该关键字。

```
void square(inout float x)
{
```

```
        x = x * x;
    }
```

在该函数中，我们将欲求取平方的数传递给 x，并用 x 返回该数的平方。

16.7 内 置 函 数

HLSL 拥有一个丰富的内置函数集，非常有助于编写 3D 图形程序。下面的表格列出了部分常用函数。接下来的两章中，我们将使用其中的某些函数。现在您只需要熟悉这些函数就可以了。

💡 **注意**　如果您想更多地了解 HLSL 的内置函数，请参考 DirectX SDK 文档中对应目录 DirectX Graphics\Direct3D 9\Reference\HLSL Shader Reference\HLSL Intrinsic Functions 中的相关内容。

函 数	描 述
abs(x)	返回 $|x|$
ceil(x)	返回不小于 x 的最小整数
clamp(x, a, b)	把 x 箝位在[a,b]内，并返回箝位后结果
cos(x)	返回 x 的余弦值，其中 x 的单位为弧度
cross(u, v)	返回 $\mathbf{u} \times \mathbf{v}$
degrees(x)	将 x 从弧度转换为角度
determinant(M)	返回矩阵的行列式 det(M)
distance(u, v)	返回两点 $\mathbf{u}$ 和 $\mathbf{v}$ 之间的距离$\|\mathbf{u-v}\|$
dot(u, v)	返回向量 $\mathbf{u}$ 和 $\mathbf{v}$ 的点积
floor(x)	返回不大于 x 的最大整数
length(v)	返回$\|\mathbf{v}\|$
lerp(u, v, t)	在 u 和 v 之间做线性插值，并返回 $t \in [0, 1]$处的值
log(x)	返回 $\ln(x)$
log10(x)	返回 $\log_{10}(x)$
log2(x)	返回 $\log_2(x)$
max(x, y)	若 $x \geq y$，返回 x；否则返回 y
min(x, y)	若 $y \geq x$，返回 x；否则返回 y
mul(M, N)	返回矩阵乘积 $\mathbf{MN}$。注意，矩阵乘积 MN 必须有定义。若 $\mathbf{M}$ 为向量，则 $\mathbf{M}$ 将被视为行向量，以使向量-矩阵乘法有意义。同理，若 $\mathbf{N}$ 为向量，则 $\mathbf{N}$ 将被视作列向量

函　　数	描　　述
normalize(v)	返回 $\mathbf{v}/\|\mathbf{v}\|$
pow(b, n)	返回 b^n
radians(x)	将 x 从角度转换为弧度
reflect(v, n)	给定入射向量 $\mathbf{v}$ 和表面法线 $\mathbf{n}$ 时，求出反射向量
refract(v, n, eta)	给定折射向量 $\mathbf{v}$、表面法线 $\mathbf{n}$ 以及两种材质的折射度索引的比率 eta，求出折射向量。请参考物理学中的斯涅尔定律(Snell's Law)或通过互联网了解更多与折射有关的信息
rsqrt(x)	返回 $1/\sqrt{x}$
saturate(x)	返回 clamp(x, 0.0, 1.0)
sin(x)	返回 x 的正弦值，其中 x 的单位为弧度
sincos(in x, out s, out c)	返回 x 的正弦值和余弦值，其中 x 的单位为弧度
sqrt(x)	返回 $\sqrt{x}$
tan(x)	返回 x 的正切值，其中 x 的单位为弧度
transpose(M)	返回 $\mathbf{M}$ 的转置 $\mathbf{M}^{\mathrm{T}}$

大多数函数都经过了重载，以适用于所有内置类型。例如，取绝对值对任意标量类型都是有意义的，所以函数 abs 就对各种内置标量类型做了重载。另外一个例子是，叉积仅在 3D 向量有定义，所以 cross 函数仅对所有类型的 3D 向量(例如 int 类型的、float 类型的、double 类型的 3D 向量)做了重载。而线性插值对标量、2D 向量、3D 向量和 4D 向量均有意义，所以函数 lerp 对所有的内置类型都进行了重载。

💡 **注意**　　如果您为一个"标量"函数(即一般只对标量进行运算的函数，如 cos(x))传入一个非标量类型的参数，该函数将针对该传入参数的每个分量进行计算。例如，如果有如下代码：

```
float3 v = float3(0.0f, 0.0f, 0.0f);

v = cos(v);
```

则该函数将会分别对 $\mathbf{v}$ 的每个分量进行计算：$\mathbf{v} = (\cos(x), \cos(y), \cos(z))$。

下面的例子演示了一些 HLSL 的内置函数的可能的调用方式：

```
might be called:
float x = sin(1.0f);   // sine of 1.0f radian
float y = sqrt(4.0f);  // square root of 4

vector u = {1.0f, 2.0f, -3.0f, 0.0f};
```

```
vector v = {3.0f, -1.0f, 0.0f, 2.0f};
float s = dot(u, v); // compute dot product of u and v.

float3 i = {1.0f, 0.0f, 0.0f};
float3 j = {0.0f, 1.0f, 0.0f};
float3 k = cross(i, j); // compute cross product of i and j.

matrix<float, 2, 2> M = {1.0f, 2.0f, 3.0f, 4.0f};
matrix<float, 2, 2> T = transpose(M); // compute transpose
```

16.8 小　结

- HLSL 程序一般保存在 ASCII 文本文件中，其编译应由应用程序调用函数 D3DXCompileShaderFromFile 来完成。
- 接口 ID3DXConstantTable 允许我们在应用程序中对着色器程序中的变量进行设置。这种数据通信是必要的，因为着色器所使用的数据在程序绘制的每一帧中都有可能发生变化。例如，如果应用程序的取景变换矩阵发生了改变，我们就需要用新的取景变换矩阵来更新着色器中的取景变换矩阵。借助 ID3DXConstantTable 接口，我们就可实现数据的更新。
- 对于每个着色器，我们必须定义两个能够分别描述着色器输入数据和输出数据格式的输入结构和输出结构。
- 每个着色器都有一个入口函数，该函数接收一个用于将输入数据传递给着色器的输入结构类型的参数。此外，每个着色器都返回一个输出结构的实例，以便将处理结果自着色器输出。

17

顶点着色器入门

顶点着色器(vertex shader)是一段运行在图形卡 GPU 中的程序，它可取代固定功能流水线中的变换和光照环节。(当然，这也不是绝对的，因为在硬件不支持顶点着色器的情况下，Direct3D 运行时就会用软件运算方式来模拟顶点着色器。)图 17.1 标出了固定功能流水线中被顶点着色器所取代的那些模块。

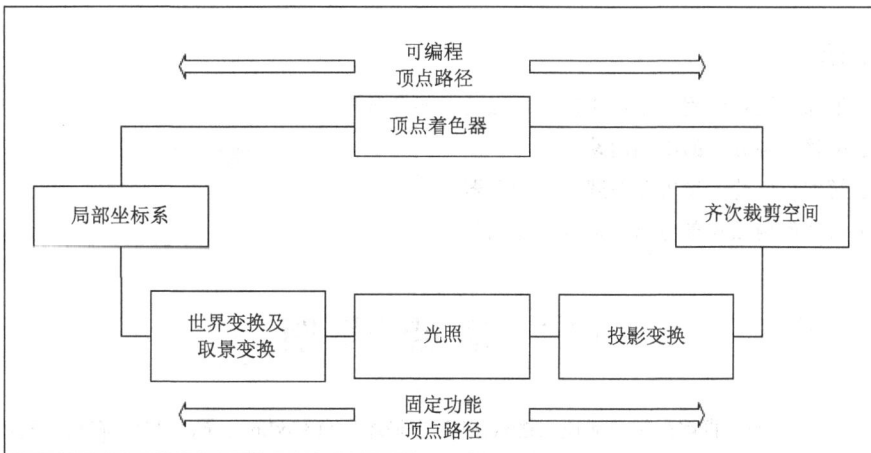

图 17.1　顶点着色器取代了固定功能流水线中的变换和光照操作

由图 17.1 可以看出，顶点是以局部坐标(局部坐标系中的坐标)输入顶点着色器的，而且顶点着色器必须将照亮的(上色的)顶点输出到齐次裁剪空间(homogeneous clip space)中。(为简单起见，本书中我们不对投影变换的细节进行深究。投影矩阵将顶点变换到的那个空间称为齐次裁剪空间。所以，要将一个顶点从局部坐标系变换到齐次裁剪坐标系中，我们必须实施以下一系列变换：世界变换、取景变换以及投影变换。这些变换分别由世界变换矩阵、取景变换矩阵和投影矩阵来完成。)对于点图元，顶点着色器也可对每个顶点的顶点尺寸进行处理。

由于顶点着色器其实就是我们用 HLSL 语言编写的一段定制程序，这样我们在可实现的图形效果上就获得了很大的灵活性。例如，借助顶点着色器，我们就可使用任何可在顶点着色器中实现的光照算法。这样，我们就不再受制于 Direct3D 的固定功能流水线了。而且，这种对顶点位置进行操作的能力具有广泛的应用场合，例如织物模拟(cloth simulation)、粒子系统的点尺寸处理、顶点融合/变形技术(morphing)等。此外，我们可用的顶点数据结构也更加灵活，而且可编程流水线中的顶点结构可以包含比固定功能流水线更加丰富的数据。

顶点着色器仍然是一项相对比较新的特性，目前许多图形卡尚不支持该特性，尤其是伴随 DirectX 9 发布的那些比较新的顶点着色器版本。您可通过检查 **D3DCAPS9** 结构的成员 **VertexShaderVersion** 并与宏 **D3DVS_VERSION** 进行比较，来检测您的图形卡是否支持某个顶点着色器版本。下面的代码段解释了上述检测过程：

```
// If the device's supported version is less than version 2.0
if(caps.VertexShaderVersion < D3DVS_VERSION(2, 0))
// Then vertex shader version 2.0 is not supported on this device
```

我们可以看出，**D3DVS_VERSION** 宏中的两个参数分别表示主版本号和次版本号。目前，D3DXCompileShaderFromFile 函数支持的顶点着色器版本为 1.1、2.0 和 3.0。

学习目标

- 了解如何在可编程流水线中定义顶点结构的各分量
- 了解顶点各分量的不同用途
- 了解如何创建、设置及销毁顶点着色器
- 了解如何用顶点着色器实现卡通绘制效果

17.1　顶 点 声 明

到目前为止，我们一直都在用灵活顶点格式(FVF)来描述顶点结构的分量。但是，在可编程流水线中，顶点结构甚至可以包含那些超出 FVF 描述能力的数据。因此，我们通常使用描述能力更强、功能更丰富的顶点声明(vertex declaration)。

> 💡 **注意**　在可编程流水线中，如果顶点结构可用 FVF 来描述，我们仍可使用它。但是，这仅仅是为了表示方便，实际上在可编程流水线内部，FVF 最终将被转换为顶点声明。

17.1.1　顶点声明的描述

我们将顶点声明描述为一个 D3DVERTEXELEMENT9 类型的结构数组。该结构数组中的每个元素都描述了顶点结构的一个分量。所以，如果您的顶点结构具有 3 个分量(比如位置、法向量、颜色)，则相应的顶点声明就可用一个维数为 3 的 D3DVERTEXELEMENT9 类型的结构数组来描述。

D3DVERTEXELEMENT9 结构的定义如下：

```
typedef struct D3DVERTEXELEMENT9 {
    WORD Stream;
    WORD Offset;
    BYTE Type;
    BYTE Method;
    BYTE Usage;
    BYTE UsageIndex;
} D3DVERTEXELEMENT9, *LPD3DVERTEXELEMENT9;
```

- Stream　指定与顶点分量关联的数据流。
- Offset　自顶点数据起始点到与特定数据类型相关的数据的字节偏移量。例如，如果顶点的结构为：

```
struct Vertex
{
    D3DXVECTOR3 pos;
    D3DXVECTOR3 normal;
};
```

　　由于分量 pos 为该结构的第一个分量，所以其相对偏移量为 0。而由于 sizeof(pos) = 12，所以分量 normal 的相对偏移量为 12，即分量 normal 的位置始于 Vertex 结构的第 12 个字节。

- Type　指定数据类型。该参数可取枚举类型 D3DDECLTYPE 的任何一个成员，详情请参阅 SDK 文档。一些常用的类型如下：
    - D3DDECLTYPE_FLOAT1　浮点类型的标量。
    - D3DDECLTYPE_FLOAT2　浮点类型的 2D 向量。
    - D3DDECLTYPE_FLOAT3　浮点类型的 3D 向量。
    - D3DDECLTYPE_FLOAT4　浮点类型的 4D 向量。
    - D3DDECLTYPE_D3DCOLOR　一个被扩展为 RGBA 浮点类型颜色向量(r, g, b, a)的 D3DCOLOR 类型，其中颜色向量的每个分量都被规范化至区间[0, 1]内。
- Method　指定了网格化(tesselation)方法。由于参数涉及到一些高级主题，本书中我们仅使用默认方法，即用标识符 D3DDECLMETHOD_DEFAULT 来指定。
- Usage　指定了顶点分量的用途。例如，即某一分量是作为位置向量、法向量还是纹理向量等。合法的用法标识符都取自枚举类型 D3DDECLUSAGE：

```
typedef enum D3DDECLUSAGE
{
    D3DDECLUSAGE_POSITION = 0,
    D3DDECLUSAGE_BLENDWEIGHT = 1,
    D3DDECLUSAGE_BLENDINDICES = 2,
    D3DDECLUSAGE_NORMAL = 3,
```

```
         D3DDECLUSAGE_PSIZE = 4,
         D3DDECLUSAGE_TEXCOORD = 5,
         D3DDECLUSAGE_TANGENT = 6,
         D3DDECLUSAGE_BINORMAL = 7,
         D3DDECLUSAGE_TESSFACTOR = 8,
         D3DDECLUSAGE_POSITIONT = 9,
         D3DDECLUSAGE_COLOR = 10,
         D3DDECLUSAGE_FOG = 11,
         D3DDECLUSAGE_DEPTH = 12,
         D3DDECLUSAGE_SAMPLE = 13,
     } D3DDECLUSAGE, *LPD3DDECLUSAGE;
```

D3DDECLUSAGE_PSIZE 类型用于指定顶点的点尺寸。该类型主要用于点精灵(point sprite)，这样我们就可对每个顶点的尺寸进行控制。如果一个顶点声明中具有 **D3DDECLUSAGE_POSITION**，则表明该顶点已经过了变换，并指示图形卡不要将该顶点输送到顶点处理环节中(变换和光照处理)。

注意 上述用法类型中有少数几个本书没有涉及，例如 BLENDWEIGHTS、BLENDINDICES、TANGENT、BINORMAL 以及 TESSFACTOR。

- **UsageIndex** 用于标识具有同用法的多个顶点分量。用法索引(usage index)是一个位于区间 [0, 15] 内的整数。例如，现在假定我们有 3 个顶点分量的用法都为 **D3DDECLUSAGE_NORMAL**。则我们可按序将这 3 个顶点分量的用法索引分别指定为 0、1、2。按照这种方式，我们就可通过用法索引表示每个特定的法向量。

顶点声明示例：假定我们所要描述的顶点格式包含了一个位置向量和 3 个法向量，则相应的顶点声明可指定为：

```
D3DVERTEXELEMENT9 decl[] =
{
{0, 0,   D3DDECLTYPE_FLOAT3, D3DDECLMETHOD_DEFAULT,
D3DDECLUSAGE_POSITION, 0},
{0, 12, D3DDECLTYPE_FLOAT3, D3DDECLMETHOD_DEFAULT,
D3DDECLUSAGE_NORMAL,   0},
{0, 24, D3DDECLTYPE_FLOAT3, D3DDECLMETHOD_DEFAULT,
D3DDECLUSAGE_NORMAL,   1},
{0, 36, D3DDECLTYPE_FLOAT3, D3DDECLMETHOD_DEFAULT,
D3DDECLUSAGE_NORMAL,   2},
D3DDECL_END()
};
```

其中，**D3DDECL_END** 宏用于初始化 **D3DVERTEXELEMENT9** 数组中的最后一个顶点元素。同时也请您注意一下不同法向量的用法索引。

17.1.2 顶点声明的创建

一旦将顶点声明描述为一个 D3DVERTEXELEMENT9 类型的数组，我们就可用如下方法获得指向接口 IDirect3DVertexDeclaration9 的指针：

```
HRESULT CreateVertexDeclaration(
 CONST D3DVERTEXELEMENT9* pVertexElements,
    IDirect3DVertexDeclaration9** ppDecl
);
```

- pVertexElements 指向一个 D3DVERTEXELEMENT9 类型的结构数组，该数组描述了我们想要创建的顶点声明。
- ppDecl 用于返回一个指向所创建的 IDirect3DVertexDeclaration9 接口的指针。

下面是一个该函数的调用实例，其中 decl 是一个 D3DVERTEXELEMENT9 类型的结构数组。

```
IDirect3DVertexDeclaration9 * _decl = 0;
hr = _device->CreateVertexDeclaration(decl, &_decl);
```

17.1.3 顶点声明的启用

前面我们提到，灵活顶点格式是一项很有用的特性，在可编程流水线内部它将被转换为顶点声明。所以，直接使用顶点声明时，我们无需调用：

```
Device->SetFVF( fvf );
```

而只是调用如下函数即可：

```
Device->SetVertexDeclaration( _decl );
```

其中，_decl 是一个指向接口 IDirect3DVertexDeclaration 的指针。

17.2 顶点数据的使用

请考虑下列顶点声明：

```
D3DVERTEXELEMENT9 decl[] =
{
{0, 0,   D3DDECLTYPE_FLOAT3, D3DDECLMETHOD_DEFAULT,
D3DDECLUSAGE_POSITION, 0},
{0, 12, D3DDECLTYPE_FLOAT3, D3DDECLMETHOD_DEFAULT,
D3DDECLUSAGE_NORMAL,   0},
{0, 24, D3DDECLTYPE_FLOAT3, D3DDECLMETHOD_DEFAULT,
```

```
D3DDECLUSAGE_NORMAL,   1},
{0, 36, D3DDECLTYPE_FLOAT3, D3DDECLMETHOD_DEFAULT,
D3DDECLUSAGE_NORMAL,   2},
D3DDECL_END()
};
```

我们需要一种方式来定义从顶点声明中的元素到顶点着色器的输入结构的数据成员的映射。我们在输入结构中通过为每个数据成员指定一种语义(: usage-type[usage-index])来定义这种映射。该语义通过用法类型和用法索引来标识顶点声明中的每个元素。由数据成员的语义所标识的那个顶点元素就是被映射到该数据成员的那个元素。例如，与前面提到的那个顶点声明对应的输入结构为：

```
struct VS_INPUT
{
    vector position   : POSITION;
    vector normal     : NORMAL0;
    vector faceNormal1 : NORMAL1;
    vector faceNormal2 : NORMAL2;
};
```

> **注意**　如果我们略去了用法索引，就意味着该索引为 0。例如，POSITION 的含义与 POSITION0 完全相同。

其中，decl 数组中的由用法 POSITION 和用法索引 0 所标识的元素 0 被映射为输入结构 VS_INPUT 中的数据成员 position。decl 数组中的由用法 NORMAL 和用法索引 0 标识的元素 1 被映射为输入结构 VS_INPUT 中的数据成员 normal。decl 数组中的由用法 NORMAL 和用法索引 1 所标识的元素 2 被映射为输入结构 VS_INPUT 中的数据成员 faceNormal1。decl 数组中的由用法 NORMAL 和用法索引 2 所标识的元素 3 被映射为输入结构 VS_INPUT 中的数据成员 faceNormal2。

顶点着色器支持的输入用法包括：

- POSITION[n]　位置。
- BLENDWEIGHTS[n]　融合权值(blend weights)。
- BLENDINDICES[n]　融合索引(blend indices)。
- NORMAL[n]　法向量。
- PSIZE[n]　顶点的点尺寸。
- DIFFUSE[n]　漫反射颜色。
- SPECULAR[n]　高光颜色(specular color)。
- TEXCOORD[n]　纹理坐标。
- TANGENT[n]　切向量(tangent vector)。
- BINORMAL[n]　副法向量(binormal vector)。
- TESSFACTOR[n]　网格化因子(tessellation factor)。

其中，*n* 为一可选整数，但必须取自区间[0, 15]内。

💡 **注意**　再次申明，上述用法中有一部分本书没有涉及，例如 BLENDWEIGHTS、TANGENT、BINORMAL、BLENDINDICIES 以及 TESSFACTOR。

此外，对于输出结构，我们必须指定每个成员的用途。例如，该数据成员应看作位置向量、颜色向量还是纹理坐标等。对于各数据成员的用途，图形卡无从知晓，除非您显式指定。这种指定也是在语义层次实现的，例如：

```
struct VS_OUTPUT
{
    vector position : POSITION;
    vector diffuse : COLOR0;
    vector specular : COLOR1;
};
```

顶点着色器支持的输出用法包括：

- POSITION[n]　位置。
- PSIZE[n]　顶点的点尺寸。
- FOG[n]　雾融合值(fog blend value)。
- COLOR[n]　顶点颜色。注意，可输出多个顶点颜色，这些颜色混合在一起生成最终颜色。
- TEXCOORD[n]　顶点纹理坐标。注意，可能输出多个顶点纹理坐标。

其中，*n* 为一可选整数，但必须取自区间[0, 15]内。

17.3　使用顶点着色器的步骤

下面是创建和使用顶点着色器的步骤。

(1)　编写顶点着色器程序，并进行编译。

(2)　创建一个 IDirect3DVertexShader9 接口的对象，以表示基于所编译的着色器代码的顶点着色器。

(3)　用 IDirect3DDevice9::SetVertexShader 方法启用顶点着色器。

当然，当顶点着色器使用完毕后，必须对其进行销毁。下面的几节将对上述步骤进行详细说明。

17.3.1　顶点着色器的编写与编译

首先，我们必须编写一个顶点着色器程序。本书中，我们用 HLSL 语言来编写着色器程序。一旦着色器代码编写好，就可用方法 D3DXCompileShaderFromFile 来对着色器程序进行编译(如 16.2.2 节所述)。前面我们提到该函数将返回一个指向 ID3DXBuffer 接口的指针，其中该接口包含了经过编译的着色器代码。

17.3.2　顶点着色器的创建

一旦有了经过编译的着色器代码，我们就可借助如下方法获取 IDirect3DVertexShader9 接口的指针，该接口代表一个顶点着色器。

```
HRESULT IDirect3DDevice9::CreateVertexShader(
    const DWORD *  pFunction,
    IDirect3DVertexShader9 ** ppShader
);
```

- pFunction　指向经过编译的代码的指针。
- ppShader　返回一个指向 IDirect3DVertexShader9 接口的指针。

例如，假定变量 shader 是一个指向 ID3DXBuffer 接口的指针。则为了获取指向 IDirect3DVertexShader9 接口的指针，我们可这样做：

```
IDirect3DVertexShader9* ToonShader = 0;
hr = Device->CreateVertexShader(
    (DWORD*)Shader->GetBufferPointer(),
    &ToonShader);
```

注意　再次强调，D3DXCompileShaderFromFile 函数能够返回经过编译的着色器代码(对应于上述代码段中的 shader)。

17.3.3　顶点着色器的设置

当我们获取了指向接口 IDirect3DVertexShader9 的指针后，就可用下述方法来启用顶点着色器：

```
HRESULT IDirect3DDevice9::SetVertexShader(
    IDirect3DVertexShader9 * pShader
);
```

该方法接收一个单个参数，我们可将一个指向希望被启用的顶点着色器的指针赋给该参数。为了启用我们在 17.3.2 节中创建的那个着色器，我们应这样做：

```
Device->SetVertexShader(ToonShader);
```

17.3.4　顶点着色器的销毁

如同 Direct3D 的所有其他接口一样，接口 IDirect3DVertexShader9 在使用完毕之后也必须调用其自身的 Release 方法来释放它所占用的资源。下面仍以 17.3.2 节中的顶点着色器为例演示 Release 的调用方法。

```
d3d::Release<IDirect3DVertexShader9*>(ToonShader);
```

17.4　例程：Diffuse Lighting

作为熟悉创建和使用顶点着色器的热身练习，下面我们来编写一个在方向光(平行光)光源照射下，对每个顶点按标准漫射光照来处理的顶点着色器。我们先来回顾一下"光照"那章的一些知识点，漫射光依据顶点法向量与光线向量(light vector，与光线自光源的出射方向相反的方向，即指向光源)之间的夹角来计算顶点所接收到的光线总量。该夹角越小，顶点接收到的光照就越多。如果该夹角大约或等于 90°，顶点将接收不到任何光照。关于漫射光光照算法更完整的叙述，请参阅 13.4.1 节中的内容。

下面我们来研究一下顶点着色器程序。

```
//File:diffuse.txt
//Desc:Vertex shader that does diffuse Lighting.

//
// Global variables we use to hold the view matrix, projection matrix,
// ambient material, diffuse material, and the light vector that describes
// the direction to the light source.  These variables are initialized from
// the application.
//

matrix ViewMatrix;
matrix ViewProjMatrix;

vector AmbientMtrl;
vector DiffuseMtrl;

vector LightDirection;

//
// Global variables used to hold the ambient light intensity (ambient
// light the light source emits) and the diffuse light intensity (diffuse
// light the light source emits).  These variables are initialized here
// in the shader.
//
```

```
vector DiffuseLightIntensity = {0.0f, 0.0f, 1.0f, 1.0f};
vector AmbientLightIntensity = {0.0f, 0.0f, 0.2f, 1.0f};


//
// Input and Output structures.
//

struct VS_INPUT
{
   vector position : POSITION;
   vector normal   : NORMAL;
};

struct VS_OUTPUT
{
   vector position : POSITION;
   vector diffuse  : COLOR;
};


//
// Main
//

VS_OUTPUT Main(VS_INPUT input)
{
   // zero out all members of the output instance.
   VS_OUTPUT output = (VS_OUTPUT)0;

   //
   // Transform position to homogeneous clip space
   // and store in the output.position member.
   //
   output.position = mul(input.position, ViewProjMatrix);

   //
   // Transform lights and normals to view space.  Set w
   // componentes to zero since we're transforming vectors
   // here and not points.
   //
   LightDirection.w = 0.0f;
   input.normal.w   = 0.0f;
   LightDirection   = mul(LightDirection, ViewMatrix);
   input.normal     = mul(input.normal,   ViewMatrix);

   //
```

```
    // Compute cosine of the angle between light and normal.
    //
    float s = dot(LightDirection, input.normal);

    //
    // Recall that if the angle between the surface and light
    // is greater than 90 degrees the surface recieves no light.
    // Thus, if the angle is greater than 90 degrees we set
    // s to zero so that the surface will not be lit.
    //
    if( s < 0.0f )
       s = 0.0f;

    //
    // Ambient light reflected is computed by performing a
    // component wise multiplication with the ambient material
    // vector and the ambient light intensity vector.
    //
    // Diffuse light reflected is computed by performing a
    // component wise multiplication with the diffuse material
    // vector and the diffuse light intensity vector.  Further
    // we scale each component by the shading scalar s, which
    // shades the color based on how much light the vertex received
    // from the light source.
    //
    // The sum of both the ambient and diffuse components gives
    // us our final vertex color.
    //

    output.diffuse = (AmbientMtrl * AmbientLightIntensity) +
                 (s * (DiffuseLightIntensity * DiffuseMtrl));

    return output;
}
```

既然我们已经看过了实际的顶点着色器代码，现在来看看应用程序代码。应用程序中声明了如下与着色器相关的全局变量：

```
IDirect3DVertexShader9* DiffuseShader = 0;
ID3DXConstantTable* DiffuseConstTable = 0;

ID3DXMesh* Teapot              = 0;

D3DXHANDLE ViewMatrixHandle    = 0;
D3DXHANDLE ViewProjMatrixHandle = 0;
D3DXHANDLE AmbientMtrlHandle    = 0;
```

```
D3DXHANDLE DiffuseMtrlHandle    = 0;
D3DXHANDLE LightDirHandle       = 0;

D3DXMATRIX Proj;
```

上述变量中 DiffuseShader 和 DiffuseConstTable 分别用来表示顶点着色器及其常量表。Teapot 是茶壶网格变量，其后是一些 D3DXHANDLE 类型的句柄，这些句柄的名称描述了它们所引用的变量。

Setup 函数主要完成以下工作：

- 创建茶壶网格。
- 编译顶点着色器。
- 基于已编译的代码创建顶点着色器。
- 通过常量表获取着色器程序中若干变量的句柄。
- 通过常量表初始化着色器中的若干变量。

注意 在本例程中，我们采用的顶点结构并不需要任何灵活顶点格式无法描述的附加分量。所以，我们描述顶点格式时使用了灵活顶点格式而非顶点声明。前面我们提到，在可编程流水线内部灵活顶点格式将被转换成顶点声明。

```
bool Setup()
{
 HRESULT hr = 0;

 //
 // Create geometry:
 //

 D3DXCreateTeapot(Device, &Teapot, 0);

 //
 // Compile shader
 //

 ID3DXBuffer* shader      = 0;
 ID3DXBuffer* errorBuffer = 0;

 hr = D3DXCompileShaderFromFile(
     "diffuse.txt",
     0,
     0,
     "Main", // entry point function name
     "vs_1_1",
     D3DXSHADER_DEBUG,
```

```
                &shader,
                &errorBuffer,
                &DiffuseConstTable);

// output any error messages
if( errorBuffer )
{
        ::MessageBox(0, (char*)errorBuffer->GetBufferPointer(), 0, 0);
        d3d::Release<ID3DXBuffer*>(errorBuffer);
}

if(FAILED(hr))
{
        ::MessageBox(0, "D3DXCompileShaderFromFile() - FAILED", 0, 0);
        return false;
}

//
// Create shader
//

hr = Device->CreateVertexShader(
        (DWORD*)shader->GetBufferPointer(),
        &DiffuseShader);

if(FAILED(hr))
{
        ::MessageBox(0, "CreateVertexShader - FAILED", 0, 0);
        return false;
}

d3d::Release<ID3DXBuffer*>(shader);


//
// Get Handles
//

ViewMatrixHandle = DiffuseConstTable->GetConstantByName(
                    0, "ViewMatrix");
ViewProjMatrixHandle= DiffuseConstTable->GetConstantByName(
                        0, "ViewProjMatrix");
AmbientMtrlHandle = DiffuseConstTable->GetConstantByName(
                        0, "AmbientMtrl");
DiffuseMtrlHandle = DiffuseConstTable->GetConstantByName(
```

```
                    0, "DiffuseMtrl");
LightDirHandle = DiffuseConstTable->GetConstantByName(
                    0, "LightDirection");


//
// Set shader constants:
//


// Light direction:
D3DXVECTOR4 directionToLight(-0.57f, 0.57f, -0.57f, 0.0f);
DiffuseConstTable->SetVector(Device, LightDirHandle, &directionToLight);

// Materials:
D3DXVECTOR4 ambientMtrl(0.0f, 0.0f, 1.0f, 1.0f);
D3DXVECTOR4 diffuseMtrl(0.0f, 0.0f, 1.0f, 1.0f);

DiffuseConstTable->SetVector(Device,AmbientMtrlHandle,&ambientMtrl);
DiffuseConstTable->SetVector(Device,DiffuseMtrlHandle,&diffuseMtrl);
DiffuseConstTable->SetDefaults(Device);

// Compute projection matrix.
D3DXMatrixPerspectiveFovLH(
    &Proj,   D3DX_PI * 0.25f,
    (float)Width / (float)Height, 1.0f, 1000.0f);

return true;
}
```

Display函数比较简单。该函数检测用户输入并相应地更新取景变换矩阵。但是，由于取景变换是在着色器中完成的，因此我们必须对着色器内部表示取景变换矩阵的变量进行更新。我们借助常量表来完成对该变量的更新。

```
bool Display(float timeDelta)
{
if( Device )
{
    //
    // Update the scene: Allow user to rotate around scene.
    //

    static float angle = (3.0f * D3DX_PI) / 2.0f;
    static float height = 3.0f;

    if( ::GetAsyncKeyState(VK_LEFT) & 0x8000f )
        angle -= 0.5f * timeDelta;
```

```
    if( ::GetAsyncKeyState(VK_RIGHT) & 0x8000f )
        angle += 0.5f * timeDelta;

    if( ::GetAsyncKeyState(VK_UP) & 0x8000f )
        height += 5.0f * timeDelta;

    if( ::GetAsyncKeyState(VK_DOWN) & 0x8000f )
        height -= 5.0f * timeDelta;

    D3DXVECTOR3 position( cosf(angle) * 7.0f, height, sinf(angle) * 7.0f );
    D3DXVECTOR3 target(0.0f, 0.0f, 0.0f);
    D3DXVECTOR3 up(0.0f, 1.0f, 0.0f);
    D3DXMATRIX V;
    D3DXMatrixLookAtLH(&V, &position, &target, &up);

    DiffuseConstTable->SetMatrix(Device, ViewMatrixHandle, &V);

    D3DXMATRIX ViewProj = V * Proj;
    DiffuseConstTable->SetMatrix(Device, ViewProjMatrixHandle, &ViewProj);

    //
    // Render
    //

    Device->Clear(0, 0, D3DCLEAR_TARGET | D3DCLEAR_ZBUFFER, 0xffffffff, 1.0f, 0);
    Device->BeginScene();

    Device->SetVertexShader(DiffuseShader);

    Teapot->DrawSubset(0);

    Device->EndScene();
    Device->Present(0, 0, 0, 0);
  }
  return true;
}
```

还有一点要注意的是在调用函数 DrawSubset 之前，我们用 SetVertexShader 函数启用了我们希望使用的顶点着色器。

清理工作也由 Cleanup 函数按预期完成，我们仅需释放前面所分配的接口。

```
void Cleanup()
{
  d3d::Release<ID3DXMesh*>(Teapot);
```

```
d3d::Release<IDirect3DVertexShader9*>(DiffuseShader);
d3d::Release<ID3DXConstantTable*>(DiffuseConstTable);
}
```

17.5　例程：Cartoon Rendering

作为第二个顶点着色器的例程，下面我们将编写两个顶点着色器分别用于对网格进行明暗处理(shade)和轮廓勾勒(outline)，以呈现出卡通效果。如图 17.2 所示。

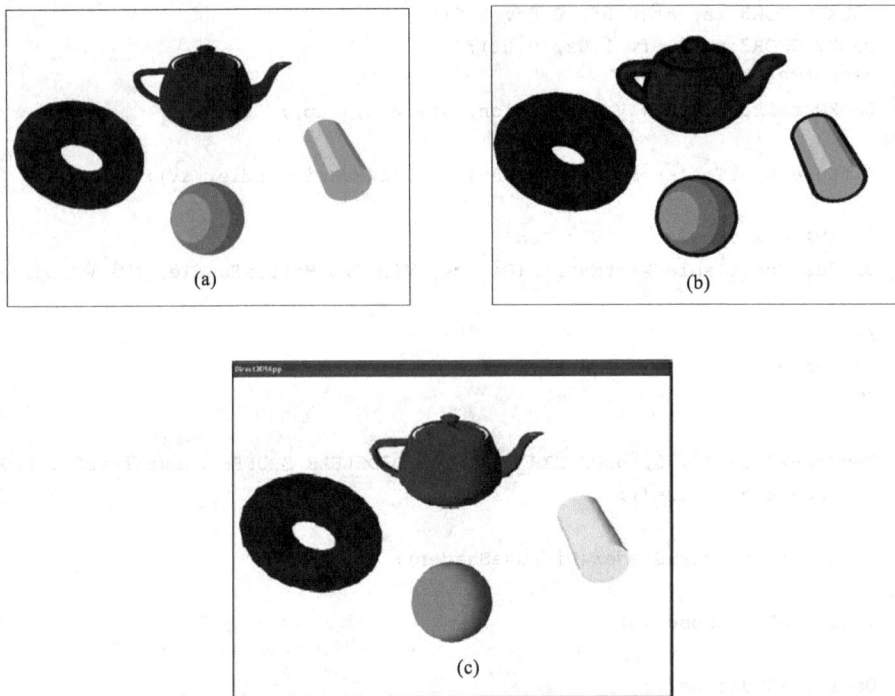

图 17.2　(a)用卡通着色法进行明暗处理后的物体(请注意明暗度的突变)。(b)为了增强卡通效果，对物体的轮廓进行了勾勒。(c)用标准漫射光进行明暗处理后的物体

💡 注意　卡通绘制(cartoon rendering)是一类较特殊的非真实感绘制方法，有时也被称为风格化绘制(stylistic rendering)。

虽然卡通绘制并不适用于所有类型的游戏，例如暴力第一人称射击游戏，但当您需要使游戏表现出一种卡通的感觉时，该方法确实有助于营造一种氛围。而且，卡通绘制方法易于实现，并能够让我们更好地演示顶点着色器。

我们将卡通绘制方法分为如下两个步骤：

(1)　通常，卡通绘制只有少数几种明暗亮度级(shading intensity level)，而且位置相邻的两种亮度级之间亮度是突变的。我们称这种着色方法为卡通着色(cartoon shading)。在图 17.2(a)中，我们可以看到网格被精确地按照 3 种明暗亮度(亮、中、暗)进行了明暗处理，而且彼此的明暗度不是渐变的，而是突变的，不像图 17.2(c)，其中的明暗度是由亮到暗均匀过渡的。

(2)　卡通绘制中通常也要将物体的轮廓勾勒出来，如图 17.2(b)所示。

上述两个步骤都需要使用相应的顶点着色器。

17.5.1　卡通着色

为了实现卡通着色，我们采用了 Lander 在 *Game Developer Magazine* 3 月第 2000 期中发表的文章 *Shades of Disney: Opaquing a 3D World* 中所描述的方法。其原理大致如下：首先创建一个包含了我们想要的不同明暗度的灰度纹理(grayscale luminance texture)。图 17.3 展示了我们在例程中所使用的灰度纹理。

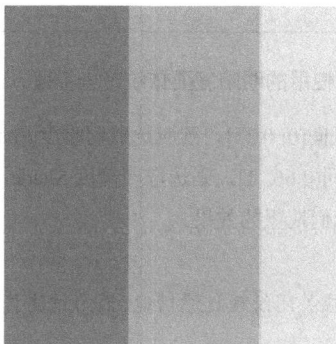

图 17.3　明暗(灰度)纹理保存了我们想要使用的明暗亮度。请注意，位置相邻的
两种明暗度之间是突变的，而且纹理的明暗度必须自左向右保持递增

然后我们在顶点着色器中进行标准漫射光计算，即计算顶点法向量 $\hat{\mathbf{N}}$ 和光线向量 $\hat{\mathbf{L}}$ 的点积以确定这两个向量之间夹角的余弦，这样就能够确定顶点到底接收了多少光照。

$$s = \hat{\mathbf{N}} \cdot \hat{\mathbf{L}}$$

如果 $s < 0$，则说明光线向量与顶点法向量之间的夹角大于 90°，也就意味着表面接收不到任何光照。所以，如果 $s < 0$，则令 $s = 0$。这样 s 就总是位于区间[0, 1]内。

在通常使用的漫射光计算模型中，我们用 s 对颜色向量进行比例加权，这样各顶点的颜色就会依据所接收到的光照量而不同程度地变暗：

$$diffuseColor = s(r, g, b, a)$$

但是，这样做会导致明暗度由亮到暗的平滑过渡。这就违背了我们进行卡通着色的初衷。我们所期望的是少数几种(一般选用 2～4 种明暗度，卡通绘制就能取得令人满意的效果)不同的明暗度之间的突变效果。

所以，用明暗因子 s 对颜色向量进行加权并不适宜，我们将把 s 作为前面提到的灰度纹理(参见图 17.3)的纹理坐标的 u 分量。

💡 **注意** 由于标量 s 在区间[0, 1]内(通常使用的纹理坐标区间)，所以 s 显然是一个合法的纹理坐标。

按照这种方式，各顶点不应被均匀着色，而应呈现出明暗度的突变。例如，灰度纹理可能被划分为如图 17.4 所示的 3 种不同的明暗度。

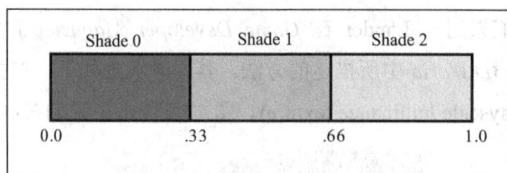

图 17.4 所使用的明暗度要依纹理坐标落入的区间而定

由图 17.4 可以看出，若 s 落入区间[0, 0.33]，则应选取明暗度 Shade 0；若 s 落入区间(0.33, 0.66]，则应选取明暗度 Shade 1；若 s 落入区间(0.66, 1]，则选取明暗度 Shade 2。当然，这些明暗度之间的过渡必须呈现出突变效果，这样才能获得我们期望的效果。

💡 **注意** 对于卡通着色，我们也应关闭纹理过滤功能。因为过滤将会平滑不同明暗度之间的过渡过程。

17.5.2 卡通着色的顶点着色器代码

现在我们来介绍用于卡通着色的顶点着色器。着色器的主要任务仅仅是基于 $s = \hat{\mathbf{N}} \cdot \hat{\mathbf{L}}$ 来进行纹理坐标的计算和设置。注意，在输出结构中，我们增加了一个数据成员以保存计算所得的纹理坐标。还有一点要注意，虽然我们没有对顶点的颜色进行修改，但仍旧将其输出。当顶点颜色与灰度纹理结合时，便呈现出着色(渲染)的效果。

```
//////////////////////////////////////////////////////////////////////
//
// File: toon.txt
//
// Author: Frank Luna (C) All Rights Reserved
//
// System: AMD Athlon 1800+ XP, 512 DDR, Geforce 3, Windows XP, MSVC++ 7.0
//
```

```
// Desc: Vertex shader that lights geometry such it appears to be
//       drawn in a cartoon style.
//
///////////////////////////////////////////////////////////////////////

//
// Globals
//

extern matrix WorldViewMatrix;
extern matrix WorldViewProjMatrix;

extern vector Color;

extern vector LightDirection;

//
// Structures
//

struct VS_INPUT
{
    vector position : POSITION;
    vector normal   : NORMAL;
};

struct VS_OUTPUT
{
    vector position : POSITION;
    float2 uvCoords : TEXCOORD;
    vector diffuse  : COLOR;
};


//
// Main
//

VS_OUTPUT Main(VS_INPUT input)
{
    // zero out each member in output
    VS_OUTPUT output = (VS_OUTPUT)0;


    // transform vertex position to homogenous clip space
```

```
    output.position = mul(input.position, WorldViewProjMatrix);

    //
    // Transform lights and normals to view space.  Set w
    // components to zero since we're transforming vectors.
    // Assume there are no scalings in the world
    // matrix as well.
    //
    LightDirection.w = 0.0f;
    input.normal.w  = 0.0f;
    LightDirection   = mul(LightDirection, WorldViewMatrix);
    input.normal     = mul(input.normal, WorldViewMatrix);

    //
    // Compute the 1D texture coordinate for toon rendering.
    //
    float u = dot(LightDirection, input.normal);

    //
    // Clamp to zero if u is negative because u
    // negative implies the angle between the light
    // and normal is greater than 90 degrees.  And
    // if that is true then the surface receives
    // no light.
    //
    if( u < 0.0f )
        u = 0.0f;

    //
    // Set other tex coord to middle.
    //
    float v = 0.5f;


    output.uvCoords.x = u;
    output.uvCoords.y = v;

    // save color
    output.diffuse = Color;

    return output;
}
```

下面给出了一些注释：

- 我们假定世界变换矩阵并未进行任何比例运算，因为如果这样，将可能改变与该矩阵相乘的那个向量的长度和方向。

● 我们总是将纹理坐标的 v 分量取在纹理的正中央(即 0.5)。即我们仅使用了灰度纹理中的一行，也就意味着我们可以仅使用 1D 灰度纹理而非 2D 灰度纹理。但不管选用哪种灰度纹理，效果都是一样的。在本例中我们使用 2D 纹理并非出于某种特别的原因。

17.5.3　轮廓的勾勒

为了完整地实现卡通效果，我们还需勾勒出物体的轮廓边。这与卡通着色相比就略显复杂。

1．边的表示

我们可用四边形(由两个三角形单元构成)来表示网格的一条边，参见图 17.5。

我们之所以选用四边形主要基于以下几点考虑：通过调整四边形的尺寸我们就可很容易地改变边的厚度。而且我们也可通过绘制退化四边形(degenerate quad)来隐藏某些边，即那些非轮廓边的边。在 Direct3D 中，我们用两个三角形构造出一个四边形。一个退化四边形由两个退化三角形构成。退化三角形就是面积为 0 的三角形，即由共线(collinear)的 3 个顶点构成的三角形。如果我们将一个退化三角形输送到绘制流水线中，是什么也显示不出来的。这非常有用，因为如果我们希望将某个三角形面片隐藏，则可对其进行退化处理，这样就无需将该面片从三角形列表(即顶点缓存)中删除。前面提到我们仅想显示轮廓边——而非网格中的每一条边。

当我们初次创建一条边时，我们为该边指定 4 个顶点，这样由这 4 个顶点构成的四边形就是一个退化四边形(见图 17.6)，也就意味着该边将被隐藏(即绘制时不予显示)。

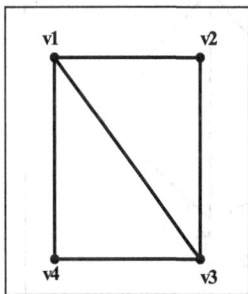

图 17.5　用于表示边的四边形　　　　图 17.6　一个描述了被两个三角形公共边的退化四边形

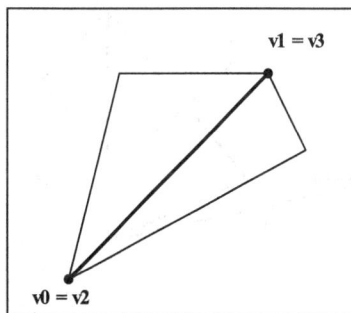

注意，对于图 17.6 中的两个顶点 v_0 和 v_1，我们将其法向量均设为 0 向量。则当我们将该边的两个顶点传入着色器中时，着色器将对每一个顶点进行测试，看其是否处在轮廓边上，如果是，则顶点着色器将使顶点沿顶点法线方向进行一定的偏移。注意，如果一个顶点的法向量为 0，则该顶点不会发生偏移。这样，最终就形成了一个可以表示轮廓边的非退化四边形(non-degenerate quad)，如图 17.7 所示。

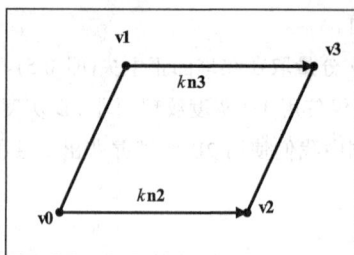

图 17.7   位于轮廓边上的顶点 v_2 和 v_3 分别沿其法向量 n_2 和 n_3 发生了偏移。注意，
顶点 v_0 和 v_1 由于各自相应的顶点法向量为 0，所以位置没有发生改变，
因而就没有产生偏移。依照这种方式，就可成功生成表示轮廓边的四边形了

💡 **注意**   如果我们不将顶点 v_0 和 v_1 的法向量设为 0，则这些顶点也将发生偏移。但如果描述了一段
轮廓边的 4 个顶点都发生了偏移，则我们只是对退化四边形进行了平移。通过保持顶点 v_0
和 v_1 的位置不变，而仅使顶点 v_2 和 v_3 发生偏移，我们就重新生成了表示该轮廓边的四边形。

2．轮廓边的测试

如果某条边为两个面片 face0 和 face1 的公共边，且这两个面片相对于观察方向(viewing direction)具有
不同的朝向，则这条边是一条轮廓边。即如果一个面片朝前，而另一个面片朝后，则这条边是一条轮廓边。
图 17.8 给出了一个轮廓边和非轮廓边的例子。

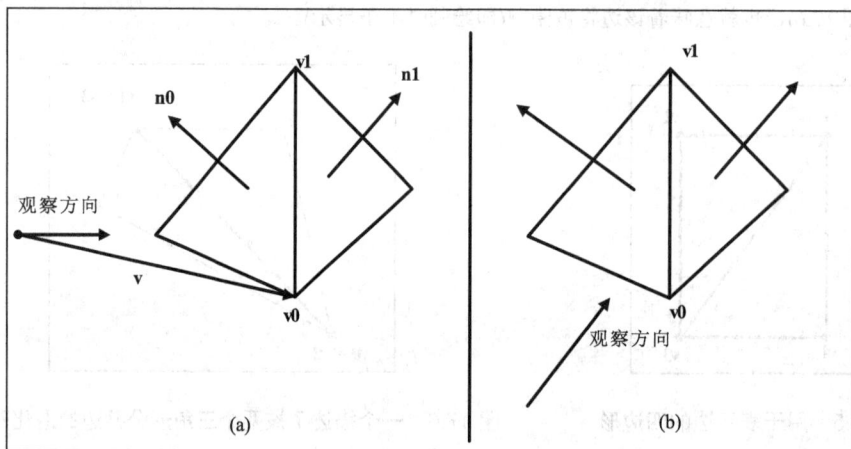

图 17.8   在图(a)中，由于共享由顶点 v_0 和 v_1 所定义的那条边的两个面片相对观察方向一个朝前，
一个朝后，所以该边 v_1v_0 为轮廓边。在图(b)中，由于共享由顶点 v_0 和 v_1 所定义的
那条边的两个面片相对观察方向朝向一致(均朝前)，所以该边 v_1v_0 不是轮廓边

这样，为了测试某一顶点是否位于轮廓边上，我们必须知道面片 face0 和 face1 在每个顶点处的局部法向量。这在我们采用的边顶点数据结构中得到了体现。

```
struct VS_INPUT
{
    vector position    : POSITION;
    vector normal      : NORMAL0;
    vector faceNormal1 : NORMAL1;
    vector faceNormal2 : NORMAL2;
};
```

该结构中，前面的两个变量比较简单，但在后面我们还看到了另外两个附加法向量，即 faceNormal1 和 faceNormal2。这些向量描述了共享该顶点所依附的那条边的两个面片(即 face0 和 face1)的法向量。

下面介绍测试一个顶点是否在轮廓边上的数学原理。假定我们当前处在观察坐标系中。令向量 v 表示由观察坐标系原点指向待测顶点的向量，参见图 17.8。令 n_0 和 n_1 分别表示 face0 和 face1 的面法向量。则当下列不等式为真时，待测顶点就在轮廓边上：

$$(v \cdot n_0)(v \cdot n_1) < 0$$

如果两个点积异号，则左边的运算结果为负，故上面的不等式为真。回忆一下点积的性质，如果两个点积异号，则说明一个面片朝向前方，另一个面片朝向后方。

现在我们来考虑某条边仅属于一个三角形面片时的情形，如图 17.9 所示，该面片的面法向量保存在变量 faceNormal1 中。

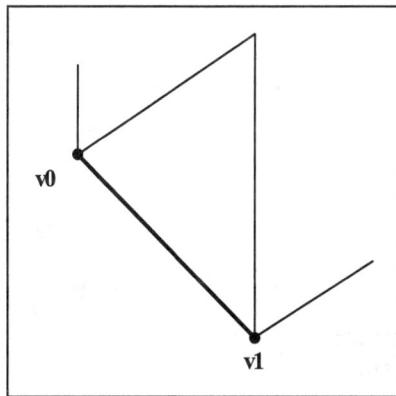

图 17.9　由顶点 v_0 和 v_1 定义的边仅属于一个三角形面片

我们总是认为这样的边为轮廓边。为了保证顶点着色器能够将这种边按轮廓边来处理，我们可令 faceNormal2=-faceNormal1。这样，面片的法向量的方向就会彼此相背，故不等式(1)的结果将为真，从而表明该边为一条轮廓边。

3. 边的生成

生成网格的每条边非常简单，我们只需遍历网格中的每个面片，然后为该面片中的每条边计算出一个四边形(即退化四边形，参见图 17.6)。

> **注意**　由于每个三角形都有 3 条边，所以每个面片也有 3 条边。

对于每条边的各顶点，我们还需要知道共享该边的两个面片。其中一个面片为该边所依附的那个三角形面片。例如，如果我们要计算第 i 个面片中的边，则第 i 个面片享有这条边。另外一个享有该边的面片可通过该网格的邻接信息求出。

17.5.4　实现轮廓勾勒的顶点着色器代码

现在我们来介绍用于绘制轮廓边的顶点着色器。该着色器的主要任务是判定传入的顶点是否在一条轮廓边上。如果是，则该顶点着色器将沿顶点法线方向使顶点产生定量偏移。

```
// File: outline.txt
// Desc: Vertex Shader renders silhouette edges.

//
// Globals
//

extern matrix WorldViewMatrix;
extern matrix ProjMatrix;

static vector Black = {0.0f, 0.0f, 0.0f, 0.0f};

//
// Structures
//

struct VS_INPUT
{
    vector position : POSITION;
    vector normal : NORMAL0;
    vector faceNormal1 : NORMAL1;
    vector faceNormal2 : NORMAL2;
};

struct VS_OUTPUT
{
    vector position : POSITION;
```

```
    vector diffuse : COLOR;
};


//
// Main
//

VS_OUTPUT Main(VS_INPUT input)
{
    // zero out each member in output
    VS_OUTPUT output = (VS_OUTPUT)0;

    // transform position to view space
    input.position = mul(input.position, WorldViewMatrix);

    // Compute a vector in the direction of the Vertex
    // from the eye. Recall the eye is at the origin
    // in view space - eye is just camera position.
    vector eyeToVertex = input.position;

    // transform normals to view space. Set w
    // components to zero since we're transforming vectors.
    // Assume there are no scalings in the world
    // matrix as well.
    input.normal.w = 0.0f;
    input.faceNormal1.w = 0.0f;
    input.faceNormal2.w = 0.0f;

    input.normal = mul(input.normal, WorldViewMatrix);
    input.faceNormal1 = mul(input.faceNormal1, WorldViewMatrix);
    input.faceNormal2 = mul(input.faceNormal2, WorldViewMatrix);

    // compute the cosine of the angles between
    // the eyeToVertex vector and the face normals.
    float dot0 = dot(eyeToVertex, input.faceNormal1);
    float dot1 = dot(eyeToVertex, input.faceNormal2);

    // if cosines are different signs (positive/negative)
    // then we are on a silhouette edge. Do the signs
    // differ?
    if( (dot0 * dot1) < 0.0f )
    {
        // yes, then this Vertex is on a silhouette edge,
        // offset the Vertex position by some scalar in the
        // direction of the Vertex normal.
```

```
        input.position += 0.1f * input.normal;

    }

    // transform to homogeneous clip space
    output.position = mul(input.position, ProjMatrix);


    // set outline color
    output.diffuse = Black;

    return output;
}
```

17.6 小 结

- 通过使用顶点着色器，我们可以取代固定功能流水线中的变换和光照模块(环节)。当用我们的定制程序(顶点着色器)取代那些固定运算时，我们在可实现的图形效果上就获得了很大的灵活性。
- 顶点声明用于指定顶点的格式。顶点声明与灵活顶点格式(FVF)非常相似，但是前者更加灵活，而且允许我们描述那些超出 FVF 表达范围的顶点格式。注意，如果我们的顶点可由 FVF 描述，我们仍然使用 FVF。但是，要知道 FVF 在可编程流水线内部仍将被转化为顶点声明。
- 对于输入结构，用法语义指定了顶点各分量如何从顶点声明映射到 HLSL 程序中的变量。对于输出结构，用法语义指定了每个顶点各分量的用途(如表示位置、颜色、纹理坐标等)。

18

像素着色器入门

像素着色器(pixel shader)是在对每个像素进行光栅化处理期间运行在图形卡 GPU 上的一段程序。(不同于顶点着色器，Direct3D 不会以软件运算方式来模拟像素着色器。)像素着色器实质上是取代了固定功能流水线中的多重纹理(multitexturing)环节，而且赋予了我们直接操纵单个像素以及访问每个像素的纹理坐标的能力。这种对像素和纹理坐标直接访问的能力使得我们能够获得各种各样的特殊效果，例如多重纹理、景深(depth of field)、云彩模拟、火焰模拟以及较复杂的阴影技术。

您可通过检查 D3DCAPS9 结构的成员 PixelShaderVersion，并与宏 D3DPS_VERSION 进行比较，来测试您的图形卡是否支持某个顶点着色器版本。下面的代码段解释了上述检测过程：

```
// If the device's supported version is less than version 2.0
if( caps.PixelShaderVersion < D3DPS_VERSION(2, 0) )
    // Then pixel shader version 2.0 is not supported on this device
```

学习目标

● 获得对多重纹理的概念的初步理解
● 了解如何编写、创建和使用像素着色器
● 了解如何用像素着色器实现多重纹理

18.1 多重纹理概述

多重纹理可能是像素着色器实现的最简单的技术。而且，由于像素着色器取代了固定功能流水线中的多重纹理环节，我们应该对多重纹理环节及其功能有基本的理解。本节将对多重纹理作简要的介绍。

我们在第 6 章中对纹理进行讨论时，我们略去了对固定功能流水线中多重纹理的讨论，这主要是基于以下两点考虑：首先，多重纹理是一种较为复杂的运算，当时我们认为它属于高级主题。此外，固定功能的多重纹理已被新的而且更为强大的像素着色器所取代，因此我们没有在固定功能多重纹理环节投入精力展开讨论是有意义的。

多重纹理涵含的思想与融合有些关联。在第 7 章中，我们了解了如何将正在进行光栅化的像素与先前已写入后台缓存中的像素进行融合，以获得某种特殊效果。我们将这种思想沿用到多重纹理中。即，我们同时启用若干层纹理，并定义这些纹理的融合方式，以获得某种特殊效果。多重纹理的一种典型应用就是进行光照运算。在顶点运算阶段我们不打算使用 Direct3D 的光照模型，而是使用一种特殊的纹理图，即光照纹理图(light maps)，它规定了某一表面是如何被照亮的。例如，假定我们希望在一个较大的板条箱上投射一个聚光灯。我们可用结构 D3DLIGHT9 来定义该聚光灯，也可将代表板条箱的纹理图与代表聚光灯的纹理图进行融合，如图 18.1 所示。

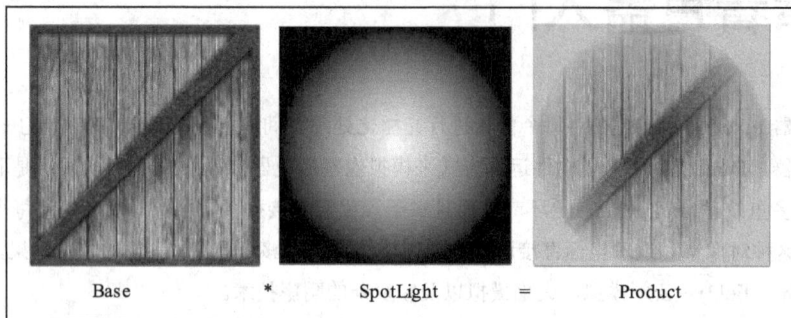

图 18.1   用多重纹理绘制一个被聚光灯照亮的板条箱。其中我们
通过将两种纹理的对应纹理元相乘而将其合成

注意   由第 7 章介绍的融合技术可知，最终得到的图像与这些纹理的融合方式有关。在固定功能多重纹理环节，我们是通过纹理绘制状态对融合方程进行控制的。而借助像素着色器，我们可以在代码中以可编程方式将融合函数写为一个简单表达式。这就使得我们能够以任何方式对多个纹理进行融合运算。后面在讨论到本章例程时，将对多个纹理的融合展开详细的论述。

通过对多个纹理(本例中为 2 个)进行融合来照亮板条箱与 Direct3D 的光照计算模型相比有以下优点：

● 光照已预先计算好，并保存在聚光灯光照纹理图中。这样，在程序运行时，就不需要再对光照进行计算了，从而节省了运算时间。当然，只有对于静止的物体和固定光源方可预先进行光照计算。

● 由于光照纹理图是预先计算好的，我们可采用比 Direct3D 更精确、更复杂的光照模型。(从而可以在更逼真的场景中获得更好的光照结果。)

注意   多重纹理环节一般用于为静态物体实现一个完整的光照计算引擎。例如，我们现有一个保存了物体颜色信息的纹理图，例如板条箱纹理图。此外我们还有一个用于保存漫反射表面明暗度的漫射光纹理图(diffuse light map)，一个用于保存镜面反射表面的明暗度的镜面光纹理图(specular light map)，一个用于保存表面上所覆盖的雾的总量的雾效纹理图(fog map)，以及一个用于保存表面的微观高频细节的细节纹理图(detail map)。当需要将这些纹理合成时，我们只需要对预先计算好的纹理图进行查询即可高效地为场景增加光照、上色(color)并增加细节。

💡 **注意**　聚光灯纹理图(spotlight light map)是基本光照纹理图中较简单的一种。通常，当给定场景和光源时，我们用专门的程序来生成光照纹理图。光照纹理图的生成已超出了本书的范围，对此有兴趣的读者可参考 Alan Watt 和 Fabio Policarpo 的著作 *3D Games: Real-time Rendering and Software Technology* 中光照纹理图的相关章节。

18.1.1　启用多重纹理

前面我们提到，纹理可用方法 IDirect3DDevice9::SetTexture 来启用，采样器状态(sampler state)可用方法 IDirect3DDevice9::SetSamplerState 来设置。上述两种方法的原型为：

```
HRESULT IDirect3DDevice9::SetTexture(
    DWORD Stage, // specifies the texture stage index
    IDirect3DBaseTexture9 *pTexture
);

HRESULT IDirect3DDevice9::SetSamplerState(
    DWORD Sampler, // specifies the sampler stage index
    D3DSAMPLERSTATETYPE Type,
    DWORD Value
);
```

💡 **注意**　一个特定采样器的级数(以下简称为采样级)索引(sampler stage index)i 与第 i 层纹理是关联的。即，第 i 个采样级为第 i 层纹理指定了采样器状态。

纹理层/采样级索引标识了我们想要将纹理/采样器设置成的纹理层/采样级。这样，我们就可激活多个纹理，并通过不同的层索引来为这些纹理设置相应的采样状态。在此之前，我们总是将层索引指定为 0(表示第一层索引)，这是因为我们那时只需要使用一层纹理就够了。如果我们需要 3 层纹理，可用层序号 0、1、2 分别标识每一层纹理：

```
// Set first texture and corresponding sampler states.
Device->SetTexture( 0, Tex1);
Device->SetSamplerState(0, D3DSAMP_MAGFILTER, D3DTEXF_LINEAR);
Device->SetSamplerState(0, D3DSAMP_MINFILTER, D3DTEXF_LINEAR);
Device->SetSamplerState(0, D3DSAMP_MIPFILTER, D3DTEXF_LINEAR);

// Set second texture and corresponding sampler states.
Device->SetTexture( 1, Tex2);
```

```
Device->SetSamplerState(1, D3DSAMP_MAGFILTER, D3DTEXF_LINEAR);
Device->SetSamplerState(1, D3DSAMP_MINFILTER, D3DTEXF_LINEAR);
Device->SetSamplerState(1, D3DSAMP_MIPFILTER, D3DTEXF_LINEAR);

// Set third texture and corresponding sampler states.
Device->SetTexture( 2, Tex3);
Device->SetSamplerState(2, D3DSAMP_MAGFILTER, D3DTEXF_LINEAR);
Device->SetSamplerState(2, D3DSAMP_MINFILTER, D3DTEXF_LINEAR);
Device->SetSamplerState(2, D3DSAMP_MIPFILTER, D3DTEXF_LINEAR);
```

这些代码启用了 Tex1、Tex2 和 Tex3，并为每层纹理设置了过滤模式(filtering mode)。

18.1.2   多重纹理坐标

在第 6 章中我们讲到，对于每个 3D 三角形，我们需要在纹理图中为之定义一个相应的三角形，以确定被映射到该 3D 三角形中的纹理数据。以前我们是通过为每个顶点增加纹理坐标来实现的。这样，定义了一个三角形的每 3 个顶点在纹理中就定义了一个相应的三角形。

由于我们现在要使用多重纹理，对于定义了三角形的每 3 个顶点，我们需要在启用的每个纹理中定义相应的三角形。为此，我们可为每个顶点额外增加若干纹理坐标对——每对纹理坐标对应于某一层被启用的纹理。例如，如果我们要将 3 层纹理进行融合(这 3 层纹理已被启用)，则每个顶点都必须有 3 对分别与这 3 层纹理对应的纹理坐标。这样，需要使用具有 3 层纹理的多重纹理的顶点结构就可这样来定义：

```
struct MultiTexVertex
{
MultiTexVertex(float x, float y, float z,
                 float u0, float v0,
                 float u1, float v1,
                 float u2, float v2)
{
        _x = x; _y = y; _z = z;
        _u0 = u0; _v0 = v0;
        _u1 = u1; _v1 = v1;
        _u2 = u2; _v2 = v2;
}

float _x, _y, _z;
float _u0, _v0; // Texture coordinates for texture at stage 0.
float _u1, _v1; // Texture coordinates for texture at stage 1.
float _u2, _v2; // Texture coordinates for texture at stage 2.

static const DWORD FVF;
};
const DWORD MultiTexVertex::FVF = D3DFVF_XYZ | D3DFVF_TEX3;
```

注意，上面的灵活顶点格式定义中，使用了标记 **D3DFVF_TEX3**，这表明该结构包含了 3 个纹理坐标对。固定功能流水线至多支持 8 层纹理。如果您想使用的纹理层数超过 8，则必须使用顶点声明和可编程顶点流水线。

💡 **注意** 在较新的像素着色器版本中，我们可用一个纹理坐标对来索引多个纹理，这样就无需使用多个顶点坐标对。当然，这样做的前提是我们对每个纹理层都用了相同的纹理坐标。如果每层纹理中的纹理坐标存在差异，则我们仍需要多个纹理坐标对。

18.2 像素着色器的输入和输出

像素着色器的输入包括每个像素颜色和纹理坐标。

💡 **注意** 顶点的颜色应在图元的整个表面上进行插值处理。

每个像素的纹理坐标其实就是指定了纹理中将被映射到当前像素的纹理元的坐标(u, v)。在进入像素着色器之前，Direct3D 先根据顶点颜色和顶点纹理坐标计算出每个像素的颜色和纹理坐标。输入像素着色器的颜色和纹理坐标对的个数由顶点着色器输出的颜色和纹理坐标对的个数决定。例如，如果一个顶点着色器输出两种颜色值和 3 个纹理坐标对，则 Direct3D 将计算出每个像素的两种颜色值和 3 个纹理坐标对，并将这些结果输入像素着色器。我们需借助语义语法来将输入的颜色和纹理坐标映射为像素着色器程序中的变量。仍然用前面的例子来说明，我们可以写作：

```
struct PS_INPUT
{
    vector c0 : COLOR0;
    vector c1 : COLOR1;
    float2 t0 : TEXCOORD0;
    float2 t1 : TEXCOORD1;
    float2 t2 : TEXCOORD2;
};
```

就输出而言，像素着色器将输出计算所得的每个像素的单个颜色值。

```
struct PS_OUTPUT
{
    vector finalPixelColor : COLOR0;
};
```

18.3　使用像素着色器的步骤

下面列出了要创建和使用像素着色器所必须采取的步骤。

(1)　编写像素着色器程序并进行编译。

(2)　创建一个 IDirect3DPixelShader9 接口对象，以表示基于经过编译的着色器代码的像素着色器。

(3)　用 IDirect3DDevice9::SetPixelShader 方法启用像素着色器。

当然，当像素着色器使用完毕之后，我们必须对其进行销毁。下面的几小节中我们将更详细地探讨这些步骤中的细节。

18.3.1　像素着色器的编写和编译

像素着色器的编译方式与顶点着色器完全相同。首先，我们必须编写好一个像素着色器程序。在本书中，我们用 HLSL 语言来编写着色器程序。一旦着色器代码编写好，我们就可用函数 D3DXCompileShaderFromFile 对着色器程序进行编译，如 16.2 节所述。前面我们讲到该函数将返回一个指向 ID3DXBuffer 接口的指针，该接口包含了经过编译的着色器代码。

注意　由于我们打算使用像素着色器，所以必须将编译目标修改为像素着色器目标(如 ps_2_0)而非顶点着色器目标(如 vs_2_0)。编译目标是通过函数 D3DXCompileShaderFromFile 中的一个参数来指定的。详情请参阅 16.2 节。

18.3.2　像素着色器的创建

一旦着色器代码经过了编译，我们就可借助下述方法获取指向 IDirect3DPixelShader9 接口的指针，该接口代表了一个像素着色器。

```
HRESULT CreatePixelShader(
 CONST DWORD * pFunction,
 IDirect3DPixelShader9** ppShader
);
```

● pFunction　指向经过编译的着色器代码的指针。

● ppShader　返回一个指向 IDirect3DPixelShader9 接口的指针。

例如，假定变量 shader 是 ID3DXBuffer 接口的对象，它包含了经过编译的着色器代码。为了获取 IDirect3DPixelShader9 接口的指针，我们可以这样做：

```
IDirect3DPixelShader9* MultiTexPS = 0;
hr = Device->CreatePixelShader(
        (DWORD*)Shader->GetBufferPointer(),
     &MultiTexPS);
```

💡 **注意**　再次强调，函数 D3DXCompileShaderFromFile 将返回经过编译的着色器代码(shader)。

18.3.3　像素着色器的设置

当获取了代表像素着色器的接口 IDirect3DPixelShader9 的指针后，我们可用下述方法将其启用：

```
HRESULT SetPixelShader(
  IDirect3DPixelShader9* pShader
);
```

该方法只接收一个参数，我们可将指向希望启用的像素着色器的指针传给该参数。为了启用我们在 18.3.2 节中创建的着色器，可以这样：

```
Device->SetPixelShader(MultiTexPS);
```

18.3.4　像素着色器的销毁

像 Direct3D 的所有其他接口一样，接口 IDirect3DPixelShader9 在使用完毕之后也必须调用其自身的 Release 方法来释放它所占用的资源。下面仍以 18.3.2 节中的像素着色器为例演示 Release 的调用方法：

```
d3d::Release<IDirect3DPixelShader9*>(MultiTexPS);
```

18.4　HLSL 采样器对象

要在像素着色器对纹理进行采样，可使用专门与 tex*相关的 HLSL 内置函数。

💡 **注意**　采样是指根据像素的纹理坐标和采样状态(texture filter state，纹理过滤器状态)来检索某一像素所对应的纹理元。

这些函数的细节请参阅 16.7 节。通常，这些函数都需要我们指定两件事：

- 用于检索纹理的纹理坐标(u, v)。
- 我们想要检索的特定纹理。

纹理坐标(u, v)当然是作为像素着色器的输入。我们想要检索的特定纹理在像素着色器中用一个特别的 HLSL 对象——采样器(sampler)来标识。我们可将 sampler 对象视作标识纹理层和采样级的对象。例如，

假定我们要使用 3 层纹理,这就意味着我们应该能够在像素着色器中引用每层纹理。在像素着色器程序中,我们可以这样写:

```
sampler FirstTex;
sampler SecondTex;
sampler ThirdTex;
```

Direct3D 将把每一个 sampler 对象唯一地与某一纹理层关联起来。在应用程序中,我们只需找出 sampler 对象所对应的纹理层,然后为该纹理层设置合适的纹理及其相应的采样器状态。下面的代码示范了如何为 FirstTex 设置纹理和采样器状态:

```
// Create texture:
IDirect3DTexture9* Tex;
D3DXCreateTextureFromFile(Device, "tex.bmp", &Tex);
⋮
// Get handle to constant:
FirstTexHandle = MultiTexCT->GetConstantByName(0, "FirstTex");

// Get a description of the constant:
D3DXCONSTANT_DESC FirstTexDesc;
UINT count;
MultiTexCT->GetConstantDesc(FirstTexHandle, &FirstTexDesc, &count);
⋮
// Set texture/sampler states for the sampler FirstTex. We identify
// the stage FirstTex is associated with from the
// D3DXCONSTANT_DESC::RegisterIndex member:
Device->SetTexture(FirstTexDesc.RegisterIndex, Tex);
Device->SetSamplerState(FirstTexDesc.RegisterIndex,
                        D3DSAMP_MAGFILTER, D3DTEXF_LINEAR);
Device->SetSamplerState(FirstTexDesc.RegisterIndex,
                        D3DSAMP_MINFILTER, D3DTEXF_LINEAR);
Device->SetSamplerState(FirstTexDesc.RegisterIndex,
                        D3DSAMP_MIPFILTER, D3DTEXF_LINEAR);
```

注意 除了使用 sampler 类型外,您还可使用更具体、类型检查更严格的 sampler1D, sampler2D, sampler3D 以及 samplerCube 类型。这些类型在类型安全上更为突出,并能够保证上述类型仅可用于相应的 tex*函数中。例如,一个 sampler2D 对象只能用在 tex2D*函数中。类似地,一个 sampler3D 对象只可用在 tex3D*函数中。

18.5　例程：像素着色器中的多重纹理

本例程将演示如何用像素着色器实现多重纹理。本例程将依照图 18.2 所示的"Result"对一个四边形进行纹理映射，方法是将板条箱纹理、聚光灯纹理和包含了字符串"Pixel Shader Sample"的纹理进行融合。

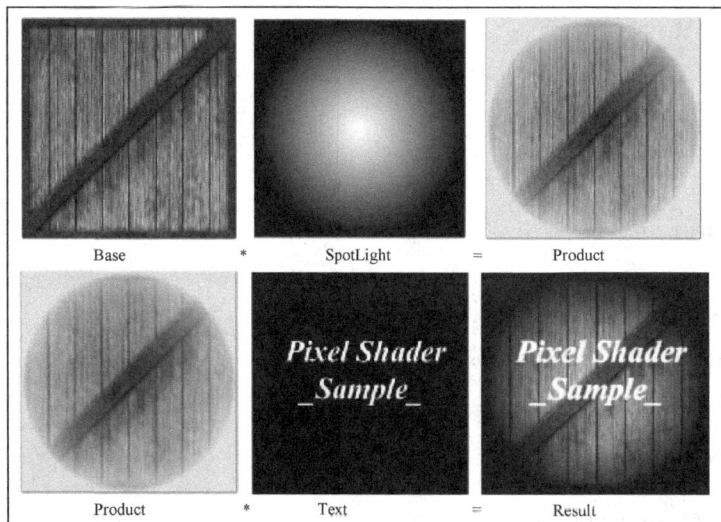

图 18.2　纹理的融合。令 b, s 和 t 分别为取自板条箱纹理、聚光灯纹理和文字纹理中相应纹理元的颜色值。我们定义这些颜色的融合方程为 $c = b \otimes s + t$，其中 $\otimes$ 代表逐个分量相乘

其实即使不使用像素着色器也能实现本例程。但是，借助像素着色器不仅可使本例程的实现简单明了，而且也使得我们在演示像素着色器的编写、创建及使用时，注意力不受其他特效算法影响。

虽然本例程一次仅使用了 3 层纹理，但回顾一下可用于每个像素着色器版本的采样器对象个数，是很有必要的。即，我们一次可使用的纹理层数由当前使用的像素着色器版本决定。

- 像素着色器版本 ps_1_1 到 ps_1_3 最多能支持 4 层纹理。
- 像素着色器版本 ps_1_4 最多能支持 6 层纹理。
- 像素着色器版本 ps_2_0 到 ps_3_0 最多能支持 16 层纹理。

实现多重纹理(包含了两层纹理)的像素着色器程序如下所示：

```
//
// File: ps_multitex.txt
//
```

```
// Desc: Pixel shader that does multi texturing.
//

//
// Globals
//

sampler BaseTex;
sampler SpotLightTex;
sampler StringTex;

//
// Structures
//


struct PS_INPUT
{
    float2 base      : TEXCOORD0;
    float2 spotlight : TEXCOORD1;
    float2 text      : TEXCOORD2;
};

struct PS_OUTPUT
{
    vector diffuse : COLOR0;
};


//
// Main
//

PS_OUTPUT Main(PS_INPUT input)
{
    // zero out members of output
    PS_OUTPUT output = (PS_OUTPUT)0;

    // sample appropriate textures
    vector b = tex2D(BaseTex,      input.base);
    vector s = tex2D(SpotLightTex, input.spotlight);
    vector t = tex2D(StringTex,    input.text);

    // combine texel colors
    vector c = b * s + t;
```

```
// increase the intensity of the pixel slightly
c += 0.1f;

// save the resulting pixel color
output.diffuse = c;

return output;
}
```

首先，像素着色器声明了 3 个 sampler 对象，每个对象对应于我们将要进行融合运算的纹理。接着我们定义了输入和输出结构。注意，像素着色器的输入中不含任何颜色值，这是因为我们所要使用的纹理仅用于上色(coloring)和光照，即 BaseTex 保存了表面的颜色值，而 SpotLightTex 是光照纹理图。像素着色器输出一个颜色值，该值表示我们为某一像素计算出的颜色值。

函数 Main 使用 tex2D 函数对 3 层纹理进行采样。即该函数根据指定的纹理坐标和 sampler 对象从每层纹理中取出将要映射到我们当前正在计算的像素中的纹理元。然后我们通过语句 c = b * s + t 对几种纹理元进行融合。接下来我们为所有像素的每个分量都增加 0.1f，以使所有像素的颜色值看起来更亮。最后，我们将像素颜色的最终值保存起来并将该值返回。

既然我们已经看过了实际的像素着色器代码，现在转而研究一下应用程序的代码。在应用程序中声明了如下与像素着色器相关的全局变量：

```
IDirect3DPixelShader9* MultiTexPS     = 0;
ID3DXConstantTable* MultiTexCT        = 0;

IDirect3DVertexBuffer9* QuadVB        = 0;

IDirect3DTexture9* BaseTex            = 0;
IDirect3DTexture9* SpotLightTex       = 0;
IDirect3DTexture9* StringTex          = 0;

D3DXHANDLE BaseTexHandle              = 0;
D3DXHANDLE SpotLightTexHandle         = 0;
D3DXHANDLE StringTexHandle            = 0;

D3DXCONSTANT_DESC BaseTexDesc;
D3DXCONSTANT_DESC SpotLightTexDesc;
D3DXCONSTANT_DESC StringTexDesc;
```

该多重纹理例程中所使用的顶点结构定义如下：

```
struct MultiTexVertex
{
 MultiTexVertex(float x, float y, float z,
```

```
        float u0, float v0,
        float u1, float v1,
        float u2, float v2)
{
        _x = x;  _y = y;  _z = z;
        _u0 = u0;  _v0 = v0;
        _u1 = u1;  _v1 = v1;
        _u2 = u2,  _v2 = v2;
}

 float _x, _y, _z;
 float _u0, _v0;
 float _u1, _v1;
 float _u2, _v2;

 static const DWORD FVF;
};
const DWORD MultiTexVertex::FVF = D3DFVF_XYZ | D3DFVF_TEX3;
```

注意，该结构中包含了 3 个纹理坐标对。

Setup 函数主要完成了以下工作：

● 填充表示四边形的顶点缓存。
● 编译像素着色器。
● 创建像素着色器。
● 加载纹理。
● 设置投影矩阵并禁用光照。
● 获取采样器对象的句柄。
● 获取采样器对象的描述信息。

```
bool Setup()
{
 HRESULT hr = 0;

 //
 // Create geometry.
 //

 Device->CreateVertexBuffer(
      6 * sizeof(MultiTexVertex),
      D3DUSAGE_WRITEONLY,
      MultiTexVertex::FVF,
      D3DPOOL_MANAGED,
      &QuadVB,
```

```
    0);

MultiTexVertex* v = 0;
QuadVB->Lock(0, 0, (void**)&v, 0);

v[0] = MultiTexVertex(-10.0f, -10.0f, 5.0f, 0.0f, 1.0f,
                                0.0f, 1.0f, 0.0f, 1.0f);
v[1] = MultiTexVertex(-10.0f,  10.0f, 5.0f, 0.0f, 0.0f,
                                0.0f, 0.0f, 0.0f, 0.0f);
v[2] = MultiTexVertex(  10.0f,  10.0f, 5.0f, 1.0f, 0.0f,
                                1.0f, 0.0f, 1.0f, 0.0f);

v[3] = MultiTexVertex(-10.0f, -10.0f, 5.0f, 0.0f, 1.0f,
                                0.0f, 1.0f, 0.0f, 1.0f);
v[4] = MultiTexVertex( 10.0f,  10.0f, 5.0f, 1.0f, 0.0f, 1.0f,
                                0.0f, 1.0f, 0.0f);
v[5] = MultiTexVertex(  10.0f, -10.0f, 5.0f, 1.0f, 1.0f,
                                1.0f, 1.0f, 1.0f, 1.0f);

QuadVB->Unlock();

//
// Compile shader
//

ID3DXBuffer* shader      = 0;
ID3DXBuffer* errorBuffer = 0;

hr = D3DXCompileShaderFromFile(
    "ps_multitex.txt",
    0,
    0,
    "Main", // entry point function name
    "ps_1_1",
    D3DXSHADER_DEBUG,
    &shader,
    &errorBuffer,
    &MultiTexCT);

// output any error messages
if( errorBuffer )
{
    ::MessageBox(0, (char*)errorBuffer->GetBufferPointer(), 0, 0);
    d3d::Release<ID3DXBuffer*>(errorBuffer);
```

```
}

if(FAILED(hr))
{
    ::MessageBox(0, "D3DXCompileShaderFromFile() - FAILED", 0, 0);
    return false;
}

//
// Create Pixel Shader
//
hr = Device->CreatePixelShader(
    (DWORD*)shader->GetBufferPointer(),
    &MultiTexPS);

if(FAILED(hr))
{
    ::MessageBox(0, "CreateVertexShader - FAILED", 0, 0);
    return false;
}

d3d::Release<ID3DXBuffer*>(shader);

//
// Load textures.
//

D3DXCreateTextureFromFile(Device, "crate.bmp", &BaseTex);
D3DXCreateTextureFromFile(Device, "spotlight.bmp", &SpotLightTex);
D3DXCreateTextureFromFile(Device, "text.bmp", &StringTex);

//
// Set Projection Matrix
//

D3DXMATRIX P;
D3DXMatrixPerspectiveFovLH(
        &P,  D3DX_PI * 0.25f,
        (float)Width / (float)Height, 1.0f, 1000.0f);

Device->SetTransform(D3DTS_PROJECTION, &P);

//
// Disable lighting.
//
```

```
Device->SetRenderState(D3DRS_LIGHTING, false);

//
// Get Handles
//

BaseTexHandle       = MultiTexCT->GetConstantByName(0, "BaseTex");
SpotLightTexHandle  = MultiTexCT->GetConstantByName(0, "SpotLightTex");
StringTexHandle     = MultiTexCT->GetConstantByName(0, "StringTex");

//
// Set constant descriptions:
//

UINT count;

MultiTexCT->GetConstantDesc(BaseTexHandle,
                            &BaseTexDesc, &count);
MultiTexCT->GetConstantDesc(SpotLightTexHandle,
                            &SpotLightTexDesc, &count);
MultiTexCT->GetConstantDesc(StringTexHandle,
                            &StringTexDesc, &count);
MultiTexCT->SetDefaults(Device);

return true;
}
```

Display 函数对像素着色器进行了设置，启用了两层纹理，并在绘制四边形之前，设置了这些纹理相应的采样器状态。

```
bool Display(float timeDelta)
{
 if( Device )
 {
    //
    // Update the scene: Allow user to rotate around scene.
    //

    static float angle  = (3.0f * D3DX_PI) / 2.0f;
    static float radius = 20.0f;

    if( ::GetAsyncKeyState(VK_LEFT) & 0x8000f )
        angle -= 0.5f * timeDelta;

    if( ::GetAsyncKeyState(VK_RIGHT) & 0x8000f )
```

```
        angle += 0.5f * timeDelta;

if( ::GetAsyncKeyState(VK_UP) & 0x8000f )
    radius -= 2.0f * timeDelta;

if( ::GetAsyncKeyState(VK_DOWN) & 0x8000f )
    radius += 2.0f * timeDelta;

D3DXVECTOR3 position( cosf(angle) * radius, 0.0f, sinf(angle) * radius );
D3DXVECTOR3 target(0.0f, 0.0f, 0.0f);
D3DXVECTOR3 up(0.0f, 1.0f, 0.0f);
D3DXMATRIX V;
D3DXMatrixLookAtLH(&V, &position, &target, &up);

Device->SetTransform(D3DTS_VIEW, &V);

//
// Render
//

Device->Clear(0, 0, D3DCLEAR_TARGET | D3DCLEAR_ZBUFFER, 0xffffffff, 1.0f, 0);
Device->BeginScene();

Device->SetPixelShader(MultiTexPS);
Device->SetFVF(MultiTexVertex::FVF);
Device->SetStreamSource(0, QuadVB, 0, sizeof(MultiTexVertex));

// base tex
Device->SetTexture(BaseTexDesc.RegisterIndex, BaseTex);
Device->SetSamplerState(BaseTexDesc.RegisterIndex, D3DSAMP_MAGFILTER,
                        D3DTEXF_LINEAR);
Device->SetSamplerState(BaseTexDesc.RegisterIndex, D3DSAMP_MINFILTER,
                        D3DTEXF_LINEAR);
Device->SetSamplerState(BaseTexDesc.RegisterIndex, D3DSAMP_MIPFILTER,
                        D3DTEXF_LINEAR);

// spotlight tex
Device->SetTexture(SpotLightTexDesc.RegisterIndex, SpotLightTex);
Device->SetSamplerState(SpotLightTexDesc.RegisterIndex, D3DSAMP_MAGFILTER,
                        D3DTEXF_LINEAR);
Device->SetSamplerState(SpotLightTexDesc.RegisterIndex, D3DSAMP_MINFILTER,
                        D3DTEXF_LINEAR);
Device->SetSamplerState(SpotLightTexDesc.RegisterIndex, D3DSAMP_MIPFILTER,
                        D3DTEXF_LINEAR);
```

```
// string tex
Device->SetTexture(StringTexDesc.RegisterIndex, StringTex);
Device->SetSamplerState(StringTexDesc.RegisterIndex, D3DSAMP_MAGFILTER,
                        D3DTEXF_LINEAR);
Device->SetSamplerState(StringTexDesc.RegisterIndex, D3DSAMP_MINFILTER,
                        D3DTEXF_LINEAR);
Device->SetSamplerState(StringTexDesc.RegisterIndex, D3DSAMP_MIPFILTER,
                        D3DTEXF_LINEAR);

Device->DrawPrimitive(D3DPT_TRIANGLELIST, 0, 2);

Device->EndScene();
Device->Present(0, 0, 0, 0);
}
return true;
}
```

当然，我们一定不要忘记在 Cleanup 函数中释放已分配内存的接口。

```
void Cleanup()
{
d3d::Release<IDirect3DVertexBuffer9*>(QuadVB);

d3d::Release<IDirect3DTexture9*>(BaseTex);
d3d::Release<IDirect3DTexture9*>(SpotLightTex);
d3d::Release<IDirect3DTexture9*>(StringTex);

d3d::Release<IDirect3DPixelShader9*>(MultiTexPS);
d3d::Release<ID3DXConstantTable*>(MultiTexCT);
}
```

18.6　小　结

- 像素着色器取代了固定功能流水线中的多重纹理环节，而且它赋予了我们以任何方式直接操纵单个像素以及访问每个像素的纹理坐标的能力。这样，我们就能够实现许多固定功能流水线所无法实现的特殊效果。
- 多重纹理是一个同时启用多个纹理、并将这些纹理融合以产生预期结果的过程。多重纹理一般用于对静态几何体实现一个完整的光照计算引擎。
- HLSL 的内置 sampler 对象标识了一个特定纹理层/采样级。sampler 对象主要用于从像素着色器中引用某一纹理层/采样级。

注意　　当您理解了如何实现顶点着色器和像素着色器之后，接下来您可能想进一步了解使用这两种着色器能够实现哪些效果。最好的方式就是研究一下现有的各种效果。Worldware 出版公司发行的 *Direct3D ShaderX: Vertex and Pixel Shader Tips and Tricks*(作者为 Wolfgang Engel)将是一个很好的起点，另外再向您推荐 nVIDIA 和 ATI 的开发者网站，它们分别是 *http://developer.nvidia.com/* 和 *http://ati.com/developer/index.html*。此外，我们还想推荐由 Randima Fernando 和 Mark J. Kilgard 合著的 *CG: The Cg Tutorial* 一书。这本书是一部关于可编程 3D 图形学的极好的入门教程，该书使用了高级图形编程语言 Cg，该语言的实际功能与 HLSL 完全相同。

19

效果框架

　　一种绘制效果通常由以下几部件构成:一个顶点着色器和一个像素着色器、一个需要设置的设备状态列表、一条或多条绘制路径(rendering pass)。而且,我们希望采用一种低效运行机制(fallback mechanism)针对不同级别的图形硬件的绘制效果(即,在现有硬件条件下,物尽其用,实现与理想效果尽可能接近的效果)。很清楚,所有的绘制任务都是与某一种效果相关。所以,将这些任务封装到一个单元中是比较符合逻辑的。

　　Direct3D 效果框架(effects framework)为上述的任务封装提供了一种机制,该机制能够将与绘制效果相关的任务封装到一个效果文件(effect file)中。在效果文件中实现各种效果有诸多优点。其中之一是无需重新编译应用程序源代码便可改变某种效果的实现。这样就使得效果的更新过程,无论是修正 bug、简单的效果增强或利用最新的 3D 硬件性能等都变得更容易。其次,它把与效果有关的所有部件都封装到了一个文件中,这就为程序的维护带来了极大的便利。

　　本章将引导您掌握编写和创建效果文件的必要信息和步骤。注意,效果文件也可以像 HLSL 程序一样保存在任何 ASCII 格式的文件中。

学习目标

- 理解效果文件的结构和组织方式
- 了解 HLSL 中的一些附加内置对象
- 了解如何在效果文件中指定设备状态
- 了解如何创建和使用效果文件
- 通过研究例程,获得一些效果框架的使用经验

19.1　手法与路径

一个效果文件中包含了一种或多种手法(technique)。手法是绘制某些特效的特定方法。即效果文件为

绘制同样的特效提供了一种或多种不同的方式。为什么同样的效果要有多种不同的实现方式？这是由于一些硬件可能不支持某种效果的具体实现。所以，很有必要针对不同级别的硬件实现同样效果的不同版本。

注意　例如，我们可能想实现某种效果的两个版本，一种用着色器实现，另一种用固定功能流水线实现。按照这种方式，如果用户的图形卡支持着色器，就可利用着色器实现，其余情况则使用固定流水线实现。

这种可在一个效果文件中实现某种效果的所有不同版本的能力使得我们可以将全部效果进行完整地封装，封装也正是效果框架的目标之一。

每种手法都包含了一条或多条绘制路径(rendering pass)。绘制路径封装了设备状态、采样器以及(或)用于为该条特定绘制路径绘制几何体的着色器。

注意　效果并不局限于在可编程流水线中使用。例如，效果也可用于固定功能流水线中对设备状态(如光照、材质和纹理等)进行控制。

使用多条路径的原因是由于要想实现某些特效，必须对每条路径，以不同的绘制状态和着色器将同一几何体进行多次绘制。例如，在第 8 章中，为了获得镜面反射效果，我们在每帧图像中都用不同的绘制状态对相同的几何体进行了多次绘制。

下面是一个效果文件的例子，这只是一个具有两种手法的框架，其中第一种手法包含了一条路径，而第二种手法包含了两条路径：

```
// effect.txt
...
Technique T0
{
    // first and only Pass for this Technique
    Pass P0
    {
        ...[specify Pass device states, Shaders, samplers, etc.]
    }

}

Technique T1
{
    // first Pass
    Pass P0
    {
        ...[specify Pass device states, Shaders, samplers, etc.]
```

```
}

    // second Pass
    Pass P1
    {
        ...[specify Pass device states, Shaders, samplers, etc.]
    }
}
```

19.2   更多 HLSL 的内置对象

在 HLSL 中,有一些附加的内置对象类型。在前面我们没有对这些类型进行介绍是因为它们主要应用在效果框架中。

19.2.1   纹理对象

HLSL 的内置 texture 对象代表了一个 IDirect3DTexture9 类型的接口对象。通过使用 texture 对象,我们便可直接在效果文件中将该纹理与某个特定采样级关联起来。texture 对象拥有如下可被访问的数据成员:

- type   纹理的类型(例如 2D 或 3D)。
- format   纹理的像素格式。
- width   纹理的宽度,单位为像素。
- height   纹理的高度,单位为像素。
- depth   纹理的深度值(如果纹理为一个 3D 立体纹理),单位为像素。

题外话   到目前为止,我们仅用纹理来保存图像数据,但是当您接触到一些高级技术时,您会发现纹理可用来保存任意的表格信息。纹理只是一个数据表,但该表格中不一定非得存放图像数据。例如,在凹凸纹理映射中,我们使用了法线图(normal map),该法线图就是一个保存了法向量的纹理图。

19.2.2   采样器对象与采样器状态

在第 18 章中,我们讨论了 sampler 对象,但是,效果框架提出了一个新的关键词 sampler_state。通过使用该关键词,我们可以对一个 sampler 对象进行初始化(即直接为一个效果文件中的 sampler 对象设置纹理和采样器状态)。下面的例子说明了这一点。

```
Texture Tex;
```

```
sampler S0 = sampler_state
{
    Texture     = (Tex);
    MinFilter = LINEAR;
    MagFilter = LINEAR;
    MipFilter = LINEAR;
};
```

在上面的代码中，我们将纹理 Tex 与 S0 所对应的纹理层建立了关联，而且为了与 S0 所对应的采样级设置了采样器状态。在效果文件中完成这些设置很简捷明了吧！

19.2.3 顶点着色器对象和像素着色器对象

HLSL 中的内置类型 vertexshader 和 pixelshader 分别代表顶点着色器和像素着色器。在效果框架中，它们被用来引用在特定绘制路径中使用的特定顶点着色器或像素着色器。Vertexshader 或 pixelshader 类型可在应用程序中借助接口 ID3DXEffect 用方法 ID3DXEffect:: SetVertexShader 和 ID3DXEffect::SetPixelShader 分别进行设置。例如，假定 Effect 是一个合法的 ID3DXEffect 对象，并设 VSHandle 是一个引用了效果文件中的一个 vertexshader 对象的 D3DXHANDLE 类型的句柄，那么我们可以这样初始化 VSHandle 所引用的那个顶点着色器：

```
Effect->SetVertexShader(VSHandle, VS);
```

当我们研究如何在应用程序中对效果文件中的变量进行设置时，我们将对方法 SetVertexShader 和 SetPixelShader 展开更多的讨论。

我们也可将顶点着色器和像素着色器直接写入效果文件。然后通过使用一种专门的编译语法来对着色器变量进行设置。下面的例子说明了如何初始化一个 pixelshader 类型的变量 ps。

```
// Define Main:
OUTPUT Main(INPUT input){...}

// Compile Main:
PixelShader ps = compile ps_2_0 Main();
```

您可看到，在 compile 关键字之后，我们指定了版本名，最后才是着色器的入口函数。注意，当使用这种风格来初始化一个顶点着色器或像素着色器对象时，入口函数必须定义在效果文件中。

最后，我们按如下方式将一个着色器与某一特定路径建立关联：

```
// Define Main:
OUTPUT Main(INPUT input){...}

// Compile Main:
```

```
VertexShader vs = compile vs_2_0 Main();

Pass P0
{

    // Set 'vs' as the Vertex Shader for this Pass.
    VertexShader = (vs);

...
}
```

或者写成更紧凑的形式：

```
Pass P0
{
// Set the Vertex Shader whose entry point is "Main()" as the
// Vertex Shader for this Pass.
VertexShader = compile vs_2_0 Main();

    ...
}
```

💡 **注意**　*值得一提的是，您至少应该了解，我们也可用如下语法来对 vertexshader 类型和 pixelshader 类型的变量进行初始化：*

```
vertexShader vs =  asm { /* assembly instructions go here */ };
pixelShader  ps =  asm { /* assembly instructions go here */ };
```

如果您用汇编语言来编写着色器时，就需要使用该语法。

19.2.4　字符串

最后，还有一个可用的字符串对象：

```
string filename = "texName.bmp";
```

虽然 string 类型不为任何 HLSL 的函数所使用，但它们可被应用程序读取。这样，我们就可进一步将多个引用封装到一种效果所使用的数据文件中，例如纹理文件名和 XFile 文件名。

19.2.5　注释

除了前面我们已经讨论过的语义语法，还可为变量附加注释(annotations)。注释并非为 HLSL 准备的，但是应用程序可通过效果框架来访问这些注释。它们仅仅是将应用程序为某一变量添加的"说明"与该变量建立关联。可用语法<annotation>为变量添加注释，下面是一个例子。

```
texture tex0 < string name = "tiger.bmp"; >;
```

本例中的注释为<string name = "tiger.bmp"; >。这样就可将一个字符串(即保存了纹理数据的文件名)与变量 tex0 建立关联。显然，将一个纹理对象所对应的文件名作为该对象的注释是很有好处的。

应用程序可通过如下方法来获取效果文件中的注释：

```
D3DXHANDLE ID3DXEffect::GetAnnotationByName(
    D3DXHANDLE      hObject,
    LPCSTR          pName
);
```

其中，pName 是我们想要获取其句柄的注释名，hObject 是该注释所在的父代码段(parent block，如手法、路径或顶级参数)的句柄。一旦获取了注释的句柄，我们就可用方法 ID3DEffect::GetParameterDesc 来填充 D3DXCONSTANT_DESC 结构。详情请参阅 DirectX SDK 文档。

19.3   效果文件中的设备状态

通常，要想正确地实现某种效果，我们必须对设备状态(例如绘制状态、纹理状态、材质、光照、纹理等)进行设置。为了支持将某一完整的效果封装在一个效果文件中的这种能力，效果框架允许我们在效果文件中对设备状态进行设置。设备状态的设置应位于某一绘制路径代码段中，语法如下所示：

```
State = Value;
```

要想看到状态的完整清单，您可在 DirectX SDK 文档的【索引】选项卡中输入"states"然后查询；您也可在目录选项卡中按照如下路径 DirectX Graphics\Direct3D 9\Reference\Effect Reference\Effect Format\Effect States 来查找。

现在我们来看 FillMode 状态。如果您按照上述方法对该状态进行查询，可以了解到该值与枚举类型 D3DFILLMODE 中的成员基本相同，唯一的区别是前者没有前缀 D3DFILL_。如果在 SDK 文档中查找枚举类型 D3DFILLMODE，我们将看到该类型具有下列成员：D3DFILL_POINT、D3DFILL_WIREFRAME、D3DFILL_SOLID。因此，对于效果文件，我们只需将这些成员的前缀去掉，就得到了 FillMode 的下列合法值：POINT、WIREFRAME 和 SOLID。例如，我们可在效果文件中使用这些值。

```
FillMode = WIREFRAME;
FillMode = POINT;
FillMode = SOLID;
```

注意   在接下来的一节中，我们将在例程中设置几种不同的设备状态。在大多数情况下，我们都能够根据状态名推断出其含义。如果您还想了解更多细节，请参阅 SDK 文档。

19.4 创建一种效果

效果可用 **ID3DXEffet** 接口来表示，该接口可用如下 D3DX 方法来创建：

```
HRESULT D3DXCreateEffectFromFile(
    LPDIRECT3DDEVICE9 pDevice,
    LPCTSTR pSrcFile,
    CONST D3DXMACRO * pDefines,
    LPD3DXINCLUDE pInclude,
    DWORD Flags,
    LPD3DXEFFECTPOOL pPool,
    LPD3DXEFFECT * ppEffect,
    LPD3DXBUFFER * ppCompilationErrors
);
```

- pDevice 与所创建的 **ID3DXEffect** 接口关联的设备指针。
- pSrcFile 包含了我们想要编译的效果源代码的文本文件(即效果文件)名。
- pDefines 该参数可选，本书中将其指定为 NULL。
- pInclude 指向接口 **ID3DXInclude** 的指针。该接口应由应用程序实现，这样我们就可重载默认的 include 行为。通常，默认行为已满足要求，我们通过将该参数指定为 NULL 而将其忽略。
- Flags 用于编译效果文件中的着色器的可选标记。若指定为 0，表示不使用任何选项。合法的选项包括：
    - **D3DXSHADER_DEBUG** 指示编译器写入调试信息。
    - **D3DXSHADER_SKIPVALIDATION** 指示编译器不要进行任何代码验证。仅当您正在使用一个已确定可用的着色器时，该参数才被使用。
    - **D3DXSHADER_SKIPOPTIMIZATION** 指示编译器不要对代码做任何优化。实际上，仅在调试时该选项有用，因为调试时您不希望编译器对代码做任何改动。
- pPool 该参数可选，是一个指向 **ID3DXEffectPool** 接口的指针，该接口用于定义效果参数如何被其他效果实例共享。本书中，我们将该参数指定为 NULL，表明在效果文件之间不对该参数进行共享。
- ppEffect 返回一个指向 **ID3DXEffect** 接口的指针，该接口代表了所创建的效果。
- ppCompilationErrors 返回一个指向 **ID3DXBuffer** 接口的指针，该接口包含了一个存储了错误代码和消息的字符串。

下面是一个调用函数 **D3DXCreateEffectFromFile** 的例子。

```
//
// Create effect.
//

ID3DXBuffer* errorBuffer = 0;
hr = D3DXCreateEffectFromFile(
    Device,                      // associated device
    "effect.txt",                // source filename
    0,                           // no preprocessor definitions
    0,                           // no ID3DXInclude interface
    D3DXSHADER_DEBUG,            // compile flags
    0,                           // don't share parameters
    &Effect,                     // return result
    &errorBuffer);               // return error strings

// output any error messages
if( errorBuffer )
{
    ::MessageBox(0, (char*)errorBuffer->GetBufferPointer(), 0, 0);
    d3d::Release<ID3DXBuffer*>(errorBuffer);
}

if(FAILED(hr))
{
    ::MessageBox(0, "D3DXCreateEffectFromFile() - FAILED", 0, 0);
    return false;
}
```

19.5 常量的设置

与顶点着色器和像素着色器类似，我们也需要在应用程序的源代码中对效果源代码中的变量进行初始化。但是，我们并打算不像顶点着色器和像素着色器那样借助常量表来完成任务，这是因为 ID3DXEffect 接口本身就拥有一些进行变量设置的内置方法。我们不打算将这类方法全部列出来，因为它们实在是太多了，详情请参阅 DirectX SDK 文档。下面是一个节选的方法清单。

HRESULT ID3DXEffect::SetFloat(
    D3DXHANDLE hParameter,
    FLOAT f);
	将效果文件中用 hParameter 标识的那个浮点类型的变量设置为 f

HRESULT ID3DXEffect::SetMatrix(D3DXHANDLE hParameter,	将效果文件中用 hParameter 标识的那个矩阵变量设置为 pMatrix 所指向的值

``CONST D3DXMATRIX* pMatrix
);```	将效果文件中用 hParameter 标识的那个矩阵变量设置为 pMatrix 所指向的值
``HRESULT ID3DXEffect::SetString(
D3DXHANDLE hParameter,
CONST LPCSTR pString
);```	将效果文件中用 hParameter 标识的那个字符串变量设置为 pString 所指向的值
``HRESULT ID3DXEffect::SetTexture(
D3DXHANDLE hParameter,
LPDIRECT3DBASETEXTURE9 pTexture
);```	将效果文件中用 hParameter 标识的那个纹理变量设置为 pTexture 所指向的值
``HRESULT ID3DXEffect::SetVector(
D3DXHANDLE hParameter,
CONST D3DXVECTOR4* pVector
);```	将效果文件中用 hParameter 标识的那个向量类型的变量设置为 pVector 所指向的值
``HRESULT ID3DXEffect::SetVertexShader(
D3DXHANDLE hParameter,
LPDIRECT3DVERTEXSHADER9
pVertexShader
);```	将效果文件中用 hParameter 标识的那个顶点着色器变量设置为 pVertexShader 所指向的值
``HRESULT ID3DXEffect::SetPixelShader(
D3DXHANDLE hParameter,
LPDIRECT3DPIXELSHADER9 pPShader
);```	将效果文件中用 hParameter 标识的那个像素着色器变量设置为 pPShader 所指向的值

我们可用如下方法来获取效果文件中变量(亦称为效果参数)的句柄:

```
D3DXHANDLE ID3DXEffect::GetParameterByName(
    D3DXHANDLE hParameter,    //scope of variable - parent structure
    LPCSTR pName              // name of the variable
);
```

该函数的签名与方法 ID3DXConstantTable::GetConstantByName 完全相同。即第一个参数是一个 D3DXHANDLE 类型的句柄，它标识了那个包含了我们希望获取其句柄的变量的父结构。对于没有父结构的全局变量，我们将第一个参数设为 NULL。第二个参数是出现在效果文件中的变量名。

下面的例子演示了如何对效果文件中的变量进行设置。

```
// some data to set
```

```
D3DXMATRIX M;
D3DXMatrixIdentity(&M);

D3DXVECTOR4 color(1.0f, 0.0f, 1.0f, 1.0f);

IDirect3DTexture9* tex = 0;
D3DXCreateTextureFromFile(Device, "shade.bmp", &tex);

// get handles to parameters
D3DXHANDLE MatrixHandle = Effect->GetParameterByName(0, "Matrix");
D3DXHANDLE MtrlHandle = Effect->GetParameterByName(0, "Mtrl");
D3DXHANDLE TexHandle = Effect->GetParameterByName(0, "Tex");

// set parameters
Effect->SetMatrix(MatrixHandle, &M);
Effect->SetVector(MtrlHandle, &color);
Effect->SetTexture(TexHandle, tex);
```

注意　对于每个 ID3DXEffect::Set*方法，相应地都有一个 ID3DXEffet::Get*方法。后者可用于获取效果文件中的效果变量的值。例如，要想获取一个矩阵变量的值，可用如下方法：

```
HRESULT ID3DXEffect::GetMatrix(
    D3DXHANDLE hParameter,
    D3DXMATRIX* pMatrix
);
```

全部方法的清单请参阅 DirectX SDK 文档。

19.6　使用一种效果

在本节中，我们将演示效果创建之后，如何加以使用。下面的步骤概括了整个过程。

(1)　获取效果文件中您希望使用的手法(technique)的句柄。

(2)　激活希望采用的手法。

(3)　启用当前处于活动状态的手法。

(4)　对于活动手法中的每一条绘制路径，绘制目标几何体。一种手法可能包含多条绘制路径，所以我们必须在每条绘制路径中将几何体绘制一次。

(5)　终止当前处于活动状态的手法。

19.6.1　效果句柄的获取

使用某种手法的第一步是获取该手法的 **D3DXHANDLE** 句柄，可借助下述方法来完成：

```
D3DXHANDLE ID3DXEffect::GetTechniqueByName(
    LPCSTR pName // Name of the technique
);
```

💡 **注意**　实际应用中，一个效果文件一般都包含多种手法，每种手法与硬件性能的一个特定子集相对
应。所以，应用程序通常需要在系统中进行一些硬件性能测试，然后基于该测试选出最佳的
手法。请参阅下一小节中的 **ID3DXEffect::ValidateTechnique** 方法。

19.6.2　效果的激活

一旦获取了所要采取的手法的句柄，接下来我们必须激活(Activating)该手法。可用如下方法来完成：

```
HRESULT ID3DXEffect::SetTechnique(
    D3DXHANDLE hTechnique // Handle to the technique to set.
);
```

💡 **注意**　在激活一个手法之前，必须用当前设备对其进行验证。即您需要确保硬件支持该手法所要用
到的功能以及这些功能的配置。可借助如下方法来完成验证：

```
HRESULT ID3DXEffect::ValidateTechnique(
    D3DXHANDLE hTechnique //Handle to the technique to validate.
);
```

前面我们提到，一个效果文件中可能会有多个不同手法，每个手法都能够利用不同的硬件功
能来实现某种特效，而且希望用户的系统至少能支持一个手法的实现。对于一种效果，您需
要遍历所有的手法，对每个手法调用 **ID3DXEffect::ValidateTechnique** 方法，这样您就能确认
哪些手法为设备所支持，然后您就可正常使用那些得到支持的手法了。

19.6.3　效果的启用

为了使用某种效果绘制几何体，我们必须将所有的绘制函数调用都写在函数 **ID3DXEffect::Begin** 和
ID3DXEffect::End 之间。这些函数实质上分别起到了启用(enable)和禁用(disable)的功能。

```
HRESULT ID3DXEffect::Begin(
    UINT* pPasses,
    DWORD Flags
);
```

- ● pPasses 返回当前处于活动状态的手法中的路径数目。
- ● Flags 该参数可取自下列任何标记:
  - ◆ Zero(0) 指示效果要保存当前设备状态和着色器状态,并在效果完成后(调用 ID3DXEffect::End 函数后)恢复这些状态。这很有用,因为效果文件可能会改变这些状态,而且在启用该效果之前恢复这些状态是很明智的。
  - ◆ D3DXFX_DONOTSAVESTATE 指示效果不保存也不必恢复设备状态(着色器状态除外)。
  - ◆ D3DXFX_DONOTSAVESHADERSTATE 指示效果不保存也不必恢复着色器状态。

19.6.4 当前绘制路径的设置

在我们使用一种效果绘制任何几何体之前,我们必须指定所要使用的绘制路径。前面提到一个手法可能包含一条或多条绘制路径,每条路径都封装了不同的设备状态、采样器,或在那条路径中使用的着色器。在应用程序中指定活动路径的方法为:在绘制几何体之前,应首先调用 ID3DXEffect::BeginPass 方法,该方法接收一个标识了当前活动路径的参数,几何体绘制完毕后,还必须调用 ID3DXEffect::EndPass 方法来终止当前活动路径。即 ID3DXEffect::BeginPass 方法和 ID3DXEffect::EndPass 方法必须成对出现,完成实际绘制的代码应放在这两个函数之间,而且这两个函数必须位于函数对 ID3DXEffect::Begin 和 ID3DXEffect::End 之间。

下面列出了 BeginPass 和 EndPass 方法的原型:

```
HRESULT ID3DXEffect::BeginPass(
    UINT Pass   //Index identifying the pass
);
HRESULT EndPass();
```

19.6.5 效果的终止

最终,当在每条路径中绘制完几何体后,我们应调用函数 ID3DXEffect::End 来禁用或终止该效果:

```
HRESULT ID3DXEffect::End(VOID);
```

19.6.6 一个例子

下面的代码段演示了使用一种效果的上述 5 个步骤。

```
// In effect file:
technique T0
{
    Pass P0
    {
    ...
    }
```

```
}
=================================

// In application source code:

// Get technique handle.
D3DXHANDLE hTech = 0;
hTech = Effect->GetTechniqueByName("T0");

// Activate technique.
Effect->SetTechnique(hTech );

// Begin the active technique.
UINT numPasses = 0;
Effect->Begin(&numPasses, 0);

// For each rendering Pass.
for(int i = 0; i < numPasses; i++)
{
    // Set the current pass.
    Effect->BeginPass(i);

    // Render the geometry for the ith Pass.
Sphere->Draw();

// End current active pass.
Effect->EndPass();
}
// End the effect
Effect->End();
```

19.7　例程：效果文件中的光照和纹理

作为热身练习，我们来创建一个能够处理 3D 模型的光照和纹理的效果文件。该例程是完全运行在固定功能流水线中的，这也就意味着该效果框架并不局限于使用着色器才能实现的那些效果。图 19.1 展示了例程 Lighting and Texturing 的屏幕截图。

效果文件的实现如下：

```
//
// File: light_tex.txt
//
// Desc: Effect file that handles device states for lighting and texturing
```

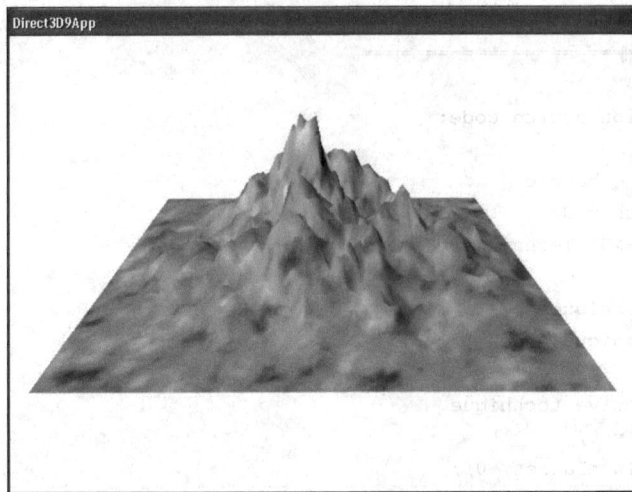

图 19.1 例程 Lighting and Texturing 的屏幕截图。其中，纹理、材质以及光照状态都已在效果文件内部指定

```
//       a 3D model.
//

//
// Globals
//

matrix WorldMatrix;
matrix ViewMatrix;
matrix ProjMatrix;

texture Tex;


//
// Sampler
//

sampler S0 = sampler_state
{
    Texture  = (Tex);
    MinFilter = LINEAR;
    MagFilter = LINEAR;
    MipFilter = LINEAR;
};
```

```
//
// Effect
//

technique LightAndTexture
{
    pass P0
    {
        //
        // Set Misc render states.

        pixelshader        = null;
        vertexshader       = null;
        fvf                = XYZ | Normal | Tex1;
        Lighting           = true;
        NormalizeNormals   = true;
        SpecularEnable     = false;


        //
        // Set Transformation States

        WorldTransform[0]  = (WorldMatrix);
        ViewTransform      = (ViewMatrix);
        ProjectionTransform = (ProjMatrix);


        //
        // Set a light source at light index 0.  We fill out all the
        // components for light[0] because  The Direct3D
        // documentation recommends us to fill out all components
        // for best performance.

        LightType[0]          = Directional;
        LightAmbient[0]       = {0.2f,  0.2f,  0.2f,  1.0f};
        LightDiffuse[0]       = {1.0f,  1.0f,  1.0f,  1.0f};
        LightSpecular[0]      = {0.0f,  0.0f,  0.0f,  1.0f};
        LightDirection[0]     = {1.0f, -1.0f,  1.0f,  0.0f};
        LightPosition[0]      = {0.0f,  0.0f,  0.0f,  0.0f};
        LightFalloff[0]       = 0.0f;
        LightRange[0]         = 0.0f;
        LightTheta[0]         = 0.0f;
        LightPhi[0]           = 0.0f;
        LightAttenuation0[0]  = 1.0f;
        LightAttenuation1[0]  = 0.0f;
```

```
          LightAttenuation2[0] = 0.0f;

          // Finally, enable the light:

          LightEnable[0] = true;

          //
          // Set Material components.  This is like calling
          // IDirect3DDevice9::SetMaterial.

          MaterialAmbient = {1.0f, 1.0f, 1.0f, 1.0f};
          MaterialDiffuse = {1.0f, 1.0f, 1.0f, 1.0f};
          MaterialEmissive= {0.0f, 0.0f, 0.0f, 0.0f};
          MaterialPower   = 1.0f;
          MaterialSpecular= {1.0f, 1.0f, 1.0f, 1.0f};


          //
          // Hook up the sampler object to sampler stage 0,
          // which is given by Sampler[0].

          Sampler[0] = (S0);

     }
}
```

在该效果文件中，我们主要对绘制状态进行了设置，相关内容已在 19.3 节中讲解过。例如，我们在效果文件中直接设置了光源和材质。而且我们还可以指定变换矩阵、纹理以及将要应用的采样器状态。这些指定的状态将应用于使用手法 LightAndTexture 以及绘制路径 P0 绘制的任何几何体。

💡 **注意**　为了引用效果文件中的变量，我们必须将那些变量用括号括起来。例如，要引用矩阵变量，我们必须这样写：(WorldMatrix)、(ViewMatrix)、(ProjMatrix)。如果变量不加括号，则为非法。

由于大部分必需的繁琐工作(例如光照、材质和纹理的设置)都是在效果文件中完成的，应用程序所要做的仅仅是创建并启用该效果。该例程中与效果文件相关的全局变量包括：

```
ID3DXEffect* LightTexEffect      = 0;

D3DXHANDLE WorldMatrixHandle   = 0;
D3DXHANDLE ViewMatrixHandle    = 0;
D3DXHANDLE ProjMatrixHandle    = 0;
D3DXHANDLE TexHandle           = 0;
```

```
D3DXHANDLE LightTexTechHandle   = 0;
```

上面这些变量并无特别之处，仅仅包括了一个 **ID3DXEffect** 类型的指针以及一些句柄。
LightTexTechHandle 是一个指向某一个手法(technique)的句柄，所以其名称中含有 "Tech"。

Setup 函数完成了 3 个主要步骤：创建效果、获取效果参数和我们将要使用的手法的句柄、对一些效
果参数进行初始化。该函数的主体实现如下所示。

```
bool Setup()
{
 HRESULT hr = 0;

//
// ... [Load XFile Snipped]
//

//
// Create effect.
//

ID3DXBuffer* errorBuffer = 0;
hr = D3DXCreateEffectFromFile(
 Device,                // associated device
 "light_tex.txt",       // effect filename
 0,                     // no preprocessor definitions
 0,                     // no ID3DXInclude interface
 D3DXSHADER_DEBUG,      // compile flags
 0,                     // don't share parameters
 &LightTexEffect,       // return effect interface pointer
 &errorBuffer);         // return error messages

// output any error messages
if( errorBuffer )
{
 ::MessageBox(0, (char*)errorBuffer->GetBufferPointer(), 0, 0);
 d3d::Release<ID3DXBuffer*>(errorBuffer);
}

if(FAILED(hr))
{
 ::MessageBox(0, "D3DXCreateEffectFromFile() - FAILED", 0, 0);
 return false;
}

//
// Save Frequently Accessed Parameter Handles
```

```
//

WorldMatrixHandle = LightTexEffect->GetParameterByName(0, "WorldMatrix");
ViewMatrixHandle  = LightTexEffect->GetParameterByName(0, "ViewMatrix");
ProjMatrixHandle  = LightTexEffect->GetParameterByName(0, "ProjMatrix");
TexHandle         = LightTexEffect->GetParameterByName(0, "Tex");

LightTexTechHandle =
LightTexEffect->GetTechniqueByName("LightAndTexture");

//
// Set Effect Parameters
//

//
// Set Matrices
D3DXMATRIX W, P;

D3DXMatrixIdentity(&W);
LightTexEffect->SetMatrix( WorldMatrixHandle, &W);

D3DXMatrixPerspectiveFovLH(
    &P,  D3DX_PI * 0.25f, // 45 - degree
    (float)Width / (float)Height,
    1.0f, 1000.0f);

LightTexEffect->SetMatrix( ProjMatrixHandle, &P);

//
// Set texture
IDirect3DTexture9* tex = 0;
D3DXCreateTextureFromFile(Device, "Terrain_3x_diffcol.jpg", &tex);

LightTexEffect->SetTexture(TexHandle, tex);

d3d::Release<IDirect3DTexture9*>(tex);

return true;
}
```

Display 函数也比较简单，它主要执行了 19.6 节中描述的步骤：

```
bool Display(float timeDelta)
{
if( Device )
{
```

```
//
// ...[Camera update snipped]
//

// set the new updated view matrix
LightTexEffect->SetMatrix(ViewMatrixHandle, &V);

//
// Activate the Technique and Render
//

Device->Clear(0, 0, D3DCLEAR_TARGET | D3DCLEAR_ZBUFFER,
              0xffffffff, 1.0f, 0);
Device->BeginScene();

// set the technique to use
LightTexEffect->SetTechnique( LightTexTechHandle );

UINT numPasses = 0;
LightTexEffect->Begin(&numPasses, 0);

for(int i = 0; i < numPasses; i++) {
    LightTexEffect->BeginPass(i);
        for(int j = 0; j < Mtrls.size(); j++)
            Mesh->DrawSubset(j);
    LightTexEffect->EndPass();
}

LightTexEffect->End();

Device->EndScene();
Device->Present(0, 0, 0, 0);
}

return true;
}
```

19.8 例程：雾效

由于篇幅的限制，我们没能将 Direct3D 的雾化(fog)单独作为一章。雾化可将场景的真实感提升到一个新的层次，并可用来模拟某些类型的天气状况。而且，雾化可以极大地减少远裁剪面(far-clip plane)在视觉上带给观者的不自然的感觉。

虽然我们无法在短短的一小节里给雾化这个主题应有的关注，我们还是尽量举出一个比较有代表性的、简短的例程。虽然无法将例程中的细节一一深究，我们还是将例程的关键代码列出并进行了解释，您将会看到这些代码相当直观。

Direct3D 的雾化是固定功能流水线中的一部分，它是由绘制状态控制的。下面的效果文件为顶点雾化(vertex fog)设置了必要的雾化状态。

注意　Direct3D 也支持像素雾化(也称为表格雾化，table fog)，它比顶点雾化的计算更为精确。

```
//
// File: fog.txt
//
// Desc: Effect file that handles device states for linear vertex fog.
//

technique Fog
{
    pass P0
    {
        //
        // Set Misc render states.

        pixelshader       = null;
        vertexshader      = null;
        fvf               = XYZ | Normal;
        Lighting          = true;
        NormalizeNormals  = true;
        SpecularEnable    = false;

        //
        // Fog States

        FogVertexMode   = LINEAR; // linear fog function
        FogStart        = 50.0f;  // fog starts 50 units away from viewpoint
        FogEnd          = 300.0f; // fog ends 300 units away from viewpoint

        FogColor        = 0x00CCCCCC; // gray
        FogEnable       = true;       // enable
    }
}
```

可见，线性顶点雾化可通过 5 种简单的绘制状态来控制。

● FogVertexMode　指定用于顶点雾化的雾化函数。雾化函数指定了雾化效果如何随距离而发生变化,正如自然中的雾,距离观察点越近越稀薄,而当距离增加时,雾的密度就会变大。合法的雾化函数可用枚举常量 LINEAR、EXP 和 EXP2 来指定。这些函数定义如下:

LINEAR 雾化函数:
$$f = \frac{end - d}{end - start}$$

EXP 雾化函数:
$$f = \frac{1}{e^{d\,(density)}}$$

EXP2 雾化函数:
$$f = \frac{1}{e^{(d\,(density))^2}}$$

其中 d 表示当前计算点到观察点的距离。

💡 **注意** 如果要使用 EXP 或 EXP2 雾化函数,您便不必对参数 FogStart 和 FogEnd 进行设置了,因为这种类型的雾化函数不需要使用这两个参数。但是您必须对雾化密度绘制状态进行设置(例如 FogDensity = someFloatType;)。

- FogStart 标记物体开始进行雾化处理的起始深度。
- FogEnd 标记物体停止进行雾化处理的终止深度。

💡 **注意** FogStart 和 FogEnd 实质上定义了必须对物体进行雾化处理的深度区间(相对观察点)。

- FogColor 一个 DWORD 或 D3DCOLOR 类型的值,该值描述了雾的颜色。
- FogEnable 设为 true 表示启用顶点雾化,设为 false 表示禁用顶点雾化。

用效果 fog.txt 绘制的任何几何体都会被雾化处理。按照这种方式,我们便可控制哪些物体需要做雾化处理,哪些不需要。这在仅需要对某些区域进行雾化处理时非常有用。例如,一般说来如果房屋的外部已做了雾化处理,则室内就不需要做雾化处理了。同理,某个地理区域的某些部分可能需要做雾化处理,其他部分则可能不需要。图 19.2 展示了本节例程"雾效"的截图。

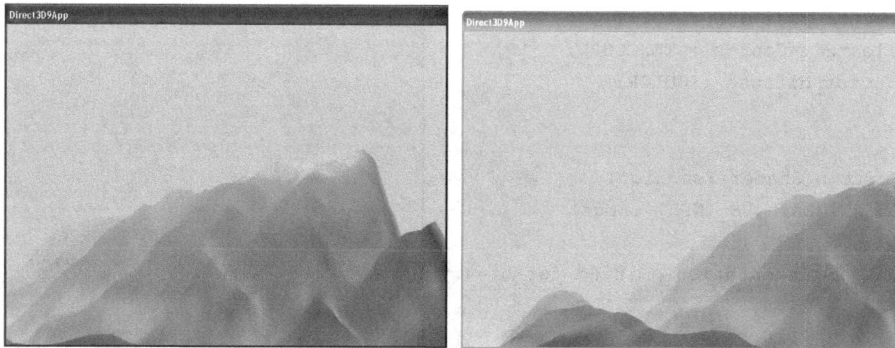

图 19.2 来自例程"雾效"的截图。在本例中,我们使用了线性雾化函数,
并且在一个效果文件内部指定了雾效绘制状态

19.9   例程：卡通效果

前面两个例子中用到的效果文件都未使用着色器。但由于着色器通常是特效中的一个关键部分，所以我们想至少在一个例程中使用着色器。本例程实现了第 17 章所讨论的卡通着色器，但是这次使用了效果框架。下面是该例程中效果文件的一个缩略版。

```
//
// File: tooneffect.txt
//
// Desc: Cartoon Shader in an effect file.
//

extern matrix WorldMatrix;
extern matrix ViewMatrix;
extern matrix ProjMatrix;
extern vector Color;
extern vector LightDirection;
static vector Black = {0.0f, 0.0f, 0.0f, 0.0f};
extern texture ShadeTex;

struct VS_INPUT
{
    vector position : POSITION;
    vector normal : NORMAL;
};
struct VS_OUTPUT
{
    vector position : POSITION;
    float2 uvCoords : TEXCOORD;
    vector diffuse : COLOR;
};

// Cartoon Shader Function:
VS_OUTPUT Main(VS_INPUT input)
{
    ...[Implementation omitted for brevity.]
}

sampler ShadeSampler = sampler_state
{
    Texture = (ShadeTex);
    MinFilter = POINT; // no filtering for cartoon shading
```

```
        MagFilter = POINT;
        MipFilter = NONE;
    };

Technique Toon
{
    Pass P0
    {
        // Set P0's Vertex Shader.
        VertexShader = compile vs_1_1 Main();
        // Hook up the sampler object to sampler stage 0.
        Sampler[0] = (ShadeSampler);
    }
}
```

我们注意到，卡通着色器函数的定义位于效果文件中，而且我们用语法 vertex = compile vs_1_1 Main() 指定该着色器供一条特定路径使用。设备状态也像往常那样在效果文件中进行了设置。

19.10　EffectEdit

💡 **注意**　从 DirectX SDK Oct 2005 版起，该工具(EffectEdit)已不随 SDK 一起发布，不过令人欣慰的是现在我们有了同样强大的工具——DirectX Viewer，该工具对应的可执行文件位于目录 \DirectX SDK (October 2006)\Utilities\Bin\x86 下，名为 dxviewer.exe。由于这是一本译著，译者很抱歉无法将该工具的详细用法写在这里，望读者谅解。关于该工具的用法请读者参阅 SDK 相关文档，同时出于尊重原作的目的，译者仍将本节内容完整保留了下来。

在结束本章之前，我们还想提及随 DirectX SDK 一起安装的程序——EffectEdit。该程序可在文件夹 DXSDK\Samples\C++\Direct3D\Bin 中找到。图 19.3 展示了该程序的一个截图。

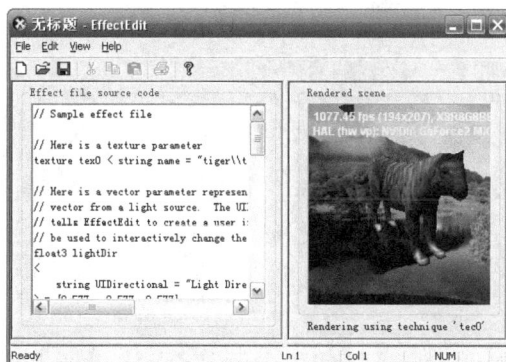

图 19.3　EffectEdit 程序的一个截图

在测试和编写效果文件时，该程序非常有用。我们推荐您投入一些精力仔细研究一下该工具。

19.11　小　　结

- 效果文件封装了一个完整的效果，包括了各种可能的低效运行方式，这种低效运行机制是为了适应具有不同性能和绘制路径的硬件而引入的。使用效果框架是很明智的，因为这样我们就随心所欲地修改效果文件而无需重新编译源代码，即使一切都模块化。效果文件中可以不使用着色器；如果效果文件仅使用了固定功能流水线，则是完全可行的。

- 手法(technique)是某种特效的特定实现。通常，效果文件包含了多个手法，这些手法以不同的路径实现同一效果。每种实现都充分利用了某一特定级别的硬件性能。所以，应用程序就会自动选择最适合目标硬件的手法。例如，为了实现多重纹理，我们可能需要定义两个手法：一个使用像素着色器，另一个使用固定功能流水线。以这种方式，如果用户的 3D 图形卡支持像素着色器，就可使用像素着色器手法；如果 3D 图形卡不支持像素着色器，仍然可使用固定功能版本实现这种效果。

- 一个手法包含一条或多条绘制路径。每条绘制路径包含了用于在该条特定绘制路线中使用的设备状态和着色器。使用多条绘制路径是有必要的，因为一些特效往往需要将同一几何体绘制多次，每次绘制时都使用了不同的绘制状态和着色器。

附录

Windows 编程入门

为了使用 Direct3D API(Application Programming Interface，应用程序编程接口)，很有必要创建具有一个主窗口的应用程序，以便在该窗口中绘制 3D 场景。本附录简要介绍了如何使用 Win32 API 编写 Windows 应用程序。通俗地说，Win32 API 就是 Windows 系统按照 C 语言语法提供给用户的一个由诸多底层函数和结构组成的集合，借助该集合，我们就可实现应用程序与 Windows 操作系统之间的交互。例如，要想通知 Windows 显示某一特定窗口，我们可以调用 Win32 API 函数 ShowWindow。

Windows 编程涵盖的内容极为广泛，本附录只介绍使用 Direct3D 所必须的那部分必备知识。对 Windows 编程感兴趣的读者，可参阅 Charles Petzold 编著的 Windows 编程的经典著作——*Programming Windows(5th Edition)*。当您使用微软的技术时，另外一个宝贵的资源就是 MSDN，它一般集成在微软的 Visual Studio 环境中，如果您不想在本机安装，也可通过以下网址来在线阅读 *msdn.mtcrosoft.com/library/*。一般情况下，如果您想了解一个函数或结构的用法，就可借助 MSDN 来寻求答案。在本附录中，我们将经常引导您就某一函数或结构查阅 MSDN。

学习目标

- 学习和理解 Windows 编程中所使用的事件驱动模型(event-driven model)
- 掌握使用 Direct3D 的 Windows 应用程序的基本结构

附录 1 概　　述

顾名思义，Windows 编程的主题就是编写窗口程序。一个 Windows 应用程序包含了很多窗口，如应用程序主窗口、菜单、工具栏、滚动条按钮及其他的对话框控件。所以，通常一个 Windows 应用程序都包含多个窗口。下面的几小节对 Windows 编程的一些基本概念进行了简短的回顾。在我们开始更加全面的讨论之前，您必须先熟悉这些基本概念。

1.1　资源

在 Windows 中，几个应用程序可以并发运行。因此，硬件资源(如 CPU 时钟周期、内存、甚至显示器)必须为多个应用程序所共享。为了防止多个应用程序在无序状态下对某些资源访问或修改时所造成的冲突，Windows 应用程序不具备直接访问硬件的能力。Windows 系统的一个主要任务就是管理当前实例化的程序以及处理多个应用程序之间资源的分配。所以，如果我们想让某一应用程序对其他应用程序产生影响，只能将该任务交由 Windows 系统来处理。例如，要想显示一个窗口，必须调用 ShowWindow 函数。我们无法对显存进行直接的写操作。

1.2　事件、消息队列、消息及消息循环

Windows 应用程序遵循事件驱动模型。通常，Windows 程序启动后只是等待某些事件的发生(当然，应用程序也可进行空闲处理——当没有事件发生时执行某些特定任务)。事件有多种产生途径，一些常见的例子包括键盘中某些键被按下，鼠标单击，或当窗口被创建、尺寸发生变化、发生移动、被关闭、最小化、最大化或变为可见状态时。

当一个事件发生时，Windows 会为该事件所针对的应用程序发送一条消息，表明该事件的发生，并在该应用程序的消息队列中增加一条消息，该消息队列只是一个保存了应用程序所接收到的消息的一个优先队列(priority queue)。应用程序在一个消息循环中不断地检查消息队列，当接收到一条消息时，便将其分派给接收该消息的特定窗口的窗口过程(window procedure)。(不要忘记一个应用程序内部可能包含多个窗口。)窗口过程是一个与应用程序各窗口相关的特殊函数。(每个窗口都有一个窗口过程，但多个窗口可共享同一个窗口过程。所以，我们就不必为每个窗口都编写一个窗口过程。)窗口过程是一个我们实现的用于处理特定消息的函数。例如，我们可能想在按下 Esc 键后，销毁某一窗口。则在窗口过程中，我们可以这样写：

```
case WM_KEYDOWN:
if(wParam == VK_ESCAPE)
    ::DestroyWindow(MainWindowHandle);
return 0;
```

那些窗口没有处理的消息通常都交由默认窗口过程 DefWindowProc 来处理。

现在做一小结，用户或应用程序的某些行为会产生一些事件。操作系统找到事件所属的应用程序，然后向该应用程序发送一条相应的消息。然后，该消息就被加入到该应用程序的消息队列中。之后，应用程序不断地检查消息队列。每当接收到一条消息时，应用程序就将该消息分发给与该消息所属窗口相关的窗口过程。最后，窗口过程执行与当前消息对应的指令。

附图 1 概括了事件驱动编程模型。

当一条消息到来时,消息队列会一直将该消息保存到应用程序准备对其进行处理为止。所以,如果应用程序正处在忙碌状态,该消息便不会立即被处理。此外,优先级较高的消息会在优先级较低的消息之前优先得到处理。

Windows操作系统检测到某一事件的发生。作为响应,Windows将给特定程序的消息队列发送一条消息。

事件

应用
程序
A
消息
队列

应用
程序
B
消息
队列

应用
程序
C
消息
队列

窗口过程
A1

应用程序A
的消息循环

应用程序B
的消息循环

应用程序C
的消息循环

窗口
过程
B1

窗口
过程
C1

窗口
过程
C1

应用程序的消息循环不断检查消息是否到来。当"获得"一条消息时,该消息便被发送给窗口过程WndProc,该函数为消息的传递的目的地。

窗口过程是一个由应用程序开发人员定义的函数。该函数由Windows系统自动调用。注意,一个单个应用程序允许由多个窗口函数。

```
case WM_CREATE:
//处理创建消息
WM_KEYDOWN:
//处理按键消息
case WM_DESTROY:
//处理销毁消息
```

在窗口函数内部,我们可以为窗口编写当某一特定事件发生时所希望执行的操作。在本例中,我们处理了创建消息、按键消息和销毁消息。

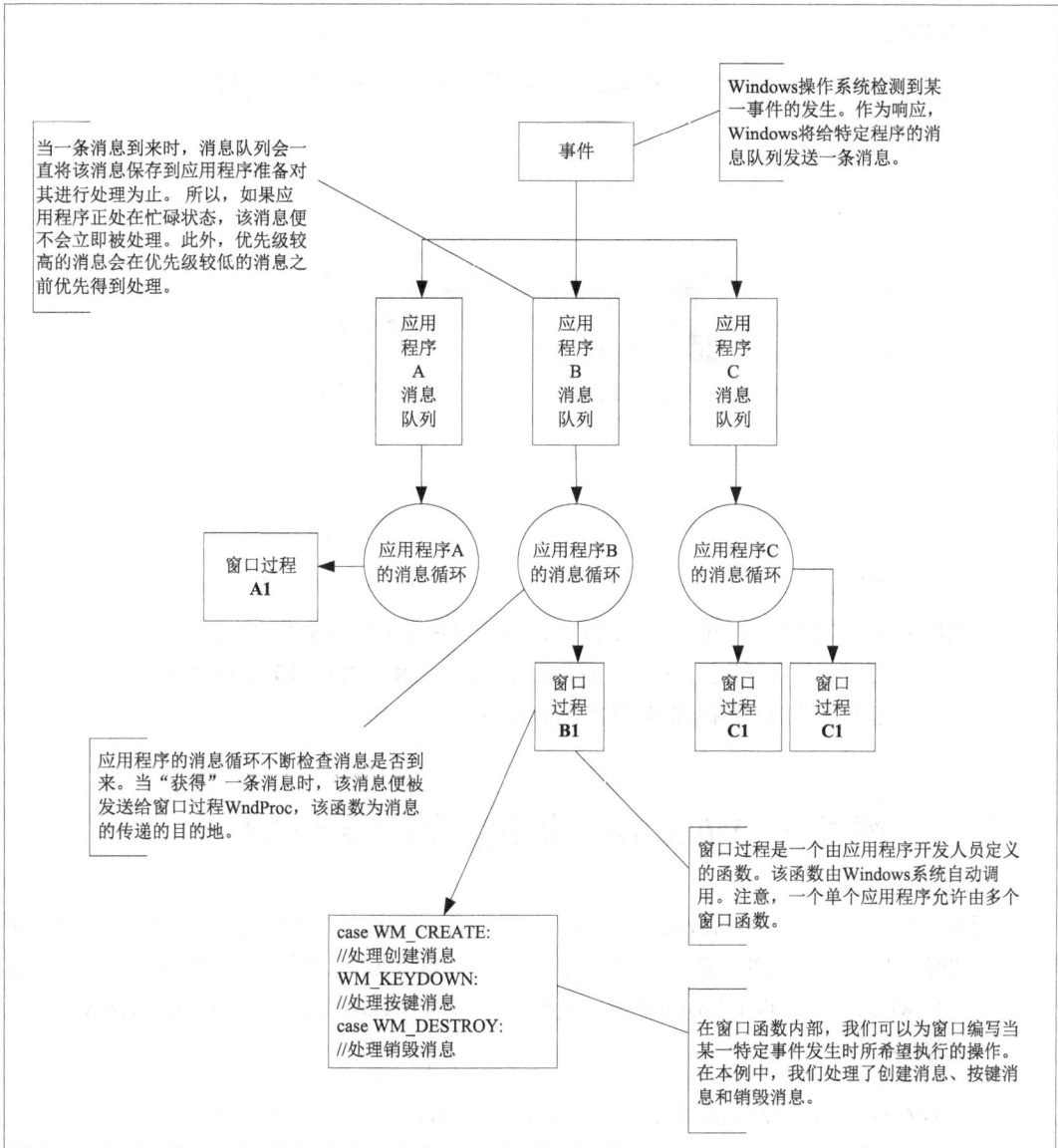

附图 1　事件驱动编程模型

1.3　图形用户界面

大多数 Windows 程序都有一个用户可操纵的 GUI(图形用户界面)。一个典型的 Windows 应用程序都具有一个主窗口、一个菜单以及一些其他控件。附图 2 中标出了常用的 GUI 元素。对于 Direct3D 游戏编程,我们并不需要多么眩目的 GUI。实际上,一个主窗口对我们已经足够了,我们仅仅是在该主窗口的客户区绘制 3D 场景。

附图 2   一个典型的 Windows 应用程序的 GUI。客户区是应用程序的全部白色区域。
通常，该区域是用户观看大多数输出的地方。编写 Direct3D 应用程序时，
我们要将 3D 场景绘制到窗口的客户区中

附录 2   Windows 应用程序：Hello World

下面是一个简单而完整的 Windows 应用程序。请您尽量去理解这些代码。在下一节中，我们将详细解析这些代码。建议您用自己的开发工具创建一个工程，手工输入这些代码并进行编译和运行。注意，您必须创建一个 Win32 Application Project(Win32 应用程序)，而非 Win32 Console Application Project(Win32 控制台应用程序)。

```
///////////////////////////////////////////////////////////////////
//
// File: hello.cpp
//
// Author: Frank Luna (C) All Rights Reserved
//
// System: AMD Athlon 1800+ XP, 512 DDR, Geforce 3, Windows XP, MSVC++ 7.0
//
// Desc: Demonstrates creating a Windows application.
//
///////////////////////////////////////////////////////////////////
```

```cpp
// Include the windows header file, this has all the
// Win32 API structures, types, and function declarations
// we need to program Windows.
#include <windows.h>

// The main window handle.  This is used to identify
// the main window we are going to create.
HWND MainWindowHandle = 0;

// Wraps the code necessary to initialize a windows
// application.  Function returns true if initialization
// was successful, else it returns false.
bool InitWindowsApp(HINSTANCE instanceHandle, int show);

// Wraps the message loop code.
int  Run();

// The window procedure, handles events our window
// receives.
LRESULT CALLBACK WndProc(HWND hWnd,
                         UINT msg,
                         WPARAM wParam,
                         LPARAM lParam);

// Windows equivalant to main()
int WINAPI WinMain(HINSTANCE hInstance,
                   HINSTANCE hPrevInstance,
                   PSTR      pCmdLine,
                   int       nShowCmd)
{
// First we create and initialize our Windows
// application.  Notice we pass the application
// hInstance and the nShowCmd from WinMain as
// parameters.
if(!InitWindowsApp(hInstance, nShowCmd))
{
    ::MessageBox(0, "Init - Failed", "Error", MB_OK);
    return 0;
}

// Once our application has been created and
// initialized we enter the message loop.  We
// stay in the message loop until a WM_QUIT
// mesage is received, indicating the application
```

```
    // should be terminated.
    return Run(); // enter message loop
}


bool InitWindowsApp(HINSTANCE instanceHandle, int show)
{
    // The first task to creating a window is to describe
    // its characteristics by filling out a WNDCLASS
    // structure.
    WNDCLASS wc;

    wc.style         = CS_HREDRAW | CS_VREDRAW;
    wc.lpfnWndProc   = WndProc;
    wc.cbClsExtra    = 0;
    wc.cbWndExtra    = 0;
    wc.hInstance     = instanceHandle;
    wc.hIcon         = ::LoadIcon(0, IDI_APPLICATION);
    wc.hCursor       = ::LoadCursor(0, IDC_ARROW);
    wc.hbrBackground =
    static_cast<HBRUSH>(::GetStockObject(WHITE_BRUSH));
    wc.lpszMenuName  = 0;
    wc.lpszClassName = "Hello";

    // Then we register this window class description
    // with Windows so that we can create a window based
    // on that description.
    if(!::RegisterClass(&wc))
    {
        ::MessageBox(0, "RegisterClass - Failed", 0, 0);
        return false;
    }

    // With our window class description registered, we
    // can create a window with the CreateWindow function.
    // Note, this function returns a HWND to the created
    // window, which we save in MainWindowHandle. Through
    // MainWindowHandle we can reference this particular
    // window we are creating.
    MainWindowHandle = ::CreateWindow(
                        "Hello",
                        "Hello",
                        WS_OVERLAPPEDWINDOW,
                        CW_USEDEFAULT,
                        CW_USEDEFAULT,
                        CW_USEDEFAULT,
```

```
                            CW_USEDEFAULT,
                            0,
                            0,
                            instanceHandle,
                            0);

    if(MainWindowHandle == 0)
    {
        ::MessageBox(0, "CreateWindow - Failed", 0, 0);
        return false;
    }

    // Finally we show and update the window we just created.
    // Observe we pass MainWindowHandle to these functions so
    // that these functions know what particular window to
    // show and update.
    ::ShowWindow(MainWindowHandle, show);
    ::UpdateWindow(MainWindowHandle);

    return true;
}

int Run()
{
    MSG msg;
    ::ZeroMemory(&msg, sizeof(MSG));

    // Loop until we get a WM_QUIT message.  The
    // function GetMessage will only return 0 (false)
    // when a WM_QUIT message is received, which
    // effectively exits the loop.
    while(::GetMessage(&msg, 0, 0, 0) )
    {
        // Translate the message, and then dispatch it
        // to the appropriate window procedure.
        ::TranslateMessage(&msg);
        ::DispatchMessage(&msg);
    }

    return msg.wParam;
}

LRESULT CALLBACK WndProc(HWND   windowHandle,
                         UINT   msg,
                         WPARAM wParam,
```

```
                        LPARAM lParam)
{
// Handle some specific messages:
switch( msg )
{
    // In the case the left mouse button was pressed,
    // then display a message box.
case WM_LBUTTONDOWN:
    ::MessageBox(0, "Hello, World", "Hello", MB_OK);
    return 0;

    // In the case the escape key was pressed, then
    // destroy the main application window, which is
    // identified by MainWindowHandle.
case WM_KEYDOWN:
    if( wParam == VK_ESCAPE )
        ::DestroyWindow(MainWindowHandle);
    return 0;

    // In the case of a destroy message, then
    // send a quit message, which will terminate
    // the message loop.
case WM_DESTROY:
    ::PostQuitMessage(0);
    return 0;
}

// Forward any other messages we didn't handle
// above to the default window procedure.
return ::DefWindowProc(windowHandle,
                       msg,
                       wParam,
                       lParam);
}
```

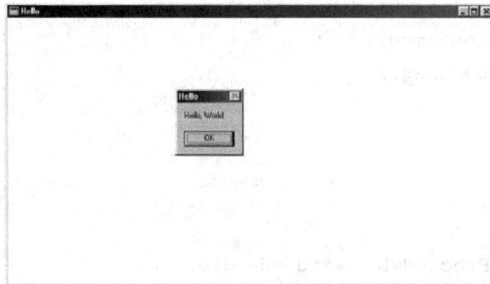

附图 3　上述程序启动后的截图。注意，当您单击该应用程序的客户区时，会弹出一个消息框

附录 3　解析 Hello World

现在我们来自顶向下地分析这些代码，按照顺序逐个讨论所用到的函数。在阅读本节内容时，建议您经常返回上一节对比阅读。

3.1　包含的头文件、全局变量和函数原型

我们要做的第一件事就是包含头文件 windows.h。包含了该头文件之后，我们就获得了使用 Win32 API 的基本元素所需要的结构、类型和函数声明。

```
#include <windows.h>
```

第二条语句实例化了一个 HWND 类型的全局变量。该变量表示"一个窗口的句柄"。在 Windows 编程中，我们经常用句柄来引用那些 Windows 内部维护的对象。在本例中，我们用一个 HWND 类型的句柄来引用由 Windows 系统维护的应用程序主窗口。我们需要保存该窗口的句柄，因为许多 API 函数都要求传入窗口句柄，以确定该 API 的操纵对象。例如，函数 UpdateWindow 函数接收一个 HWND 类型的参数，该句柄指定了所要更新的窗口。如果我们不为该函数传入一个窗口句柄，对于哪个窗口应被更新，该函数便无从知晓。

```
bool InitWindowsApp(HINSTANCE instanceHandle, int show);
int  Run();
LRESULT CALLBACK WndProc(HWND hWnd, UINT msg, WPARAM wParam, LPARAM lParam);
```

3.2　WinMain 函数

WinMain 函数在 Windows 应用程序中的地位与普通 C++程序中的 main 函数完全相同。WinMain 函数的原型如下：

```
int WINAPI WinMain(HINSTANCE hInstance,
                   HINSTANCE hPrevInstance,
                   PSTR      pCmdLine,
                   int       nShowCmd);
```

- hInstance　当前应用程序实例的句柄。该参数可作为一种标识和引用该应用程序的方式。不要忘记，有时可能会有多个 Windows 应用程序并发运行，所以这种对每个窗口进行引用的能力就非常有用。
- hPrevInstance　在 32 位的 Win32 编程中，我们不使用该参数。将其设为 0。
- lpCmdLine　用于运行程序的命令行参数字符串。
- nCmdShow　指定应用程序窗口的显示形式。下面是一些常用命令，完整的显示命令清单请

参阅 MSDN。

- ◆ SW_SHOW　将窗口以当前尺寸和位置显示出来。
- ◆ SW_SHOWMAXIMIZED　将窗口最大化。
- ◆ SW_SHOWMINIMIZED　将窗口最小化。

如果 WinMain 函数成功，将返回 WM_QUIT 消息的 wParam 成员。如果该函数尚未进入消息循环就退出，则返回 0。标识符 WINAPI 的定义如下：

```
#define WINAPI __stdcall
```

该标识符指定了函数的调用约定，即函数参数的压栈顺序、由调用者还是被调用者把参数弹出栈，以及产生函数修饰名的方法。

> **注意**　在例程 HelloWorld 的 WinMain 函数的签名中，我们用 PSTR 作为第 3 个参数的类型而非 LPSTR。这是由于 32 位的 Windows 系统中不再有"长指针"。PSTR 仅是一个 char 类型的指针(即，char *)。

3.3　WNDCLASS 及其注册

在 WinMain 函数内部，我们调用了函数 InitWindowsApp。您大概已猜出该函数将用于应用程序的初始化。下面我们进入该函数内部来进行分析。InitWindowsApp 返回值为布尔类型，如果初始化成功，则返回 true；若初始化不成功，则返回 false。在 WinMain 函数体中，我们为 InitWindowsApp 传入了一个应用程序实例的副本以及显示形式参数。这两个参数都可在 WinMain 函数的参数列表中见到。

```
if(! InitWindowsApp(hInstance, nShowCmd))
```

初始化一个窗口的第一步是描述该窗口并在 Windows 中进行注册，可用 WNDCLASS 结构来描述窗口。该结构的定义如下：

```
typedef struct _WNDCLASS {
    UINT style;
    WNDPROC lpfnWndProc;
    int cbClsExtra;
    int cbWndExtra;
    HANDLE hInstance;
    HICON hIcon;
    HCURSOR hCursor;
    HBRUSH hbrBackground;
    LPCTSTR lpszMenuName;
    LPCTSTR lpszClassName;
} WNDCLASS;
```

- ● **style**　指定窗口类的风格。在本例中，使用了标记 CS_HREDRAW 和 CS_VREDRAW 的组合。这两个位标记表明当窗口的水平尺寸或垂直尺寸发生变化时，窗口将被重绘。要想了解完整的风格列表，请参阅 MSDN。

```
wc.style = CS_HREDRAW | CS_VREDRAW;
```

● lpfnWndProc　指向窗口过程函数的指针。借助该参数，可以将用户定制的窗口过程函数与窗口建立关联。所以，基于相同 WNDCLASS 实例所创建的那些窗口就共享同一个窗口过程。我们将在后面标题为"窗口过程"小节中专门讲述窗口过程。

```
wc.lpfnWndProc = WndProc;
```

● cbClsExtra 与 cbWndExtra　这两个参数都不予使用，均设为 0。

```
wc.cbClsExtra = 0;
wc.cbWndExtra = 0;
```

● hInstance　该成员保存了应用程序实例的句柄。前面提到应用程序实例的句柄最初是由 WinMain 函数传入的。

```
wc.hInstance = instanceHandle;
```

● hIcon　使用该窗口类创建的窗口所用到的图标句柄。有几个内置图标可供选用，详情请参阅 MSDN。

```
wc.hIcon = ::LoadIcon(0, IDI_APPLICATION);
```

● hCursor　与 hIcon 类似，可通过该参数指定当光标位于窗口客户区时所应使用的光标的句柄。详情请参阅 MSDN。

```
wc.hCursor = ::LoadCursor(0, IDI_ARROW);
```

● hbrBackground　该成员用于指定窗口客户区的背景色。在上述例程中，我们调用了函数 GetStockObject，该函数返回一个具有指定颜色的画刷的句柄。如果您想了解其他类型的内置画刷，请参阅 MSDN。

```
wc.hbrBackground =static_cast<HBRUSH>(::GetStockObject(WHITE_BRUSH));
```

● lpszMenuName　指定窗口的菜单。由于本例程没有使用菜单，所以将该参数指定为 0。

```
wc.lpszMenuName = 0;
```

● lpszClassName　指定我们正在创建的窗口类结构的名称。该成员可取为任何您想要的名称。在本例程中，我们将其命名为"Hello"。该名称仅用于表示该类结构，以便以后能对其引用。

```
wc.lpszClassName = "Hello";
```

完整地描述了窗口后，我们还需要向 Windows 系统注册该窗口类。这可借助函数 RegisterClass 来完成，该函数接收一个指向 WNDCLASS 结构的指针。如果调用失败，该函数将返回 0。

```
if(! ::RegisterClass(& wc))
```

3.4　创建和显示窗口

当我们向 Windows 注册了一个 WNDCLASS 实例后，就可根据该窗口类创建一个窗口。要想引用该 WNDCLASS 结构，我们可借助在创建窗口类时所赋予该类的名称——lpszClassName。用于创建窗口的函数为 CreateWindow，其声明如下：

```
HWND CreateWindow(
    LPCTSTR lpClassName,
    LPCTSTR lpWindowName,
    DWORD dwStyle,
    int x,
    int y,
    int nWidth,
    int nHeight,
    HWND hWndParent,
    HMENU hMenu,
    HANDLE hInstance,
    LPVOID lpParam
);
```

- lpClassName　被注册的 WNDCLASS 结构的名称(C 风格的字符串)，该结构描述了我们所要创建的窗口。为了创建该结构所描述的那种类型的窗口，必须传入该参数。
- lpWindowName　我们想赋予窗口的名称(C 风格的字符串)。该名称也将出现在标题栏中。
- dwStyle　该参数定义了窗口的风格。本例程中使用了 WS_OVERLAPPEDWINDOW，该标记其实是如下几种标记的组合：WS_OVERLAPPED、WS_CAPTION、WS_SYSMENU、WS_THICKFRAME、WS_MINIMIZEBOX 以及 WS_MAXIMIZEBOX。这些标记的名称描述了所创建的窗口的特征。详情请参阅 MSDN。
- x　窗口左上角在屏幕坐标系中的 x 坐标。
- y　窗口左上角在屏幕坐标系中的 y 坐标。
- nWidth　窗口的宽度，单位为像素。
- nHeight　窗口的高度，单位为像素。
- hWndParent　该窗口的父窗口句柄。由于本例程的主窗口与其他任何窗口都没有关系，所以该参数应设为 0。
- hMenu　菜单的句柄。本例程由于没有菜单，所以将该参数指定为 0。
- hInstance　与窗口相关的应用程序的句柄。
- lpParam　指向用户自定义数据的指针。

💡 **注意** 当我们将窗口位置指定为坐标(x, y)时，我们是相对于屏幕的左上角来说的。屏幕坐标系的 x 轴正方向水平向右，y 轴正方向竖直向下。附图 4 展示了该屏幕坐标系，也称为屏幕空间。

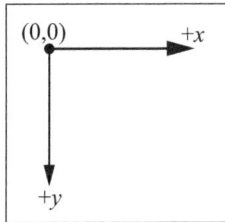

附图 4　屏幕坐标系

CreateWindow 函数将返回所创建的窗口的句柄(HWND 类型)。如果创建失败，该句柄将为 0。不要忘记，句柄也是引用窗口的一种方式，而窗口是由 Windows 来管理的。许多 API 函数的调用都需要一个 HWND 类型的句柄，以便确定对哪个窗口进行操作。

最后两个在 InitWindowsApp 中被调用的函数都与窗口的显示相关。首先我们调用函数 ShowWindow，并为其传递一个刚才新创建的窗口的句柄，这样 Windows 就知道将要显示哪个窗口了。我们还传入了另外一个表示窗口初始显示状态(最小化、最大化等)的参数。该参数可取为 WinMain 中的参数 nCmdShow。您也可手动设定该显示状态参数，但我们不推荐这样做。窗口显示完毕后，必须对其进行刷新。UpdateWindow 就是完成刷新功能的函数，该函数接收一个我们希望对其进行更新的窗口的句柄。

```
::Showwindow(Mainwindowhandle, Show);
::Updatewindow(Mainwindowhandle);
```

如果在 InitWindowsApp 函数中完成了上述工作，则初始化就已经完成了，如果一切正常，则返回 true。

3.5 消息循环

成功完成了初始化后，我们就开始编写本例程的核心部分——消息循环。在本例程中，我们将消息循环封装在了函数 Run 中。

```
int Run()
{
    Msg Msg;
    ::Zeromemory(&Msg, Sizeof(Msg));

    While(::Getmessage(&Msg, 0, 0, 0) )
    {
        ::Translatemessage(&Msg);
        ::Dispatchmessage(&Msg);
    }
```

```
    Return Msg。Wparam;
}
```

在 Run 函数中所做的第一件事就是声明一个 MSG 类型的变量 msg，MSG 类型是表示 Windows 消息的消息结构。其定义如下：

```
typedef struct tagMSG {
    HWND hwnd;
    UINT message;
    WPARAM wParam;
    LPARAM lParam;
    DWORD time;
    POINT pt;
} MSG;
```

- hwnd   用以检索消息的窗口句柄。
- message   标识消息的一个预定义常量，如 WM_QUIT。
- wParam   有关消息的附加信息。该参数的取值与具体的消息相关。
- lParam   有关消息的附加信息。该参数的取值与具体的消息相关。
- time   消息送至消息队列的时间。
- pt   消息投递时，屏幕光标的位置。

紧接着，我们进入消息循环。除非检索到 WM_QUIT 消息，否则函数 GetMessage 将总是返回 true。GetMessage 函数不断地从消息队列中检索消息，然后用检索到的消息填充 MSG 结构的成员。如果 GetMessage 返回 true，则函数 TranslateMessage 和 DispatchMessage 将被调用。TranslateMessage 函数负责将消息的虚拟键转换为字符信息。DispatchMessage 函数最终将消息传送到指定的窗口过程中。

3.6   窗口过程

前面我们提到，窗口过程定义了应用程序对接收到的不同消息的响应，消息处理代码应添加在该函数中。在例程 Hello World 中，我们将窗口程序命名为 WndProc。其原型如下：

```
LRESULT CALLBACK WndProc(
    HWND    hwnd,
    UINT    uMsg,
    WPARAM    wParam,
    LPARAM    lParam
);
```

该函数返回一个 LRESULT(实质是一个 long 型)类型的整数，该返回值表示了该函数是否调用成功。标识符 CALLBACK 表明该函数是一个回调函数，表明 Windows 将对该函数进行外部调用。从 Hello World 的源代码中您也可以看出，我们从未自己显式调用过窗口过程函数(当窗口需要处理某个消息时，Windows

将为我们调用该函数)。

窗口过程函数的原型中有如下 4 个参数：

● hwnd 接收消息的目标窗口句柄。

● uMsg 表示某个特定消息的一个预定义值。例如，退出消息被定义为 WM_QUIT。前缀 WM 代表 "Window Message"。预定义的窗口消息有一百多种，详情请参阅 MSDN。

● wParam 消息的附加信息，其含义与具体的消息有关。

● lParam 消息的附加信息，其含义与具体的消息有关。

我们的窗口过程主要处理 3 种消息：WM_LBUTTONDOWN、WM_KEYDOWN 和 WM_DESTROY。当用户在窗口客户区单击鼠标时，WM_LBUTTONDOWN 消息将被发出。当某个按键被按下时，WM_KEYDOWN 消息将被发出。当窗口被销毁时，WM_DESTROY 消息将被发出。本例中的代码比较简单：当窗口接收到一条 WM_LBUTTONDOWN 消息时，将显示一个消息框，并打印内容 "Hello, World"。

```
case WM_LBUTTONDOWN:
    ::MessageBox(0, "Hello, World", "Hello", MB_OK);
    return 0;
```

当应用程序窗口接收到一条 WM_KEYDOWN 消息时，我们可以测试到底哪个键被按下。传入窗口过程的 wParam 参数指定了我们所按下的特定键的虚拟码。虚拟码是一种与设备无关的键盘编码，可视为某一特定键的标识符。常用的虚拟码已在 windows.h 头文件中定义，借助这些虚拟码，我们就可测试某一按键是否被按下。(例如，要测试 Esc 键是否被按下，可使用虚拟码 VK_ESCAPE)。

💡 **注意** 记住，wParam 和 lParam 参数用于指定消息的附加信息。对于 WM_KEYDOWN 消息，wParam 参数包含了标识被按下的键的虚拟码。与每种窗口消息对应的 wParam 和 lParam 参数的含义可以在 MSDN 中找到。

```
case WM_KEYDOWN:
if( wParam == VK_ESCAPE )
        ::DestroyWindow(MainWindowHandle);
return 0;
```

当窗口被销毁时，我们向消息队列中投递一个退出消息(它将中止消息循环)。

```
case WM_DESTROY:
::PostQuitMessage(0);
return 0;
```

在窗口过程的最后，我们调用了 DefWindowProc 函数。该函数是一个默认的窗口过程。在例程 Hello World 中，我们只处理了三种消息；对于那些我们虽然接收到、但又不必我们亲自处理的消息，就可交由 DefWindowProc 函数处理，该函数已指定了对于所有消息的默认处理方法。例如，Hello World 的主窗口可被最大化、最小化、可调整尺寸，也可被关闭。由于我们没有对这些事件相应的消息进行处理，所以这些功能都是由默认的窗口过程为我们提供的。注意，DefWindowProc 是一个 Win32 API 函数。

3.7　MessageBox 函数

还有最后一个 API 函数我们尚未介绍，即 MessageBox 函数。该函数可以方便地向用户发出提示消息，也可快捷地获取用户的输入。该函数的声明如下：

```
int MessageBox(
    HWND hWnd,              // Handle of owner window, may specify null.
    LPCTSTR lpText,        // Text to put in the message box.
    LPCTSTR lpCaption,     // Text to put for the title of the message box
    UINT uType             // Style of the message box.
);
```

该函数的返回值取决于消息框的类型。要想了解所有可能的返回值及消息框类型，请参阅 MSDN。

附录 4　一个更好的消息循环

游戏程序与传统的 Windows 应用程序(如办公类型的应用程序和网络浏览器等)存在很大的差别。游戏通常不是事件驱动的，而且需要不断地更新。基于上述原因，在我们编写 3D 游戏程序时，大多数情况下我们将不对 Windows 消息进行处理。所以，我们应该对消息循环进行修改，当检索到一个消息时，我们对其进行处理。如果没有消息到来，我们将运行游戏代码。改进后的新消息循环如下：

```
int Run()
{
    MSG msg;

    while(true)
    {
        if(::PeekMessage(&msq, 0, 0, 0, PM_REMOVE))
        {
            if(msg.message == WM_QUIT)
                break;

            ::TranslateMessage(&msg);
            ::DispatchMessage(&msg);
        }
        else
// run game code
    }
    return msg.wParam;
}
```

当我们实例化 msg 后，便进入一个无限循环。首先调用 API 函数 PeekMessage 来检查消息队列，看某一消息是否到来。有关该函数参数的详细描述请参阅 MSDN。如果消息到来，则 PeekMessage 返回 true，然后我们处理该消息。如果 PeekMessage 返回 false，则执行特定的游戏代码。

附录5 小 结

- 要使用 Direct3D，我们必须创建一个具有主窗口的 Windows 应用程序，以便在该主窗口中绘制 3D 场景。而且，对于游戏程序，我们必须创建一种特殊的消息循环，以便消息到来时，程序对消息进行处理；否则按照游戏的逻辑运行下去。

- 几个不同的应用程序可并发运行，所以 Windows 系统必须对这些程序之间共享的资源进行管理，并指导消息的路由方式。当属于某一窗口的事件(按键、鼠标单击、定时器等)发生时，消息即被投递到应用程序的消息队列中。

- 每个 Windows 应用程序都有一个消息队列，该消息队列用于保存该应用程序所接收到的所有消息。应用程序通过消息循环不断地检查消息队列，看是否有期望的消息到来；如果有，则将该消息发送到相应的消息队列中。注意，一个应用程序内部可能有多个窗口。

- 窗口过程是一种由用户实现的特殊的回调函数，当应用程序中的某一窗口接收到一条消息时，Windows 将调用该函数。在窗口过程中，我们需要针对某些感兴趣的消息编写相应的消息响应代码，以便在这些消息到来时，程序有所动作。那些未在窗口过程中专门处理的消息将交由默认窗口过程以默认方式处理。

参 考 文 献

Angel, Edward. Interactive Computer Graphics: A Top-Down Approach with OpenGL. 2nd ed. Addison-Wesley, 2000

Blinn, Jim. Jim Blinn's Corner: A Trip Down the Graphics Pipeline. San Francisco: Morgan Kaufmann Publishers, Inc., 1996, 53–61

Eberly, David H. 3D Game Engine Design. San Francisco: Morgan Kaufmann Publishers, Inc., 2001

Engel, Wolfgang F. Direct3D ShaderX: Vertex and Pixel Shader Tips and Tricks. Plano, Texas: Wordware Publishing, 2002

Fraleigh , Beauregard. Linear Algebra. 3rd ed. Addison-Wesley, 1995

Kilgard, Mark J. "Creating Reflections and Shadows Using Stencil Buffers." Game Developers Conference, nVIDIA slide presentation, 1999 (*http://developer.nvidia.com/docs/IO/1407/ATT/stencil.ppt*)

Lander, Jeff. "Shades of Disney: Opaquing a 3D World." Game Developer Magazine, March 2000

Lengyel, Eric. Mathematics for 3D Game Programming & Computer Graphics. Hingham, Mass.: Charles River Media, Inc., 2002

Microsoft Corporation. Microsoft DirectX 9.0 SDK documentation. Microsoft Corporation, 2002

Möller, Tomas, Eric Haines. Real-TimeRendering. 2nd ed. Natick, Mass.: A K Peters, Ltd., 2002

Mortenson, M.E. Mathematics for Computer Graphics Applications. 2nd ed. New York: Industrial Press, Inc., 1999

Petzold, Charles. Programming Windows. 5th ed. Redmond, Wash.: Microsoft Press, 1999

Prosise, Jeff. Programming Windows with MFC. 2nd ed. Redmond, Wash.: Microsoft Press, 1999

Savchenko, Sergei. 3D Graphics Programming: Games and Beyond. Sams Publishing, 2000, 153–156, 253–294

van der Burg, John. "Building an Advanced Particle System." Gamasutra, June 2000 (*http://www.gamasutra.com/features/20000623/vanderburg_01.htm*)

Watt, Alan, Fabio Policarpo. 3D Games: Real-time Rendering and Software Technology. Addison-Wesley, 2001

Watt, Alan. 3D Computer Graphics. 3rd ed. Addison-Wesley, 2000

Weinreich, Gabriel. Geometrical Vectors. Chicago: The University of Chicago Press, 1998, 1–11

Wilt, Nicholas. Object-Oriented Ray Tracing in C++. New York: John Wiley & Sons, Inc., 1994, 56–58